数理统计

董 莹 编著

清华大学出版社
北京

内 容 简 介

本书系统地论述了数理统计这门课程的概念、方法以及应用.包括:数理统计课程的介绍、统计量及其分布、参数估计、假设检验、方差分析共五章内容.本教材把 Python 语言引入数理统计的多个方面,力求用通俗的语言,以熟知的实例为背景,为读者提炼出抽象的概念,循序渐进地揭示研究方法,在保证知识体系完整的前提下,适当削弱理论深度.在例题和习题的配置上,注意示范性、多样性、趣味性.每节后配有练习题,并在书后附有习题答案,便于教师教学和学生自学.

本书可作为高等院校统计专业、数学专业、信息专业的专业基础课教材.

版权所有,侵权必究.举报: 010-62782989, beiqinquan@tup.tsinghua.edu.cn.

图书在版编目(CIP)数据

数理统计 / 董莹编著. -- 北京:清华大学出版社,
2024. 10. -- ISBN 978-7-302-67468-9
Ⅰ. O212
中国国家版本馆 CIP 数据核字第 2024WT5165 号

责任编辑:刘　颖
封面设计:傅瑞学
责任校对:王淑云
责任印制:刘　菲

出版发行:清华大学出版社
　　　　网　　址: https://www.tup.com.cn, https://www.wqxuetang.com
　　　　地　　址: 北京清华大学学研大厦 A 座　　邮　　编: 100084
　　　　社 总 机: 010-83470000　　邮　　购: 010-62786544
　　　　投稿与读者服务: 010-62776969, c-service@tup.tsinghua.edu.cn
　　　　质量反馈: 010-62772015, zhiliang@tup.tsinghua.edu.cn
印 装 者:大厂回族自治县彩虹印刷有限公司
经　　销:全国新华书店
开　　本: 185mm×260mm　　印　张: 12.75　　字　数: 307 千字
版　　次: 2024 年 10 月第 1 版　　印　次: 2024 年 10 月第 1 次印刷
定　　价: 39.80 元

产品编号: 104489-01

前言

数理统计作为应用十分广泛的专业基础学科,在自然科学和社会科学领域中占据着重要的地位. 数理统计主要研究对随机样本进行科学地分析与处理的方法,包括如何有效地收集数据,如何估计参数,如何做检验,如何研究变量之间的关系以及如何进行统计决策等内容. 为了适应当今一些综合类院校专业课程的教学改革和实际应用的需要,编者根据多年的教学经验和相关学科专业的特点,编写了这本教材. 希望通过本教材的教学,使学生掌握本学科的基本概念和基本统计思想,具备使用常用的统计方法并综合利用先修课程中的数学、概率论知识来解决一些实际问题的能力,初步了解数理统计研究的新进展并初步建立统计思维方式. 另外,本书充分利用 Python 语言的解释性、编译性、互动性等优势配合理论讲解,不仅可以帮助学习者理解掌握数理统计的基本概念和基础知识,还有助于激发读者学习数理统计的积极性.

本教材共分为 5 章内容,涵盖了数理统计最基本的内容和方法,包括数理统计课程的介绍、统计量及其分布、参数估计、假设检验、方差分析等内容. 最后又增加了 Python 基础的附录内容作为读者的学习铺垫. 具备微积分、线性代数以及概率论的基本知识的读者皆可使用本书.

本书的编写得到了大连民族大学理学院的领导和老师们的大力支持,特别感谢齐淑华副教授对本书内容提出的宝贵建议,还要感谢内蒙古民族大学华志强副教授参与编写的人物生平部分内容,赵为灿、郭玉珊、王阔、李晓晨、王东日那、马志伟、徐富程、郭佳豪等研究生对书稿反复纠错、认真修正. 本书的出版还得到了清华大学出版社的大力支持. 在此向所有协助本书出版的老师表示衷心的感谢.

在编写本书的过程中,我们参考了较多的相关文献,但是由于篇幅有限,未能在参考文献中一一列出,在此对文献作者表示衷心的感谢.

由于我们的学识有限,虽经多次纠错和修改,书中难免有疏漏、不当之处,敬请读者批评指正.

编 者

2024.6.3 于大连

CONTENTS

第1章 什么是数理统计 ··· 1
 1.1 数理统计的任务和性质 ··· 1
 1.2 数理统计的应用 ··· 4
 1.3 统计学发展简史 ··· 6

第2章 统计量及其分布 ··· 7
 2.1 总体与样本 ··· 7
  2.1.1 总体和样本 ··· 7
  2.1.2 统计推断问题简述 ··· 9
  习题2.1 ··· 10
 2.2 样本数据的整理与显示 ··· 10
  2.2.1 经验分布函数 ··· 10
  2.2.2 频数频率表 ··· 11
  2.2.3 样本数据的图形显示 ··· 12
  习题2.2 ··· 14
 2.3 统计量及其分布 ··· 15
  2.3.1 统计量的概念 ··· 15
  2.3.2 常用的统计量 ··· 15
  2.3.3 几个需要掌握的结论 ··· 19
  2.3.4 次序统计量 ··· 22
  2.3.5 样本分位数、中位数及箱线图的绘制 ················ 27
  习题2.3 ··· 28
 2.4 三大抽样分布 ·· 29
  2.4.1 常用分布 ·· 30
  2.4.2 四种常见分布的上 α 分位点 ·························· 34
  2.4.3 正态总体的抽样分布 ··· 37
  习题2.4 ··· 39
 2.5 充分统计量 ··· 40
  2.5.1 充分统计量的定义 ·· 40
  2.5.2 因子分解定理 ··· 41
  习题2.5 ··· 43
 2.6 基于Python的抽样分布知识简介 ···································· 43
  2.6.1 数理统计中常用的Python模块导入方式简介 ····· 43

2.6.2　正态随机数 ·· 44
　　2.6.3　t 分布随机数 ·· 46
　　2.6.4　$\chi^2(n)$ 分布随机数 ··· 48
　　2.6.5　F 分布随机数 ·· 50
　　2.6.6　利用 Python 求各种分布的分位数举例 ······················ 52

第 3 章　参数估计 ·· 56
　3.1　点估计 ··· 56
　　3.1.1　矩估计法 ··· 56
　　3.1.2　最大似然估计法 ·· 59
　　习题 3.1 ·· 64
　3.2　估计量的评价标准 ··· 65
　　3.2.1　无偏性 ·· 65
　　3.2.2　有效性 ·· 66
　　3.2.3　一致性 ·· 67
　　习题 3.2 ·· 68
　3.3　最小方差无偏估计 ··· 68
　　3.3.1　均方误差 ·· 68
　　3.3.2　一致最小方差无偏估计 ··· 69
　　3.3.3　充分性原则 ·· 71
　　3.3.4　克拉默-拉奥不等式 ·· 72
　　习题 3.3 ·· 75
　3.4　贝叶斯估计 ·· 75
　　3.4.1　统计推断的基础 ·· 75
　　3.4.2　贝叶斯公式的概率密度函数形式 ·························· 77
　　3.4.3　贝叶斯估计 ·· 77
　　3.4.4　共轭先验分布 ·· 79
　　习题 3.4 ·· 80
　3.5　区间估计 ·· 80
　　3.5.1　单个正态总体参数的区间估计 ······························ 81
　　3.5.2　两个正态总体参数的区间估计 ······························ 83
　　3.5.3　非正态总体均值的区间估计 ·································· 86
　　3.5.4　单侧置信区间 ·· 87
　　习题 3.5 ·· 89

第 4 章　假设检验 ·· 91
　4.1　假设检验的基本概念 ··· 92
　　4.1.1　问题的提出 ·· 92
　　4.1.2　假设检验的基本思想 ··· 93

4.1.3　假设检验的两类错误 ··· 93
　　4.1.4　假设检验的一般步骤 ··· 95
　　4.1.5　双侧检验与单侧检验 ··· 95
　　4.1.6　检验的 p 值 ·· 96
　　习题 4.1 ·· 97
4.2　单个正态总体参数的假设检验 ·· 98
　　4.2.1　正态总体均值的检验 ··· 98
　　4.2.2　单个正态总体方差的检验——χ^2 检验法 ·············· 103
　　习题 4.2 ··· 105
4.3　两个正态总体参数的假设检验 ·· 106
　　4.3.1　两个正态总体均值的检验 ······································· 106
　　4.3.2　两个正态总体方差的检验——F 检验法 ················ 109
　　习题 4.3 ··· 114
4.4　其他分布参数的假设检验 ·· 114
　　4.4.1　指数分布参数的假设检验 ······································· 114
　　4.4.2　比率 p 的检验 ·· 115
　　习题 4.4 ··· 116
4.5　分布的拟合检验 ·· 116
　　4.5.1　基本原理 ·· 117
　　4.5.2　检验步骤 ·· 117
　　习题 4.5 ··· 120

第 5 章　方差分析 ··· 121

5.1　单因素方差分析 ·· 121
　　5.1.1　问题的提出 ·· 121
　　5.1.2　单因素方差分析模型 ··· 122
　　5.1.3　平方和的分解 ·· 123
　　5.1.4　F 检验 ·· 124
　　习题 5.1 ··· 128
5.2　双因素方差分析 ·· 129
　　5.2.1　无重复试验的双因素方差分析 ······························· 130
　　5.2.2　等重复试验的双因素方差分析 ······························· 133
　　习题 5.2 ··· 138

附录 A　数理统计附表 ·· 139

附表 1　标准正态分布表 ··· 139
附表 2　χ^2 分布表 ·· 140
附表 3　t 分布表 ·· 141
附表 4　F 分布表 ··· 143

附录 B　Python 基础 ··· 152
　　B.1　Python 简介 ·· 152
　　B.2　Python 的安装 ··· 153
　　B.3　Python 的计算功能 ··· 158
　　B.4　字符串 ·· 160
　　B.5　列表 ··· 163
　　B.6　Python 控制语句 ·· 164
　　B.7　Python 函数 ·· 169
　　B.8　数据结构浅析 ··· 175

习题解答 ··· 186

参考文献 ··· 194

第1章

什么是数理统计

1.1 数理统计的任务和性质

自然界的现象大致可以分为两大类,一类称为确定性现象,另一类称为非确定性现象,亦称为随机现象. 确定性现象的例子,如物理学中的自由落体运动,可以用数学公式 $s = gt^2/2$ 刻画其运动规律. 这样的例子还有许多,如物理学中的许多定律、化学中的反应规律和其他学科中的一些现象,它们皆可以用数学中的公式和方程式,如微分方程等来精确描述. 随机现象的例子,如在农业试验中,在面积相等且相邻的两块土地上种植同一种小麦,生产条件相同,但在收获时小麦产量却不完全一样. 又如在工业生产中,进行某种化工产品得率的试验,将温度、压力和配方等主要因素控制在相同水平下,获得的两批化工产品得率不能保证完全相同. 再如战士打靶试验,同一战士在相同条件下每次打靶命中的环数不尽相同. 这些都是随机现象,它们在研究方法上与概率论和其他数学学科有什么不同呢? 为此,首先来介绍什么是数理统计.

数理统计的任务是研究怎样有效地收集、整理和分析带有随机性影响的数据,从而对所考虑的问题作出一定结论的方法和理论. 它是一门实用性很强的学科,在人类活动的各个领域都有着广泛的应用. 数理统计的思想和方法是人类文明的一个组成部分. 研究统计学方法中理论基础问题的那一部分构成"数理统计"的内容.

一般地,可以认为:**数理统计是数学的一个分支,它是研究如何有效地收集和使用带有随机性影响的数据的一门学科**.

下面通过例子对此陈述加以说明.

1. 有效地收集数据

收集数据的方法有:全面观察(或普查)、抽样调查和安排试验等方式.

例 1.1 人口普查和抽样调查. 我国在 2000 年进行了第 5 次全国人口普查. 如果普查的数据是准确无误的,则无随机性可言,不需用数理统计方法. 由于人口普查调查的项目很多,当时我国有近 13 亿人口,普查工作量极大,且缺乏训练有素的工作人员,所以虽是全面调查,但数据并不很可靠. 例如,瞒报、漏报人口的情况时有发生. 针对普查数据不可靠,国家统计局在人口普查的同时还派出专业人员对全国人口进行抽样调查,根据抽样调查的结果,对人口普查的数字进行适当的修正.抽样调查在普查不可靠时是一种补充办法.如何安排抽样调查,是有效收集数据的一个重要问题,这构成数理统计的一个重要方法——抽样调查方法.

例1.2 考察某地区10000户农户的经济状况,从中挑选100户作抽样调查.若该地区分成平原和山区两部分,平原较富,占该地区农户的70%,而占30%的山区农户较穷.抽样方案规定在抽取的100户中,从平原地区抽70户,山区抽30户,在各自范围内用随机化方法抽取.

在本例中,有效收集数据是通过合理地设计抽样方案来实现的.在通过试验收集数据的情形中,如何做到有效收集数据,请看下例.

例1.3 某化工产品的得率与温度、压力和原料配方有关.为提高得率,通过试验寻找最佳生产条件.试验因素和水平如下:

因素 \ 水平	1	2	3	4
温度/℃	800	1000	1200	1400
压力/Pa	10	20	30	40
配方	A	B	C	D

3个因素,每个因素4个水平共要做$4^3=64$次试验.做这么多次试验,人力、物力、财力、时间等都是制约条件,有时甚至都不可能实现.那么如何通过尽可能少的试验获得尽可能多的信息呢?例如,采用正交表安排试验就是一种有效的方法.如何科学安排试验方案和分析试验结果,这构成数理统计的另一分支——试验的设计和分析.在本例中,有效收集数据是通过科学安排试验的方法来实现的.

有效收集数据的一个重要问题是数据必须具有随机性.在例1.2中,随机性体现在抽样的100户农户是从10000户农户中按一定的方式"随机抽取"的,它具有一定的代表性(山区和平原地区农户按比例抽取).假如只在该地区富裕的那部分农户中挑选,得到的数据就不具有代表性,也谈不上有效.而在例1.3中,数据的随机性是由试验误差来体现的.化工产品的得率除了受温度、压力和配方影响外,还受一些无法控制,甚至仍未被人们认识的因素影响,如每次试验中受试验材料产地的影响、受所使用仪器设备精度的影响和操作者水平的影响等.这些因素无法或不便加以完全控制,从而对试验结果产生随机性的影响,这就带来不确定性.

2. 有效地使用数据

获取数据后,需要用有效的方法去集中和提取数据中的有关信息,以对所研究的问题作出一定的结论,这在统计上称为"推断".

为了有效地使用数据进行统计推断,需要对数据建立一个统计模型,提出统计推断的方法,并给定某些准则去评判不同统计推断方法的优劣.例如,为估计一个物体的重量a,把它在天平上称5次获得数据$x_1,x_2,\cdots,x_5$,这些数据都受到随机性因素的影响(天平的精度反映了影响的大小).估计a的大小采用下列3种不同方法:①用5个数的算术平均值$\bar{x}=(x_1+\cdots+x_5)/5$去估计$a$;②将$x_1,x_2,\cdots,x_5$按大小排列为$x_{(1)}\leqslant x_{(2)}\leqslant\cdots\leqslant x_{(5)}$,取中间一个值$x_{(3)}$去估计$a$;③用$W=(x_{(1)}+x_{(5)})/2$去估计$a$.人们可能认为$\bar{x}$优于$x_{(3)}$,而

$x_{(3)}$ 优于 W. 这是不是对的？为什么？在什么条件下才对？事实上，对这些问题的研究正是数理统计的任务. 以后可以看到在一定的统计模型和优良性准则下，上述 3 种估计方法中的任何一个都可能是最优的.

下面举例说明，针对不同问题采用适当的统计方法也是有效使用数据的一个重要方面.

例 1.4 某村有 100 户农户，要调查此村农户是否脱贫. 脱贫的标准是每户年均收入超过 1 万元. 经调查此村 90 户农户年收入 5000 元，10 户农户年收入 10 万元，问此村农户是否脱贫.

解 (1) 用算术平均值计算该村农户年均收入如下：

$$\bar{x} = \frac{90 \times 0.5 \text{ 万元} + 10 \times 10 \text{ 万元}}{100} = 1.45 \text{ 万元}.$$

按此方法得出结论：该村农民已脱贫. 但是 90% 的农户年均收入只有 5000 元，事实上并未脱贫.

(2) 用样本中位数计算该村农户年均收入，即将 100 户的年收入分别记为 $x_1, x_2, \cdots, x_{100}$，将其按大小排列为 $x_{(1)} \leqslant x_{(2)} \leqslant \cdots \leqslant x_{(100)}$. 样本中位数定义为排在最中间两个数的平均值，即

$$\frac{x_{(50)} + x_{(51)}}{2} = 0.5 \text{ 万元}.$$

按此方法得出结论：该村农民尚未脱贫. 这与实际情况相符.

由此可见，不同的统计方法得出的结论不同. 有效地使用数据，需要针对不同问题选择合适的统计方法.

3. 数理统计与各种专门学科的关系

数理统计方法有很广泛的实用性，它与很多专门学科都有关. 但是应当了解：数理统计方法所处理的只是在各种专门学科中带普遍性（共性）且受随机性影响的数据收集、整理和推断问题，而不去涉及各种专门学科中的具体问题. 这种带共性的问题既然是从专门领域中提炼出来的，就可以用数学的方法去研究，这就是数理统计的研究任务，因此数理统计是一个数学的分支.

以例 1.3 为例，实地进行这个化工产品得率试验，当然要涉及一系列专门的化工知识，在安排试验时，没有这些专门知识是不行的. 但是，有些试验安排上的数理统计问题却与化工这个专门领域无关. 例如，数理统计告诉我们，各因素取同样水平数参与试验，以后的数据分析比较方便. 如果在 $4^3 = 64$ 种搭配中只做一部分，则按某种方式挑选这一部分（如按正交表安排试验），以后的数据分析就容易进行. 当下一次碰到其他工业试验时，这些考虑仍有效. 又如，称重试验中用多次称重结果的平均数去估计物体的重量，是一个常用的统计方法，不管这个量是物理的、化学的或是生物的.

由统计方法的这个性质就引申出一个重要特点：统计方法只是从事物外在数量上的表现去推断该事物可能的规律性. 统计方法本身不能说明为什么会有这个规律性，这是各个专门学科的任务. 例如，用统计方法分析一些资料发现，吸烟与某些呼吸系统的疾病有关. 这纯粹是从吸烟者和不吸烟者的发病率的对比上得出的结论，它不能解释吸烟为什么会增加患这类疾病的危险性，搞清楚这个原因是医学这个专门学科的任务.

但是，应当认识到，这并不意味着一个数理统计学者可以不过问其他专门领域的知识.

相反,如果要将统计方法用于实际问题,必须对所涉及问题的专门知识有一定的了解,这不仅可以帮助选定适当的统计模型和统计方法,而且在正确解释所得结论时,专门知识是必不可少的. 例如,数理统计在遗传基因分析中很有用,但一个对遗传基因学一无所知的统计学家,很难在这个领域有所作为.

4. 数理统计方法的归纳性质

数理统计是数学的一个分支,但是它与其他数学学科的推理方法是不一样的. 统计方法的本质是归纳式的,而其他数学学科则是演绎式的. 统计方法的归纳性质,源于它在作结论时,是根据所观察到的大量的"个别"情况"归纳"起来所得,而不是从一些假设、命题或已知事实出发,按一定的逻辑推理得出来的(后者称为演绎推理). 例如,统计学家通过大量的观察资料发现,吸烟与某种呼吸系统的疾病有关. 得出这一结论的根据是:从观察到的大量例子,看到吸烟者中患此种疾病的比例远高于不吸烟者. 不可能用逻辑推理的方法证明这一点. 试拿统计学与几何学进行比较就可以清楚地看出二者方法的差别所在. 在几何学中要证明"等腰三角形两底角相等",只需从等腰这个前提出发,运用几何公理,一步步地推出这个结论(这一方法属于演绎推理). 而一个习惯于统计方法的人,就可能想出这样的方法:做很多大小和形状不一的等腰三角形,实际测量它的底角查看是否相等,根据所得数据,看看能否作出底角相等的结论,这一方法属于归纳推理.

众所周知,归纳推理是要冒风险的. 事实上,归纳推理的不确定性的出现是一种逻辑的必然. 人们不可能作出十分肯定的结论,因为归纳推理所依据的数据具有随机性. 然而,不确定性的推理是可行的,所以推理的不确定性程度是可以计算的. 统计学的作用之一就是提供归纳推理和计算不确定性程度的方法. 不确定性是用概率计算的. 以后会见到在参数的区间估计问题中,不但给出区间估计的表达式,而且给出这一区间包含未知参数的可靠程度的大小.

总之,统计推断属于归纳推理方法,归纳推理作出的推断不是 100% 可靠,但它的可靠程度(即结论的正确程度)是可以通过概率来度量的.

1.2 数理统计的应用

人类在科学研究、生产和管理等各方面的活动,大都离不开数据资料的收集、整理和分析的工作. 因此统计学的应用领域也极其广泛.

(1) 国家行政机关和职能机构,如国家统计局,经常需要收集相关的数据和资料并加以整理、分析后提供给有关部门作出相应的决策. 这里面的统计工作,固然有大量的描述性统计的成分,但统计推断的方法也很有用并且十分必要. 例如,在判断某一时期经济运行是否过热,是否需要采取宏观调控措施等重大决策时,对当时经济运行中数据资料进行定量分析是必不可少的. 这就离不开统计推断方法.

用数理统计方法进行社会调查,这种工作属于国家职能部门的工作范围. "抽样调查"是常用的方法. 统计学的方法在决定调查规模和制定有效的抽样方案时是很有用的,统计推断方法在对调查得来的资料进行正确分析时也有指导意义. 例如,经过精心设计和组织的社会抽样调查,其效果有时可达到甚至超过全面调查的水平. 在人口学中,确定一个合适的人口发展动态模型需要掌握大量的观察资料,而且要使用包括统计方法在内的一些科学方法.再如,在人寿保险中,对寿命数据的分析、建立精算模型也要用到一些统计方法.

(2) 在工农业生产中,常常要利用试验设计和方差分析的方法寻找最佳生产条件.例如,为提高农业中的单位面积产量,有一些因素对这个指标有影响:种子的品种、施肥量和浇水量等;工业生产中影响某项产品质量指标的因素有原材料产地、配方、温度和生产人员的技术水平等因素.为了找到一组较好的生产条件就要进行试验,如何科学地安排试验和分析试验结果,就需要用到统计方法.试验设计的基本思想和方差分析方法就是费希尔(R. A. Fisher)等人于 1923—1926 年在进行田间试验中发展起来的,这一方法后来广泛应用于工业生产中.

数理统计方法应用于工业生产的另一个重要方面是产品质量控制、抽样调查和工业产品寿命的可靠性问题.现代工业生产有批量大和高可靠度的特点,需要在连续生产过程中进行工序控制.成批的产品在交付使用前要进行验收,这种验收一般不能进行全面检验,而只能是抽样验收,需要根据统计学的原理制定合适的抽样方案.大型设备或复杂产品(如导弹)包含成千上万个元件.由于元件的数目很大,元件的寿命服从一定的概率分布,整个设备(或产品)的寿命与其结构和元件的寿命分布有关,因此为了估计设备(或产品)的可靠性,发展了一系列的统计方法.统计质量管理就是由上述提到的这些方法构成的.

(3) 数理统计方法在经济和金融领域有着广泛的应用,在经济学中定量分析的应用比其他社会科学部门更早、更深入.现在有一门称为"计量经济学"的学科,其基础内容主要就是将统计方法(及其他数学方法)用于分析经济领域中数量方面的问题.例如,早在 20 世纪 20~30 年代,时间序列的统计分析方法就用于市场预测,目前金融等领域也广泛地使用时间序列方法.

(4) 统计方法在生物、医学和遗传学中有广泛的应用.一种药品的疗效如何,要通过精心安排的试验并使用正确的统计分析方法,才能比较可靠地作出结论.分析某种疾病的发生是否与特定因素有关(一个典型的例子是吸烟与患肺癌的关系),这常常是从观察和分析大量资料的基础上得到启示,再提高到理论上的研究.这方面的应用还有流行病数据的统计分析、遗传基因数据的统计分析等.

(5) 数理统计方法在气象预报、水文、地震、地质等领域有着广泛应用.在这些领域中,人们对事物规律性的认识不充分,使用统计方法有助于获得一些对潜在规律性的认识,用以指导人们的行动.

(6) 数理统计方法在科学研究中也具有重要作用.自然科学研究的根本任务是揭示自然界的规律性,科学试验是重要手段,而随机因素对试验结果的影响无所不在.一个好的统计方法有助于提取试验和观察数据中根本性的信息,因而有助于提出较正确的理论或假说.有了一定的理论和假说后,统计方法可以指导研究工作者如何进一步安排试验或观察,以使所得数据更有助于判定定理或假说是否正确.数理统计也提供了理论上有效的方法去评估观察或试验数据与理论的符合程度如何.一个著名的例子是遗传学中的孟德尔(G. J. Mendal)定律.这个根据观察资料提出的定律,经历了严格的统计检验.数量遗传学中的基本定律:哈迪-温伯格(Harday-Weinberg)平衡定律也具有这种性质.由此可见,科学研究需要数理统计方法.另一方面,应用上的需要又是统计方法发展的动力.例如,现代统计学的奠基人、英国著名学者费希尔和卡尔·皮尔逊(K. Pearson)在 20 世纪初期从事统计学的研究,就是出于生物学、遗传学和农业科学方面的需求.

1.3 统计学发展简史

　　数理统计是一门较年轻的学科,它主要的发展是从 20 世纪初开始,大致可分为两个阶段.前一阶段大致到第二次世界大战结束时为止.在这一早期发展阶段中,起主导作用的是以费希尔和皮尔逊为首的英国学派,特别是费希尔,他在本学科的发展中起了独特的作用.其他一些著名的学者,如戈塞特(W. S. Gosset (student)),奈曼(J. Neyman),埃贡·皮尔逊(卡尔·皮尔逊的儿子),瓦尔德(A. Wald)以及我国的许宝騄教授等都做出了根本性的贡献.他们的工作奠定了许多数理统计分支的基础,提出了一系列具有重要应用价值的统计方法、一系列基本概念和重要理论问题.有一种意见认为瑞典统计学家克拉姆(H. Cramer)在 1946 年出版的著作 *Mathematical Methods of Statistics* 标志了这门学科达到成熟的地步.

　　收集和记录种种数据的活动,在人类历史上由来已久.翻开我国二十四史,可以看到上面有很多关于钱粮、人口,以及地震及洪水等自然灾害的记录.在西方国家,Statistics(统计学)一词源自于 State(国家),意指国家收集的国情资料.19 世纪中叶以后,包括政治统计、人口统计、经济统计、犯罪统计、社会统计等多方面内容的"社会统计学"一词在西方开始出现,与此相应的社会调查也有了较大发展.人们试图通过社会调查,收集、整理和分析数据,以揭示社会现象和问题,并提出解决具体问题的方法.这种情况延续了许多年,研究方法属于描述统计学的范畴.这是因为,当时还没有一定的数学工具特别是概率论,无法建立现代意义下的数理统计.也因为这方面的需求还没达到那么迫切,足以构成一股强大的推动力.到 19 世纪末和 20 世纪初情况才起了较大的变化.有人认为 20 世纪初皮尔逊关于 χ^2 统计量极限分布的论文可以作为数理统计诞生的一个标志;也有人认为,直到 1922 年费希尔关于统计学的数学基础那篇著名论文的发表,数理统计才正式诞生.

　　综上所述,可以得到如下粗略的结论:收集和整理乃至使用试验和观察数据的工作由来已久,这类活动对于数理统计的产生,可算是一个源头.19 世纪,特别是 19 世纪后半叶发展速度加快,且有了质的变化.19 世纪末到 20 世纪初这一阶段,出现了一系列的重要工作.无论如何,至此 20 世纪 20 年代,这门科学已稳稳地站住了脚.20 世纪前 40 年有了迅速而全面的发展,到 20 世纪 40 年代时,数理统计已成为一个成熟的数学分支.

　　从第二次世界大战后到现在可以说是第二阶段.在这个时期中,许多战前开始形成的数理统计分支,在战后得以向纵深发展,理论上的深度也比以前大大加强了.同时还出现了根本性的发展,如瓦尔德的统计判决理论和贝叶斯(Bayes)学派的兴起.在数理统计的应用方面,其发展也给人以深刻印象.这不仅是战后工农业生产和科学技术迅速发展所提出的要求,也是由于电子计算机这一有力工具的出现和飞速发展推动了数理统计的进步.战前由于计算工具跟不上,许多需要大量计算的统计方法很难得以使用.战后有了高速计算机使这一问题变得很容易,这就大大推广了统计方法的应用.目前,统计方法仍在蓬勃发展中,在一些统计学发达的国家中,特别在美国,这方面的人才数以十万计,并在大多数大学中建立了统计系.近 30 年来,数理统计在我国的发展也是令人瞩目的,尤其是 2011 年国家将统计学从数学和经济学中独立出来成为一级学科,极大地推动了统计学的发展.

第2章

统计量及其分布

本书只讲述统计推断的基本内容,即数理统计的基本知识、参数估计、假设检验、方差分析等. 在概率论中,我们是在假设随机变量的分布已知的前提下去研究它的性质、特点和规律性,例如介绍常用的各种分布、讨论其随机变量的函数的分布、求出其随机变量的数字特征等. 在数理统计中,我们研究的随机变量,其分布是未知的,或者是不完全知道的,人们是通过对所研究的随机变量进行重复独立地观察,得到许多观察值,对这些数据进行分析,从而对所研究的随机变量的分布作出种种推断的.

下面我们便从统计中最基本的概念——总体和样本开始介绍我们的数理统计内容.

2.1 总体与样本

2.1.1 总体和样本

在数理统计中,把研究对象的全体称为**总体**(**population**),总体中的每个成员称为**个体**(**unit**).

例如,研究某批灯泡的质量,该批灯泡的全体就是总体,其中的每个灯泡为个体;研究某大学全校男生的身高情况,该校全体男生为总体,该校的每名男生为个体;研究地球上的人口数量,各个国家的人口总和就构成了一个总体,其中每一个国家的人口(比如中国的人口)就是个体.

在实际问题中,我们研究总体并不是笼统地对它本身进行研究,而是研究它的某一个或几个数量指标,因此,也可以把研究对象的某项数量指标的全体看作总体,一般用 X 表示,把每个数值作为个体. 总体中所包含的个体的个数称为**总体的容量**. 容量为有限的总体称为**有限总体**. 否则称为**无限总体**.

注 有些有限总体,它的容量很大,我们可以认为它是一个无限总体. 例如,在科学试验中,每一个试验数据可以看作一个总体的一个元素,而试验则可以无限地进行下去,因此由试验数据构成的总体就是一个无限总体.

在总体中,由于每个个体的出现是随机的,所以研究对象的该项数量指标 X 的取值就具有随机性,X 是一个随机变量. 因此,我们所研究的总体,即研究对象的某项数量指标 X,它的取值在客观上有一定的分布. 我们对总体的研究,就是对相应的随机变量 X 的分布加以研究. X 的分布函数和数字特征就称为总体的分布函数和数字特征,今后将不区分总体与相应的随机变量,笼统地称为总体 X.

在实际中,总体的分布一般是未知的,或只知道它具有某种形式,其中包含着未知参数. 为了推断总体分布及其各种特征,一般采用抽样调查的方法,即从总体中随机抽取部分个体,这部分个体称为**样本**(sample),样本中包含个体的数目 n 称为**样本容量**(sample size)(简称**样本量**). 在抽取样本之前,由于获得的个体是随机的,其相应的数量指标也是随机的,因此我们用 n 个随机变量 $X_1, X_2, \cdots, X_n$ 表示容量为 n 的样本,对样本中每个个体进行观察(或试验)的观察值是一个实数,于是对 $X_1, X_2, \cdots, X_n$ 观察可得的一组值 $x_1, x_2, \cdots, x_n$,这组值称为**样本观察值**或**样本观测值**,简称**样本值**.

事实上,从总体中抽取样本可以有不同的方法. 但要利用样本信息推断总体信息,自然希望样本能很好地反映总体的特性. 为此要求抽取的样本 $X_1, X_2, \cdots, X_n$ 满足下面两点:

(1) **代表性** 因抽取样本要反映总体,要求每个个体和总体具有相同的分布,即 $X_1, X_2, \cdots, X_n$ 中每一个个体与所考察的**总体 X 同分布**;

(2) **独立性** 各次抽取必须是相互独立的,即每次抽样的结果既不影响其他各次抽样的结果,也不受其他各次抽样结果的影响,即 $X_1, X_2, \cdots, X_n$ 是**相互独立**的随机变量.

这种随机的、独立的抽样方法叫作"**简单随机抽样**",由简单随机抽样得到的样本称为**简单随机样本**(simple random sample).

注 (1)概率抽样是按照概率原理进行的,它要求样本的抽取具有随机性. 所谓随机性,就是总体中的每个个体都具有同等的被抽中的可能性. 或者说,总体中的每个个体被抽中的概率相等(被抽中的机会相等).(2)概率抽样是通过随机性原则抽取样本,所抽取的样本与总体的特征和构成基本相似,并且每个个体都有同等被抽中的概率,这样保证了总体中不同部分的个体都能在样本中体现出来,所以通过概率抽样抽取的样本能够保证样本对总体的代表性.

本书以后提到的样本都是简单随机样本. 从总体中进行放回抽样,显然是简单随机抽样,得到的是简单随机样本. 从有限总体中进行不放回抽样,显然不是简单随机抽样,但是当总体容量 N 很大而样本容量 n 较小 $\left(\dfrac{n}{N} \leqslant 0.1\right)$ 时,也可以近似地看作是放回抽样,即可以近似地看作是简单随机抽样,得到的样本可以近似地看作是简单随机样本.

设总体 X 的分布函数为 $F(x)$,由样本的独立性,则简单随机样本 $X_1, X_2, \cdots, X_n$ 的**联合分布函数**为

$$F(x_1, x_2, \cdots, x_n) = \prod_{i=1}^{n} F(x_i).$$

特别地,若总体 X 为离散型随机变量,其分布律为 $P\{X=x\}=p(x)$,则样本 $X_1, X_2, \cdots, X_n$ 的联合分布律为

$$p(x_1, x_2, \cdots, x_n) = P\{X_1=x_1, X_2=x_2, \cdots, X_n=x_n\} = \prod_{i=1}^{n} p(x_i).$$

若总体 X 为连续型随机变量,其概率密度为 $f(x)$,则样本 $X_1, X_2, \cdots, X_n$ 的联合概率密度为

$$f(x_1,x_2,\cdots,x_n)=\prod_{i=1}^{n}f(x_i).$$

例 2.1 设总体 X 服从正态分布 $N(\mu,\sigma^2)$，概率密度函数为

$$f(x)=\frac{1}{\sqrt{2\pi}\sigma}e^{-\frac{(x-\mu)^2}{2\sigma^2}},\quad x\in\mathbb{R},$$

则其样本 $X_1,X_2,\cdots,X_n$ 的联合概率密度为

$$f(x_1,x_2,\cdots,x_n)=\prod_{i=1}^{n}\frac{1}{\sqrt{2\pi}\sigma}e^{-\frac{(x_i-\mu)^2}{2\sigma^2}}=\frac{1}{(2\pi)^{n/2}\sigma^n}e^{-\frac{1}{2\sigma^2}\sum_{i=1}^{n}(x_i-\mu)^2}.$$

2.1.2 统计推断问题简述

总体和样本是数理统计学中的两个基本概念。样本来自总体，自然带有总体的信息，从而可以从这些信息出发去研究总体的某些特征（分布或分布中的参数）。另一方面，由样本研究总体可以省时省力（特别是针对破坏性的抽样试验而言）。我们称通过总体 X 的一个样本 $X_1,X_2,\cdots,X_n$ 对总体 X 的分布进行推断的问题为统计推断问题。

总体、样本、样本值的关系如下：

```
              总体
       抽样  ↗   ↖  推断
    (个体) 样本 ——→ 样本值
```

在实际应用中，总体的分布一般是未知的，或虽然知道总体分布所属的类型，但其中包含着未知参数。统计推断就是利用样本值对总体的分布类型、未知参数进行估计和推断。

为对总体进行统计推断，还需借助样本构造一些合适的统计量，即样本的函数，下一节我们将对相关统计量进行深入的讨论。

例 2.2 设有一批产品共 N 个，需要进行抽样检验以了解其不合格品率 p，现从中抽出 n 个逐一检查它们是否为不合格品。如果把合格品记为 0，不合格品记为 1，则总体为一个两点分布，即

$$P\{X=1\}=p,\quad P\{X=0\}=1-p.$$

设想样本是一个一个抽出的，抽样结果记为 $x_1,x_2,\cdots,x_n$。如果采取有放回抽样，则 $x_1,x_2,\cdots,x_n$ 为独立同分布。若采取不放回抽样（实际抽样常是这种），这时第二次抽到不合格品的概率依赖于第一次抽到的是否为不合格品，如果第一次抽到不合格品，则第二次抽到不合格品的概率为

$$P\{x_2=1\mid x_1=1\}=\frac{Np-1}{N-1},$$

而若第一次抽到的是合格品，则第二次抽到不合格品的概率为

$$P\{x_2=1\mid x_1=0\}=\frac{Np}{N-1}.$$

显然，如此得到的样本不是简单随机样本。但是，当 N 很大时，我们可以看到上述两种情形的概率都近似等于 p。所以当 N 很大，而 n 不大（一个经验法则是 $n/N\leqslant 0.1$）时可以把该样本近似地看成简单随机样本。

习题 2.1

1. 某地电视台想了解某电视栏目(如每日 21:00～21:30 的体育节目)在该地区的收视率情况,于是委托一家市场咨询公司进行一次电话询访. 问:
   (1) 该项研究的总体是什么?
   (2) 该项研究的样本是什么?

2. 设某厂大量生产某种产品,其不合格品率 p 未知,每 m 件产品包装为一盒. 为了检查产品的质量,任意抽取 n 盒,查其中的不合格品数,试说明什么是总体,什么是样本,并指出样本的分布.

3. 某厂生产的电容器的使用寿命服从指数分布,为了解其平均寿命,从中抽出 n 件产品测其实际使用寿命,试说明什么是总体,什么是样本,并指出样本的分布.

2.2 样本数据的整理与显示

2.2.1 经验分布函数

设 $x_1, x_2, \cdots, x_n$ 是取自总体分布函数为 $F(x)$ 的样本观测值,若将样本观测值由小到大进行排列,记为 $x_{(1)}, x_{(2)}, \cdots, x_{(n)}$,则 $x_{(1)}, x_{(2)}, \cdots, x_{(n)}$ 称为有序样本,用有序样本定义如下函数:

$$F_n(x) = \begin{cases} 0, & \text{当 } x < x_{(1)}, \\ k/n, & \text{当 } x_{(k)} \leqslant x < x_{(k+1)}, \quad k=1,2,\cdots,n-1, \\ 1, & \text{当 } x \geqslant x_{(n)}, \end{cases}$$

则 $F_n(x)$ 是一个非减右连续函数,且满足

$$F_n(-\infty) = 0, \quad F_n(+\infty) = 1.$$

由此可见, $F_n(x)$ 是一个分布函数,称 $F_n(x)$ 为该样本的经验分布函数.

例 2.3 某食品厂生产听装饮料,现从生产线上随机抽取 5 听饮料,称得其净重为

$$351, \quad 347, \quad 355, \quad 344, \quad 351,$$

这是一个容量为 5 的样本(单位:g),经排序可得有序样本:

$$x_{(1)} = 344, \quad x_{(2)} = 347, \quad x_{(3)} = 351, \quad x_{(4)} = 351, \quad x_{(5)} = 355,$$

其经验分布函数(其图形如图 2.1 所示)为

$$F_n(x) = \begin{cases} 0, & x < 344, \\ 0.2, & 344 \leqslant x < 347, \\ 0.4, & 347 \leqslant x < 351, \\ 0.8, & 351 \leqslant x < 355, \\ 1, & x \geqslant 355. \end{cases}$$

对每一固定的 x, $F_n(x)$ 是样本中事件 $\{X_i \leqslant x\}$ 发生的频率. 当 n 固定时, $F_n(x)$ 是样本的函数,它是一个随机变量. 若对任意给定的实数 x,定义

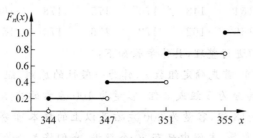

图 2.1 经验分布函数

$$I_i(x) = \begin{cases} 1, & X_i \leqslant x, \\ 0, & X_i > x. \end{cases}$$

则由经验分布函数的定义可以看出,对任意给定的实数 x 有

$$F_n(x) = \frac{1}{n}\sum_{i=1}^{n} I_i(x).$$

注意到诸 $I_i(x)$ 是独立同分布的随机变量,其共同的分布为 $b(1, F(x))$,由伯努利大数定律:只要 n 充分大,$F_n(x)$ 依概率收敛于 $F(x)$.更深刻的结果也是存在的,这就是格利文科(В. И. Гливенко)定理,下面我们不加证明地加以介绍.

定理 2.1(格利文科定理) 设 $x_1, x_2, \cdots, x_n$ 是取自总体分布函数为 $F(x)$ 的样本,$F_n(x)$ 是其经验分布函数,当 $n \to \infty$ 时,有

$$P\left\{\sup_{-\infty < x < +\infty} |F_n(x) - F(x)| \to 0\right\} = 1.$$

定理 2.1 表明,当 n 相当大时,经验分布函数是总体分布函数 $F(x)$ 的一个良好的近似,经典统计学中一切统计推断都以样本为依据,其理由就在于此.

1927 年,年仅 15 岁的格利文科希望进入萨拉托夫大学学习,但因他年龄太小而被拒绝,直到他说服苏联教育部部长,在部长的亲自推荐下才得以进入大学.1930 年大学毕业后,格利文科到位于伊凡诺沃的纺织学院教书,在这座小城,1933 年他发表了第一篇概率统计论文.1934 年,格利文科到莫斯科大学数学学院继续学习,在那里他成了柯尔莫戈洛夫(Колмогоров)和辛钦(Хинчин)的学生,他走上概率统计研究之路即受此二人影响.1942 年他获得博士学位.1949 年,格利文科开始担任乌克兰科学院的物理、数学和化学部的领导,并且担任基辅学院数学系主任,直到他 1960 年返回莫斯科大学.1966 年开始任莫斯科大学概率理论系主任直到去世.他早期与柯尔莫戈洛夫合作的著作《独立随机变量和的极限分布》出版于 1949 年,他的代表作之一《概率论教程》出版于 1950 年.

2.2.2 频数频率表

样本数据的整理是统计研究的基础,整理数据的最常用方法之一是给出其频数表或频率表,我们从一个例子开始介绍.

例 2.4 为研究某厂工人生产某种产品的能力,我们随机调查了 20 位工人某天生产的该产品的数量,数据如下:

160	196	164	148	170	175	178	166	181	162
161	168	166	162	172	156	170	157	162	154

现对这20个数据(样本)进行整理,具体步骤如下:

(1) 对样本进行分组. 首先确定组数 k,作为一般性的原则,组数通常在 $5\sim20$ 个,对容量较小的样本,通常将其分为5组或6组,容量为100左右的样本可分7到10组,容量为200左右的样本可分 $9\sim13$ 组,容量为300左右及以上的样本可分 $12\sim20$ 组,目的是使用足够的组来表示数据的变异. 本例中只有20个数据,我们将之分为5组,即 $k=5$.

(2) 确定每组组距. 每组区间长度可以相同也可以不同,实用中常选用长度相同的区间以便于进行比较,此时各组区间的长度称为组距,其近似公式为

$$\text{组距 } d = (\text{样本最大观测值} - \text{样本最小观测值})/\text{组数}.$$

本例中,数据最大观测值为196,最小观测值为148,故组距近似为

$$d = \frac{196-148}{5} = 9.6,$$

方便起见,取组距为10.

(3) 确定每组组限. 各组区间端点为 $a_0, a_0+d=a_1, a_0+2d=a_2, \cdots, a_0+kd=a_k$,形成如下的分组区间

$$(a_0, a_1], (a_1, a_2], \cdots, (a_{k-1}, a_k],$$

其中 a_0 略小于最小观测值,a_k 略大于最大观测值,在分组区间 $(a_i, a_{i+1}](i=0,1,\cdots,k-1)$ 中,a_i 和 a_{i+1} 分别称为组下限和组上限. 本例的分组区间为

$$(147,157], (157,167], (167,177], (177,187], (187,197],$$

通常可用每组的组中值来代表该组的变量取值,组中值=(组上限+组下限)/2.

(4) 统计样本数据落入每个区间的个数——频数,并列出其频数频率表. 本例的频数频率表见表2.1. 从表中可以读出很多信息,如:40%的工人产量在157~167之间;产量少于167的有12人,占60%;产量高于177的有3人,占15%.

表 2.1 例 2.4 的频数频率表

组序	分组区间	组中值	频数	频率	累计频率/%
1	(147,157]	152	4	0.20	20
2	(157,167]	162	8	0.40	60
3	(167,177]	172	5	0.25	85
4	(177,187]	182	2	0.10	95
5	(187,197]	192	1	0.05	100
合计			20	1	

2.2.3 样本数据的图形显示

1. 直方图

频数分布最常用的图形表示是直方图,它在组距相等的场合常用宽度相等的长条矩形表示,矩形的高低表示频数的大小. 在图形上,横坐标表示所关心变量的取值区间,纵坐标表

示频数,这样就得到频数直方图,图2.2画出了例2.4的频数直方图.若把纵轴改成频率就得到频率直方图.

为使诸长条矩形面积和为1,可将纵轴取为频率/组距.如此得到的直方图称为单位频率直方图,或简称频率直方图,凡此三种直方图的差别仅在于纵轴刻度的选择,直方图本身并无变化.

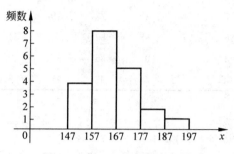

图2.2 例2.4的频数直方图

2. 茎叶图

除直方图外,另一种常用的方法是茎叶图,下面我们从一个例子谈起.

例2.5 某公司对应聘人员进行能力测试,测试成绩总分为150分.下面是50位应聘人员的测试成绩(已经过排序):

64	67	70	72	74	76	76	79	80	81
82	82	83	85	86	88	91	91	92	93
93	93	95	96	96	97	97	99	100	100
102	104	106	106	107	108	108	112	112	114
116	118	119	119	122	123	125	126	128	133

我们用这批数据给出一个茎叶图.把每一个数值分为两部分,前面一部分(百位和十位)称为茎,后面部分(个位)称为叶,如

数值	分开	茎	和	叶
112 →	11 | 2 →	11	和	2

然后画一条竖线,在竖线的左侧写上茎,右侧写上叶,就形成了茎叶图.应聘人员测试成绩的茎叶图见图2.3.

茎叶图的外观很像横放的直方图,但茎叶图中叶增加了具体的数值,使我们对数据的具体取值一目了然,从而保留了数据中全部的信息.

在要比较两组样本时,可画出它们的背靠背的茎叶图,这是一个简单直观而有效的对比方法.

例2.6 下面的数据是某厂两个车间某天各40名员工生产的产品数量(表2.2).为对其进行比较,我们将这些数据放到一个背靠背茎叶图上(见图2.4).

```
 6 | 4 7
 7 | 0 2 4 6 6 9
 8 | 0 1 2 2 3 5 6 8
 9 | 1 1 2 3 3 3 5 6 6 7 7 9
10 | 0 0 2 4 6 6 7 8 8
11 | 2 2 4 6 8 9 9
12 | 2 3 5 6 8
13 | 3
```

图2.3 测试成绩的茎叶图

表 2.2 某厂两个车间 40 名员工的产量

甲	车	间				乙	车	间			
50	52	56	61	61	62	56	66	67	67	68	68
64	65	65	65	67	67	72	72	74	75	75	75
67	68	71	72	74	74	75	76	76	76	76	78
76	76	77	77	78	82	78	79	80	81	81	83
83	85	86	86	87	88	83	83	84	84	84	86
90	91	92	93	93	97	86	87	87	88	92	92
100	100	103	105			93	95	98	107		

```
甲车间                          6 2 0 | 5 | 6                         乙车间
          8 7 7 7 5 5 5 4 2 1 1 | 6 | 6 7 7 8 8
            8 7 7 6 6 4 4 2 1 | 7 | 2 2 4 5 5 5 5 6 6 6 8 8 9
              8 7 6 6 5 3 2 | 8 | 0 1 1 3 3 3 4 4 4 6 6 7 7 8
                  7 3 3 2 1 0 | 9 | 2 2 3 5 8
                      5 3 0 0 |10 | 7
```

图 2.4 两个车间产量的背靠背茎叶图

在图 2.4 中，茎在中间，左边表示甲车间的数据，右边表示乙车间的数据. 从茎叶图可以看出，甲车间员工的产量偏于上方，而乙车间员工的产量大多位于中间，乙车间的平均产量要高于甲车间，乙车间各员工的产量比较集中，而甲车间员工的产量则比较分散.

习题 2.2

1. 以下是某工厂通过抽样调查得到的 10 名工人一周内生产的产品数：

   149 156 160 138 149 153 153 169 156 156

试由这批数据构造经验分布函数并作图.

2. 假若某地区 30 名 2018 年某专业毕业生实习期满后的月薪数据(单位：元)如下：

   9090   10 860   11 200   9990   13 200   10 910
   10 710 10 810   11 300   13 360 9670   15 720
   8250   9140   9920   12 320 9500   7750
   12 030 10 250   10 960   8080   12 240 10 440
   8710   11 640   9710   9500   8660   7380

(1) 构造该批数据的频率分布表(分 6 组)；

(2) 画出直方图.

3. 某公司对其 250 名职工上班途中所需时间(单位：min)进行了调查，下面是其不完整的频率分布表：

所需时间	频率
0～10	0.10
10～20	0.24

续表

所需时间	频率
20～30	
30～40	0.18
40～50	0.14

(1) 试将频率分布表补充完整；
(2) 该公司上班途中所需时间在半小时以内的有多少人？

4. 对下列数据构造茎叶图：

472	425	447	377	341	369	412	399
400	382	366	425	399	398	423	384
418	392	372	418	374	385	439	408
429	428	430	413	405	381	403	479
381	443	441	433	399	379	386	387

2.3 统计量及其分布

2.3.1 统计量的概念

定义 2.1 不含任何未知参数的样本的函数 $g(X_1, X_2, \cdots, X_n)$ 称为**统计量**（**statistic**）. 它是完全由样本决定的量. 设 $x_1, x_2, \cdots, x_n$ 是相应于样本 $X_1, X_2, \cdots, X_n$ 的样本值, 则 $g(x_1, x_2, \cdots, x_n)$ 称为 $g(X_1, X_2, \cdots, X_n)$ 的观察值.

统计量是在对总体进行分析、估计、推断时, 从总体抽取的样本构造的关于样本的函数.

例 2.7 设总体 X 服从正态分布 $N(\mu, \sigma^2)$, 其中 μ 已知, σ^2 未知, $X_1, X_2, \cdots, X_n$ 是取自总体 X 的一个样本, 试判断下列样本函数中哪些是统计量, 哪些不是统计量.

(1) $Y_1 = \frac{1}{n}\sum_{i=1}^{n}(X_i - \mu)^2$; (2) $Y_2 = \frac{1}{\sigma^2}\sum_{i=1}^{n}(X_i - \mu)^2$; (3) $Y_3 = \max\{X_1, X_2, \cdots, X_n\}$.

解 Y_1, Y_3 是统计量; Y_2 中含有未知参数 σ^2, 所以 Y_2 不是统计量.

注 统计量是随机变量, 不一定和总体同分布, 不同的统计量有不同的分布.

2.3.2 常用的统计量

1. 样本均值 $\overline{X} = \frac{1}{n}\sum_{i=1}^{n}X_i$, 观测值记为

$$\overline{x} = \frac{1}{n}\sum_{i=1}^{n}x_i.$$

2. 样本方差 $S^2 = \frac{1}{n-1}\sum_{i=1}^{n}(X_i - \overline{X})^2 = \frac{1}{n-1}\left(\sum_{i=1}^{n}X_i^2 - n\overline{X}^2\right)$, 观测值记为

$$s^2 = \frac{1}{n-1}\sum_{i=1}^{n}(x_i - \overline{x})^2 = \frac{1}{n-1}\left(\sum_{i=1}^{n}x_i^2 - n\overline{x}^2\right).$$

注 $\sum_{i=1}^{n}(x_i-\bar{x})^2 = \sum_{i=1}^{n}x_i^2 - \dfrac{\left(\sum_{i=1}^{n}x_i\right)^2}{n} = \sum_{i=1}^{n}x_i^2 - n\bar{x}^2.$

3. 样本标准差 $S=\sqrt{S^2}=\sqrt{\dfrac{1}{n-1}\sum_{i=1}^{n}(X_i-\bar{X})^2}$,观测值记为

$$s=\sqrt{s^2}=\sqrt{\dfrac{1}{n-1}\sum_{i=1}^{n}(x_i-\bar{x})^2}.$$

注 记 $S_n^2=\dfrac{1}{n}\sum_{i=1}^{n}(X_i-\bar{X})^2$,它也是样本方差,由后面提到的无偏性可知,$S_n^2$ 是样本有偏方差,而 S^2 为样本无偏方差. 实际中常用的是样本无偏方差 S^2,这是因为当 σ^2 为总体方差时,有 $E(S_n^2)=\dfrac{n-1}{n}\sigma^2$,$E(S^2)=\sigma^2$,这就说明 S_n^2 存在系统偏小的误差,而 S^2 就不存在系统误差,以后我们用 S^2 表示样本方差.

4. 样本(k 阶)原点矩 $A_k=\dfrac{1}{n}\sum_{i=1}^{n}X_i^k,\quad k=1,2,\cdots,$

观测值记为 $a_k=\dfrac{1}{n}\sum_{i=1}^{n}x_i^k,\quad k=1,2,\cdots.$

5. 样本(k 阶)中心矩 $B_k=\dfrac{1}{n}\sum_{i=1}^{n}(X_i-\bar{X})^k,\quad k=1,2,\cdots,$

观测值记为 $b_k=\dfrac{1}{n}\sum_{i=1}^{n}(x_i-\bar{x})^k,\quad k=1,2,\cdots.$

注 (1) 上述 5 种统计量可统称为矩统计量,简称为样本矩,它们都是样本的显式函数,它们的观察值仍分别称为样本均值、样本方差、样本标准差、样本(k 阶)原点矩、样本(k 阶)中心矩.

(2) 样本的一阶原点矩就是样本均值,样本一阶中心矩恒等于零:

$$A_1=\bar{X},\quad B_1=0,\quad B_2=\dfrac{n-1}{n}S^2.$$

例 2.8 某大学收集 20 名大学生的某月娱乐支出费用数据(单位:元)如下:

79, 84, 84, 88, 92, 93, 94, 97, 98, 99,
100,101,101,102,102,108,110,113,118,125.

求该月这 20 名大学生的平均娱乐支出及样本方差和样本标准差.

解 该月这 20 名大学生的平均娱乐支出

$$\bar{x}=\dfrac{1}{20}\sum_{i=1}^{20}x_i=\dfrac{1}{20}(79+84+84+\cdots+125)=99.4,$$

样本方差 $s^2=\dfrac{1}{20-1}\sum_{i=1}^{20}(x_i-\bar{x})^2$

$$=\dfrac{1}{19}[(79-99.4)^2+(84-99.4)^2+\cdots+(125-99.4)^2]=133.9368,$$

样本标准差 $s=\sqrt{133.9368}=11.5731.$

当总体关于分布中心对称时,我们用 $\bar{x}$ 和 s 刻画样本特征很有代表性,而当其不对称时,只用 $\bar{x}, s$ 就显得很不够. 为此,需要一些刻画分布形状的统计量. 这里我们介绍样本偏度和样本峰度,它们都是样本中心矩的函数.

定义 2.2 设 $x_1, x_2, \cdots, x_n$ 是相应于样本 $X_1, X_2, \cdots, X_n$ 的样本值,则称统计量
$$\hat{\beta}_s = b_3 / b_2^{3/2}$$
为样本偏度.

样本偏度 $\hat{\beta}_s$ 反映了总体分布密度曲线与对称性的偏离方向和程度. 如果数据完全对称,则不难看出 $b_3 = 0$. 对于不对称的数据则 $b_3 \neq 0$. 这里用 b_3 除以 $b_2^{3/2}$ 是为了消除量纲的影响, $\hat{\beta}_s$ 是个相对数,它很好地刻画了数据分布的偏斜方向和程度. 如果 $\hat{\beta}_s = 0$ 表示样本对称(见图 2.5(a)),如果 $\hat{\beta}_s$ 明显大于 0,表示样本的右尾长,即样本中有几个较大的数,这反映总体分布是正偏的或右偏的(见图 2.5(b)),如果 $\hat{\beta}_s$ 明显小于 0,表示分布的左尾长,即样本中有几个特小的数,这反映总体分布是负偏的或左偏的(见图 2.5(c)).

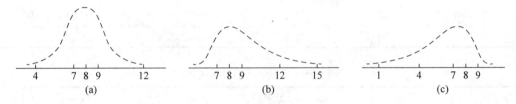

图 2.5 样本偏度 $\hat{\beta}_s$ 的例子(样本容量 $n = 5$)

(a) 样本 $(4,7,8,9,12)$ 的偏度 $\hat{\beta}_s = 0$;(b) 样本 $(7,8,9,12,15)$ 的偏度 $\hat{\beta}_s = 14.256$;(c) 样本 $(1,4,7,8,9)$ 的偏度 $\hat{\beta}_s = -14.256$

定义 2.3 设 $x_1, x_2, \cdots, x_n$ 是相应于样本 $X_1, X_2, \cdots, X_n$ 的样本值,则称统计量
$$\hat{\beta}_k = \frac{b_4}{b_2^2} - 3$$
为样本峰度.

样本峰度 $\hat{\beta}_k$ 是反映总体分布密度曲线在其峰值附近的陡峭程度和尾部粗细的统计量. 当 $\hat{\beta}_k$ 明显大于 0 时,分布密度曲线在其峰值附近比正态分布陡,尾部更细,呈尖顶形;当 $\hat{\beta}_k$ 明显小于 0 时,分布密度曲线在其峰值附近比正态分布平坦,尾部更粗,呈平顶形.

例 2.9 表 2.3 是两个班级(每班 50 名同学)的英语考试成绩.

表 2.3 两个班级的英语成绩

成绩/分	组中值/分	甲班人数 $f_甲$/人	乙班人数 $f_乙$/人
90~100	95	5	4
80~89	85	10	14
70~79	75	22	16
60~69	65	11	14

续表

成绩/分	组中值/分	甲班人数 $f_甲$/人	乙班人数 $f_乙$/人
50~59	55	1	2
40~49	45	1	0

分别计算两个班级的平均成绩、标准差、样本偏度及样本峰度.

解 表2.4和表2.5分别给出了甲班和乙班的计算过程.

表2.4 甲班成绩的计算过程

x	$f_甲$	$x \cdot f_甲$	$(x-\bar{x}_甲)^2 f_甲$	$(x-\bar{x}_甲)^3 f_甲$	$(x-\bar{x}_甲)^4 f_甲$
95	5	475	1843.20	35 389.440	679 477.2480
85	10	850	846.40	7786.880	71 639.2960
75	22	1650	14.08	−11.264	9.0112
65	11	715	1283.04	−13 856.832	149 653.7856
55	1	55	432.64	−8998.912	187 177.3696
45	1	45	948.64	−29 218.112	899 917.8496
$\sum$	50	3790	5368	−8908.8	1 987 874.56

表2.5 乙班成绩的计算过程

x	$f_乙$	$x \cdot f_乙$	$(x-\bar{x}_乙)^2 f_乙$	$(x-\bar{x}_乙)^3 f_乙$	$(x-\bar{x}_乙)^4 f_乙$
95	4	380	1474.56	28 311.552	543 581.7984
85	14	1190	1184.96	10 901.632	100 295.0144
75	16	1200	10.24	−8.192	6.5536
65	14	910	1632.96	−17 635.968	190 468.4544
55	2	110	865.28	−17 997.824	374 354.7392
$\sum$	50	3790	5168	3571.2	1 208 706.56

可算得两个班的平均成绩、标准差、偏态系数、峰态系数分别为

$$\bar{x}_甲 = \frac{3790}{50} = 75.8, \quad \bar{x}_乙 = \frac{3790}{50} = 75.8,$$

$$s_甲 = \sqrt{\frac{5368}{49}} = 10.47, \quad s_乙 = \sqrt{\frac{5168}{49}} = 10.27,$$

$$\hat{\beta}_{s_甲} = \frac{-8908.8/50}{(5368/50)^{3/2}} = -0.16, \quad \hat{\beta}_{s_乙} = \frac{3571.2/50}{(5168/50)^{3/2}} = 0.068,$$

$$\hat{\beta}_{k_甲} = \frac{1\,987\,874.56/50}{(5368/50)^2} - 3 = 0.45, \quad \hat{\beta}_{k_乙} = \frac{1\,208\,706.56/50}{(5168/50)^2} - 3 = -0.74.$$

由此可见,两个班级的平均成绩相同,标准差也几乎相同.样本偏度分别为 −0.16 和 0.068.显示两个班的成绩都是基本对称的.但两个班的样本峰度明显不同.乙班的成绩分布比较平坦,而甲班则稍显尖顶.

2.3.3 几个需要掌握的结论

性质 2.1 若把样本中的数据与样本均值之差称为偏差,则样本所有偏差之和为 0,即

$$\sum_{i=1}^{n}(x_i-\bar{x})=0.$$

从均值的计算公式看,它使用了所有的数据,而且每一个数据在计算公式中处于平等的地位.所有数据与样本中心 $\bar{x}$ 的偏差可正可负,且被互相抵消,从而样本的所有偏差之和必为零.

性质 2.2 数据观测值与样本均值的偏差平方和最小,即在形如 $\sum_{i=1}^{n}(x_i-c)^2$ 的函数中,$\sum_{i=1}^{n}(x_i-\bar{x})^2$ 最小,其中 c 为任意给定常数.

证明 对任意给定的常数 c,

$$\sum_{i=1}^{n}(x_i-c)^2 = \sum_{i=1}^{n}(x_i-\bar{x}+\bar{x}-c)^2$$
$$= \sum_{i=1}^{n}(x_i-\bar{x})^2+n(\bar{x}-c)^2+2\sum_{i=1}^{n}(x_i-\bar{x})(\bar{x}-c)$$
$$= \sum_{i=1}^{n}(x_i-\bar{x})^2+n(\bar{x}-c)^2 \geqslant \sum_{i=1}^{n}(x_i-\bar{x})^2.$$

下面考察样本均值的分布.

例 2.10 设有一个由 20 个数组成的总体,现从该总体不放回地抽取容量为 5 的样本.图 2.6 画出第一个样本的抽样过程,左侧是该总体,右侧是从总体中随机地抽出的样本,记录后,放回,再抽第二个样本,这里一共抽出 4 个样本,每个样本有 5 个观测值,我们计算了各个样本的样本均值.从例中可以看到,每一个样本的样本均值都有差别.

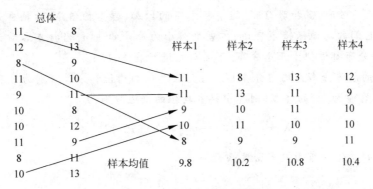

图 2.6 4 个样本的样本均值

设想每次抽样都计算样本均值 $\bar{X}$,它们之间的差异是由于抽样的随机性引起的.假如无限制地抽取下去,这样我们可以得到大量 $\bar{X}$ 的值,图 2.7 就是用这种抽取方法得到的前

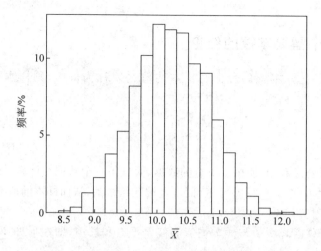

图 2.7　$N(0,1)$ 500 个样本均值形成的直方图

500 个 $\overline{X}$ 的值所做成的直方图,它反映了 $\overline{X}$ 的分布.

它的外形很像正态分布,这不是偶然的,有下面定理保证.

定理 2.2　设 $X_1, X_2, \cdots, X_n$ 是来自某个总体的样本,$\overline{X}$ 为样本均值.

(1) 若总体分布为 $N(\mu, \sigma^2)$,则 $\overline{X}$ 的精确分布为 $N(\mu, \sigma^2/n)$;

(2) 若总体分布未知或不是正态分布,$E(X)=\mu, D(X)=\sigma^2$ 存在,则 n 较大时 $\overline{X}$ 的渐近分布为 $N(\mu, \sigma^2/n)$,常记为 $\overline{X} \overset{\cdot}{\sim} N(\mu, \sigma^2/n)$,这里渐近分布是指 n 较大时的近似分布.

证明　(1) 利用卷积公式,可得知 $\sum_{i=1}^{n} X_i \sim N(n\mu, n\sigma^2)$,由此可知 $\overline{X} \sim N(\mu, \sigma^2/n)$.

(2) 由中心极限定理,$\sqrt{n}(\overline{X}-\mu)/\sigma \xrightarrow{L} N(0,1)$,这表明 n 较大时 $\overline{X}$ 的渐近分布为 $N(\mu, \sigma^2/n)$.

例 2.11　图 2.8 给出三个不同总体样本均值的分布密度函数.三个总体分别是:①均匀分布,②倒三角分布,③指数分布.随着样本量的增加,样本均值 $\overline{X}$ 的抽样分布逐渐向正态分布逼近,它们的均值保持不变,而方差则缩小为原来的 $1/n$.当样本容量为 30 时,我们看到三个抽样分布都近似于正态分布.下面对之进行具体说明.

图 2.8①的总体分布为均匀分布 $U(1,5)$,该总体的均值和方差分别为 3 和 $4/3$,若从该总体抽取样本容量为 30 的样本,则其中样本均值的渐近分布为

$$\overline{X}_1 \overset{\cdot}{\sim} N\left(3, \frac{4}{3\times 30}\right) = N(3, 0.21^2).$$

图 2.8②的总体分布的概率密度函数为

$$\begin{cases} (3-x)/4, & 1 \leqslant x < 3, \\ (x-3)/4, & 3 \leqslant x \leqslant 5, \\ 0, & \text{其他}. \end{cases}$$

这是一个倒三角分布,可以算得其均值与方差分别为 3 和 2,若从该总体抽取容量为 30 的样本,则其样本均值的渐近分布为

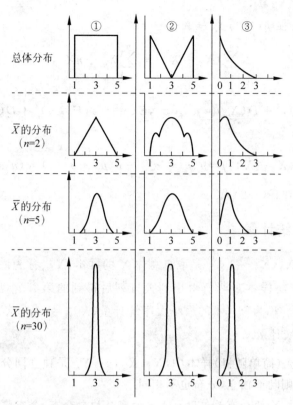

图 2.8 不同总体样本均值的分布

$$\overline{X}_2 \overset{\cdot}{\sim} N\left(3, \frac{2}{30}\right) = N(3, 0.26^2).$$

图 2.8③的总体分布为指数分布 $\text{Exp}(1)$,其均值与方差都等于 1,若从该总体中抽取样本容量为 30 的样本,则其样本均值的渐近分布为

$$\overline{X}_3 \overset{\cdot}{\sim} N\left(1, \frac{1}{30}\right) = N(1, 0.18^2).$$

这三个总体都不是正态分布,但其样本均值的分布都近似于正态分布,差别表现在均值与标准差上. 图 2.8 所示曲线既展示它们的共同之处,又显示了它们之间的差别.

定理 2.3 设总体 X 具有二阶矩,即 $E(X) = \mu, D(X) = \sigma^2 < +\infty, X_1, X_2, \cdots, X_n$ 为从该总体得到的样本,$\overline{X}$ 和 S^2 分别是样本均值和样本方差,则

$$E(\overline{X}) = \mu, \quad D(\overline{X}) = \sigma^2/n, \tag{2.1}$$

$$E(S^2) = \sigma^2. \tag{2.2}$$

此定理表明,样本均值的期望与总体均值相同,而样本均值的方差是总体方差的 $1/n$.

证明 由于

$$E(\overline{X}) = \frac{1}{n} E\left(\sum_{i=1}^{n} X_i\right) = \frac{n\mu}{n} = \mu,$$

$$D(\overline{X}) = \frac{1}{n^2} D\left(\sum_{i=1}^{n} X_i\right) = \frac{n\sigma^2}{n^2} = \frac{\sigma^2}{n},$$

故(2.1)式成立. 下面证明(2.2)式, 注意到

$$\sum_{i=1}^{n}(X_i-\overline{X})^2=\sum_{i=1}^{n}X_i^2-n\overline{X}^2,$$

而

$$E(X_i^2)=(E(X_i))^2+D(X_i)=\mu^2+\sigma^2, E(\overline{X}^2)=(E(\overline{X}))^2+D(\overline{X})=\mu^2+\sigma^2/n,$$

于是

$$E(\sum_{i=1}^{n}(X_i-\overline{X})^2)=n(\mu^2+\sigma^2)-n(\mu^2+\sigma^2/n)=(n-1)\sigma^2,$$

两边各除以$(n-1)$, 即得(2.2)式.

2.3.4 次序统计量

定义 2.4 设$X_1,X_2,\cdots,X_n$是取自总体X的样本, $X_{(i)}$称为该样本的第i个次序统计量, 它的取值是将样本观测值由小到大排列后得到的第i个观测值. 其中$X_{(1)}=\min\{X_1,X_2,\cdots,X_n\}$称为该样本的最小次序统计量, $X_{(n)}=\max\{X_1,X_2,\cdots,X_n\}$称为该样本的最大次序统计量.

我们知道, 在一个(简单随机)样本中, $X_1,X_2,\cdots,X_n$是独立同分布的, 而次序统计量$X_{(1)},X_{(2)},\cdots,X_{(n)}$则既不独立, 分布也不相同.

例 2.12 设总体X的分布为仅取$0,1,2$的离散均匀分布, 分布律为

X	0	1	2
P	1/3	1/3	1/3

现从中抽取容量为3的样本, 求$X_{(1)},X_{(2)},X_{(3)}$的分布.

解 从中抽取容量为3的样本, 其一切可能取值有27种, 现将它们列在表2.6左侧, 且右侧是相应的次序统计量的观测值.

表 2.6 例 2.12 中样本取值及其次序统计量取值

X_1	X_2	X_3	$X_{(1)}$	$X_{(2)}$	$X_{(3)}$	X_1	X_2	X_3	$X_{(1)}$	$X_{(2)}$	$X_{(3)}$
0	0	0	0	0	0	1	2	0	0	1	2
0	0	1	0	0	1	2	1	0	0	1	2
0	1	0	0	0	1	0	2	2	0	2	2
1	0	0	0	0	1	2	0	2	0	2	2
0	0	2	0	0	2	2	2	0	0	2	2
0	2	0	0	0	2	1	1	1	1	1	1
2	0	0	0	0	2	1	1	2	1	1	2
0	1	1	0	1	1	1	2	1	1	1	2
1	0	1	0	1	1	2	1	1	1	1	2
1	1	0	0	1	1	1	2	2	1	2	2
0	1	2	0	1	2	2	1	2	1	2	2
0	2	1	0	1	2	2	2	1	1	2	2
1	0	2	0	1	2	2	2	2	2	2	2
2	0	1	0	1	2						

由于样本取上述每一组观测值的概率相同,都为 1/27,因此可给出 $X_{(1)},X_{(2)},X_{(3)}$ 的分布列如下:

$X_{(1)}$	0	1	2
P	$\frac{19}{27}$	$\frac{7}{27}$	$\frac{1}{27}$

$X_{(2)}$	0	1	2
P	$\frac{7}{27}$	$\frac{13}{27}$	$\frac{7}{27}$

$X_{(3)}$	0	1	2
P	$\frac{1}{27}$	$\frac{7}{27}$	$\frac{19}{27}$

我们可以清楚地看到这三个次序统计量的分布是不相同的.

进一步我们可以由表 2.6 给出两个次序统计量的联合分布,如 $X_{(1)}$ 和 $X_{(2)}$ 的联合分布律为

$X_{(1)}$ \ $X_{(2)}$	0	1	2
0	7/27	9/27	3/27
1	0	4/27	3/27
2	0	0	1/27

因为 $P\{X_{(1)}=0\}P\{X_{(2)}=0\}=\frac{19}{27}\times\frac{7}{27}$,而 $P\{X_{(1)}=0,X_{(2)}=0\}=\frac{7}{27}$,两者不等,因此可看出 $X_{(1)}$ 和 $X_{(2)}$ 是不独立的.

接下来我们讨论次序统计量的抽样分布,它们常用在连续总体上,故我们仅就总体 X 的分布为连续的情况进行叙述.

1. 单个次序统计量的分布

定理 2.4 设总体 X 的密度函数为 $p(x)$,分布函数为 $F(x)$,$X_1,X_2,\cdots,X_n$ 为样本,则第 k 个次序统计量 $X_{(k)}$ 的密度函数为

$$p_k(x)=\frac{n!}{(k-1)!(n-k)!}(F(x))^{k-1}(1-F(x))^{n-k}p(x). \qquad (2.3)$$

证明 对任意的实数 x,考虑次序统计量 $x_{(k)}$ 取值落在区间 $(x,x+\Delta x]$ 内这一事件,它等价于"容量为 n 的样本中有 1 个观测值落在 $(x,x+\Delta x]$ 之间,而有 $k-1$ 个观测值小于等于 x,有 $n-k$ 个观测值大于 $x+\Delta x$,其直观示意图可参见图 2.9.

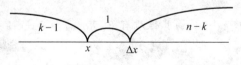

图 2.9 $x_{(k)}$ 取值示意图

样本的每一个分量小于等于 x 的概率为 $F(x)$,落入区间 $(x,x+\Delta x]$ 的概率为 $F(x+\Delta x)-F(x)$,大于 $x+\Delta x$ 的概率为 $1-F(x+\Delta x)$,而将 n 个分量分成这样的三组,总的分法有 $\frac{n!}{(k-1)!1!(n-k)!}$ 种. 于是,若以 $F_k(x)$ 记 $x_{(k)}$ 的分布函数,则由多项式分布可得

$$F_k(x+\Delta x)-F_k(x)\approx\frac{n!}{(k-1)!(n-k)!}(F(x))^{k-1}(F(x+\Delta x)-F(x))(1-F(x+\Delta x))^{n-k},$$

两边除以 Δx，并令 $\Delta x \to 0$，即有

$$p_k(x) = \lim_{\Delta x \to 0} \frac{F_k(x+\Delta x) - F_k(x)}{\Delta x} = \frac{n!}{(k-1)!(n-k)!} (F(x))^{k-1} p(x)(1-F(x))^{n-k},$$

其中 $p_k(x)$ 的非零区间与总体的非零区间相同. 特别地，令 $k=1$ 和 $k=n$ 即得到最小次序统计量 $x_{(1)}$ 和最大次序统计量 $x_{(n)}$ 的概率密度函数分别为

$$p_1(x) = n(1-F(x))^{n-1} p(x), \quad p_n(x) = n(F(x))^{n-1} p(x).$$

例 2.13 设总体密度函数为

$$p(x) = 3x^2, \quad 0 < x < 1,$$

现从该总体抽得一个容量为 5 的样本，试计算 $P\{X_{(2)} < 1/2\}$.

解 我们首先应求出 $X_{(2)}$ 的分布. 由总体密度函数不难求出总体分布函数为

$$F(x) = \begin{cases} 0, & x \leqslant 0, \\ x^3, & 0 < x < 1, \\ 1, & x \geqslant 1. \end{cases}$$

由公式(2.3)可以得到 $X_{(2)}$ 的密度函数为

$$p_2(x) = \frac{5!}{(2-1)!(5-2)!} (F(x))^{2-1} p(x)(1-F(x))^{5-2}$$
$$= 20 \cdot x^3 \cdot 3x^2 \cdot (1-x^3)^3 = 60x^5 (1-x^3)^3, \quad 0 < x < 1,$$

于是

$$P\{X_{(2)} < 1/2\} = \int_0^{1/2} 60x^5 (1-x^3)^3 dx$$
$$= \int_0^{1/8} 20y(1-y)^3 dy = \int_{7/8}^1 20(z^3 - z^4) dz$$
$$= 5\left(1-\left(\frac{7}{8}\right)^4\right) - 4\left(1-\left(\frac{7}{8}\right)^5\right) = 0.1207.$$

例 2.14 设总体分布为 $U(0,1)$，$X_1, X_2, \cdots, X_n$ 为样本，则其第 k 个次序统计量的密度函数为

$$p_k(x) = \frac{n!}{(k-1)!(n-k)!} x^{k-1} (1-x)^{n-k}, \quad 0 < x < 1,$$

这就是贝塔分布 $\mathrm{Be}(k, n-k+1)$，由其性质有 $E(X_{(k)}) = \dfrac{k}{n+1}$.

【补充回顾】

伽马分布

1. **伽马函数** 称以下函数

$$\Gamma(\alpha) = \int_0^{+\infty} x^{\alpha-1} e^{-x} dx$$

为伽马函数，其中 $\alpha > 0$. 伽马函数具有如下性质：

(1) $\Gamma(1) = 1, \Gamma\left(\dfrac{1}{2}\right) = \sqrt{\pi}$.

(2) $\Gamma(\alpha+1) = \alpha \Gamma(\alpha)$（可用分部积分法证得）. 当 α 为自然数 n 时，有 $\Gamma(n+1) = n\Gamma(n) = n!$.

2. 伽马分布 若随机变量 X 的密度函数为

$$p(x)=\begin{cases}\dfrac{\lambda^{\alpha}}{\Gamma(\alpha)}x^{\alpha-1}\mathrm{e}^{-\lambda x}, & x\geqslant 0,\\ 0, & x<0,\end{cases}$$

则称为 X 服从伽马分布,记作 $X\sim\mathrm{Ga}(\alpha,\lambda)$,其中 $\alpha>0$ 为形状参数,$\lambda>0$ 为尺度参数.

3. 伽马分布 $\mathrm{Ga}(\alpha,\lambda)$ 的数学期望和方差

利用伽马函数的性质,不难算得伽马分布 $\mathrm{Ga}(\alpha,\lambda)$ 的数学期望为

$$E(X)=\dfrac{\lambda^{\alpha}}{\Gamma(\alpha)}\int_{0}^{+\infty}x^{\alpha}\mathrm{e}^{-\lambda x}\mathrm{d}x=\dfrac{\Gamma(\alpha+1)}{\Gamma(\alpha)}\cdot\dfrac{1}{\lambda}=\dfrac{\alpha}{\lambda}.$$

又因为

$$E(X^2)=\dfrac{\lambda^{\alpha}}{\Gamma(\alpha)}\int_{0}^{+\infty}x^{\alpha+1}\mathrm{e}^{-\lambda x}\mathrm{d}x=\dfrac{\Gamma(\alpha+2)}{\lambda^2\Gamma(\alpha)}=\dfrac{\alpha(\alpha+1)}{\lambda^2},$$

由此得 X 的方差为

$$D(X)=E(X^2)-[E(X)]^2=\dfrac{\alpha(\alpha+1)}{\lambda^2}-\left(\dfrac{\alpha}{\lambda}\right)^2=\dfrac{\alpha}{\lambda^2}.$$

贝塔分布

1. 贝塔函数 称以下函数

$$\mathrm{B}(a,b)=\int_{0}^{1}x^{a-1}(1-x)^{b-1}\mathrm{d}x$$

为贝塔函数,其中参数 $a>0,b>0$.

贝塔函数具有如下性质:

(1) $\mathrm{B}(a,b)=\mathrm{B}(b,a)$.

(2) 贝塔函数与伽马函数间有如下关系:

$$\mathrm{B}(a,b)=\dfrac{\Gamma(a)\Gamma(b)}{\Gamma(a+b)}.$$

2. 贝塔分布 若随机变量 X 的密度函数为

$$p(x)=\begin{cases}\dfrac{\Gamma(a+b)}{\Gamma(a)\Gamma(b)}x^{a-1}(1-x)^{b-1}, & 0<x<1,\\ 0, & 其他,\end{cases}$$

则称为 X 服从贝塔分布,记作 $X\sim\mathrm{Be}(a,b)$,其中 $a>0,b>0$ 都是形状参数.

3. 贝塔分布 $\mathrm{Be}(a,b)$ 的数学期望和方差

利用贝塔函数的性质,不难算得贝塔分布 $\mathrm{Be}(a,b)$ 的数学期望为

$$E(X)=\dfrac{\Gamma(a+b)}{\Gamma(a)\Gamma(b)}\int_{0}^{1}x^{a}(1-x)^{b-1}\mathrm{d}x=\dfrac{\Gamma(a+b)}{\Gamma(a)\Gamma(b)}\cdot\dfrac{\Gamma(a+1)\Gamma(b)}{\Gamma(a+b+1)}=\dfrac{a}{a+b}.$$

又因为

$$\begin{aligned}E(X^2)&=\dfrac{\Gamma(a+b)}{\Gamma(a)\Gamma(b)}\int_{0}^{1}x^{a+1}(1-x)^{b-1}\mathrm{d}x\\ &=\dfrac{\Gamma(a+b)}{\Gamma(a)\Gamma(b)}\cdot\dfrac{\Gamma(a+2)\Gamma(b)}{\Gamma(a+b+2)}=\dfrac{a(a+1)}{(a+b)(a+b+1)},\end{aligned}$$

由此得 X 的方差为

$$D(X) = \frac{a(a+1)}{(a+b)(a+b+1)} - \left(\frac{a}{a+b}\right)^2 = \frac{ab}{(a+b)^2(a+b+1)}.$$

2. 多个次序统计量的分布

定理 2.5 在定理 2.4 的记号下，次序统计量 $X_{(i)}, X_{(j)}(i<j)$ 的联合分布密度函数为

$$p_{ij}(y,z) = \frac{n!}{(i-1)! \cdot (j-i-1)! \cdot (n-j)!}[F(y)]^{i-1}[F(z)-F(y)]^{j-i-1} \cdot [1-F(z)]^{n-j}p(y)p(z), \quad y \leqslant z.$$

证明 对增量 $\Delta y, \Delta z$ 以及 $y<z$，事件 $\{x_{(i)} \in (y, y+\Delta y], x_{(j)} \in (z, z+\Delta z]\}$ 可以表述为"容量为 n 的样本 $x_1, x_2, \cdots, x_n$ 中有 $i-1$ 个观测值小于等于 y，一个落入区间 $(y, y+\Delta y], j-i-1$ 个落入区间 $(y+\Delta y, z]$，一个落入区间 $(z, z+\Delta z]$，而余下 $n-j$ 个大于 $z+\Delta z$"，其直观示意图可参见图 2.10.

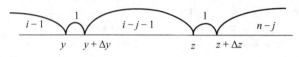

图 2.10 $x_{(i)}$ 与 $x_{(j)}$ 取值示意图

于是由多项式分布可得

$$P\{x_{(i)} \in (y, y+\Delta y), x_{(j)} \in (z, z+\Delta z)\}$$
$$\approx \frac{n!}{(i-1)!1!(j-i-1)!1!(n-j)!}[F(y)]^{i-1}p(y)\Delta y \cdot$$
$$[F(z)-F(y+\Delta y)]^{j-i-1}p(z)\Delta z[1-F(z+\Delta z)]^{n-j}.$$

考虑到 $F(x)$ 的连续性，当 $\Delta y \to 0, \Delta x \to 0$ 时有 $F(y+\Delta y) \to F(y), F(z+\Delta z) \to F(z)$，于是

$$p_{ij}(y,z) = \lim_{\Delta y \to 0, \Delta z \to 0} \frac{P\{x_{(i)} \in (y, y+\Delta y), x_{(j)} \in (z, z+\Delta z)\}}{\Delta y \Delta z}$$
$$= \frac{n!}{(i-1)!(j-i-1)!(n-j)!}[F(y)]^{i-1} \cdot$$
$$[F(z)-F(y)]^{j-i-1}[1-F(z)]^{n-j}p(y)p(z).$$

例 2.15 设总体分布为 $U(0,1)$，$X_1, X_2, \cdots, X_n$ 为其样本，则 $(Y,Z)=(X_{(1)}, X_{(n)})$ 的联合密度函数为

$$p(y,z) = n(n-1)(z-y)^{n-2}, \quad 0<y<z<1.$$

令 $R = Z - Y$，由 $R>0, 0<Y<Z<1$，可以推出 $0<Y=Z-R \leqslant 1-R$，则 (Y,R) 的联合密度函数为

$$p(y,r) = n(n-1)r^{n-2}, \quad y>0, r>0, y+r<1,$$

于是 R 的边际密度函数为

$$p_R(r) = \int_0^{1-r} n(n-1)r^{n-2} dy = n(n-1)r^{n-2}(1-r), \quad 0<r<1,$$

这正是参数为 $(n-1, 2)$ 的贝塔分布.

2.3.5 样本分位数、中位数及箱线图的绘制

1. 样本分位数和样本中位数

样本 p 分位数 m_p 可如下定义：

$$m_p = \begin{cases} x_{([np+1])}, & \text{若 } np \text{ 不是整数,} \\ \dfrac{1}{2}(x_{(np)} + x_{(np+1)}), & \text{若 } np \text{ 是整数.} \end{cases}$$

例如，若 $n=10, p=0.35$，则 $m_{0.35}=x_{(4)}$，若 $n=20, p=0.45$，则 $m_{0.45}=\dfrac{1}{2}(x_{(9)}+x_{(10)})$。

样本中位数 $m_{0.5}$ 是一个很常见的统计量，它也是次序统计量的函数，通常如下定义：

$$m_{0.5} = \begin{cases} x_{(\frac{n+1}{2})}, & n \text{ 为奇数,} \\ \dfrac{1}{2}\left(x_{(\frac{n}{2})} + x_{(\frac{n}{2}+1)}\right), & n \text{ 为偶数.} \end{cases}$$

2. 五数概括和箱线图

次序统计量的应用之一是五数概况与箱线图。在得到有序样本后，容易计算如下五个值：最小观测值 $x_{\min}=x_{(1)}$，最大观测值 $x_{\max}=x_{(n)}$，中位数 $m_{0.5}$，第一4分位数 $Q_1=m_{0.25}$ 和第三4分位数 $Q_3=m_{0.75}$。所谓五数概括就是指用这五个数

$$x_{\min}, \quad Q_1, \quad m_{0.5}, \quad Q_3, \quad x_{\max}$$

来大致描述一批数据的轮廓。

例 2.16 表 2.7 是某厂 160 名销售人员某月的销售数据的有序样本，由该批数据可计算得到：$x_{\min}=45, x_{\max}=319, m_{0.5}=181, Q_1=144, Q_3=212$。

表 2.7 某厂 160 名销售人员某月的销售数据的有序样本

45	74	76	80	87	91	92	93	95	96
98	99	104	106	111	113	117	120	122	122
124	126	127	127	129	129	130	131	131	133
134	134	135	136	137	137	139	141	141	143
145	148	149	149	149	150	150	153	153	153
153	154	157	160	160	162	163	163	165	165
167	167	168	170	171	172	173	174	175	175
176	178	178	178	179	179	179	180	181	181
181	182	182	185	185	186	186	188	188	187
188	189	189	191	191	191	192	192	194	194
194	194	195	196	197	197	198	198	198	199
200	201	202	204	204	205	205	206	207	210
214	214	215	215	216	217	218	219	219	221
221	221	221	221	222	223	223	224	227	227
228	229	232	234	234	238	240	242	242	242
244	246	253	253	255	258	282	290	314	319

五数概括的图形表示称为箱线图,由箱子和线段组成.图 2.11 是例 2.16 中的样本数据的箱线图,其做法如下:

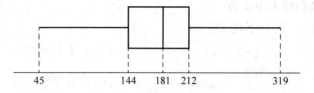

图 2.11 月销售量数据的箱线图

(1) 画一个箱子,其两侧恰为第一 4 分位数和第三 4 分位数,在中位数位置上面画条竖线,它在箱子内.这个箱子包含了样本中 50% 的数据.

(2) 在箱子左右两侧各引出一条水平线,分别至最小值和最大值为止.两条线段各包含了样本中 25% 的数据.

箱线图可用来对样本数据分布的形状进行大致的判断,图 2.12 给出三种常见的箱线图,分别对应左偏分布、对称分布和右偏分布.

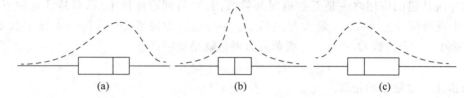

图 2.12 三种常见的箱线图及其对应的分布轮廓
(a) 左偏;(b) 对称;(c) 右偏

如果我们要对几批数据进行比较,则可以在一张纸上同时画出这几批数据的箱线图,图 2.13 是根据某厂 20 天生产的某种产品的直径数据画成的箱线图,从图中可以清楚地看出,第 18 天的产品出现了异常.

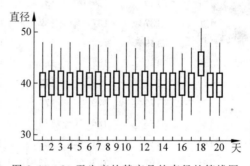

图 2.13 20 天生产的某产品的直径的箱线图

习题 2.3

1. 设总体 X 服从正态分布 $N(\mu,\sigma^2)$,其中 μ 已知,σ^2 未知,$X_1,X_2,\cdots,X_n$ 是取自总体 X 的一个样本,其中 $\bar{X},S^2$ 分别是样本均值和样本方差.试判断下列样本函数中哪些是统计量,哪些不是统计量.

(1) $\dfrac{X_1 - X_2 + X_3}{\sqrt{X_4^2 + X_5^2 + X_6^2}}$, (2) $\dfrac{\overline{X} - \mu}{S/n}$, (3) $\dfrac{1}{\sigma^2}\sum_{i=1}^{n} X_i^2$, (4) $\min\{X_1, X_2, \cdots, X_n\}$.

2. 在一本书上我们随机地检查了 10 页,发现每页上的错误数为

$$4\quad 5\quad 6\quad 0\quad 3\quad 1\quad 4\quad 2\quad 1\quad 4$$

试计算其样本均值、样本方差和样本标准差.

3. 设 $x_1, x_2, \cdots, x_n$ 和 $y_1, y_2, \cdots, y_n$ 是两组样本观测值,且有如下关系:

$$y_i = 3x_i - 4, \quad i = 1, 2, \cdots, n.$$

试求样本均值 $\bar{x}$ 和 $\bar{y}$ 间的关系以及样本方差 s_x^2 和 s_y^2 间的关系.

4. 证明:容量为 2 的样本 X_1, X_2 的方差为

$$S^2 = \dfrac{1}{2}(X_1 - X_2)^2.$$

5. 设 $X_1, X_2, \cdots, X_n (n \geqslant 50)$ 是来自 $U(-1, 1)$ 的样本,试求 $E(\overline{X})$ 和 $D(\overline{X})$.

6. 设 $\overline{X_1}$ 与 $\overline{X_2}$ 是从同一正态总体 $N(\mu, \sigma^2)$ 独立抽取的容量相同的两个样本的均值. 试确定样本容量 n,使得两样本均值的差的绝对值超过 σ 的概率不超过 0.01.

7. 从指数总体 $\mathrm{Exp}(1/\theta)$ 抽取了 40 个样品,试求 $\overline{X}$ 的渐近分布.

8. 设 $X_1, X_2, \cdots, X_{35}$ 是从均匀分布 $U(0, 5)$ 抽取的样本,试求样本均值 $\overline{X}$ 的渐近分布.

9. 设 $X_1, X_2, \cdots, X_{60}$ 是从二点分布 $b(1, p)$ 抽取的样本,试求样本均值 $\overline{X}$ 的渐近分布.

10. 设 $X_1, X_2, \cdots, X_{16}$ 是来自 $N(8, 4)$ 的样本,试求下列概率:
(1) $P\{X_{(16)} > 10\}$; (2) $P\{X_{(1)} > 5\}$.

11. 对下列数据构造箱线图:

$$
\begin{array}{ccccccc}
472 & 425 & 447 & 377 & 341 & 369 & 412 & 419 \\
400 & 382 & 366 & 425 & 399 & 398 & 423 & 384 \\
418 & 392 & 372 & 418 & 374 & 385 & 439 & 428 \\
429 & 428 & 430 & 413 & 405 & 381 & 403 & 479 \\
381 & 443 & 441 & 433 & 419 & 379 & 386 & 387
\end{array}
$$

12. 根据调查,某集团公司的中层管理人员的年薪数据如下(单位:万元):

$$
\begin{array}{cccccccc}
40.6 & 39.6 & 43.8 & 36.2 & 40.8 & 37.3 & 39.2 & 42.9 \\
38.6 & 39.6 & 40.0 & 34.7 & 41.7 & 45.4 & 36.9 & 37.8 \\
44.9 & 45.4 & 37.0 & 35.1 & 36.7 & 41.3 & 38.1 & 37.9 \\
37.1 & 37.7 & 39.2 & 36.9 & 44.5 & 40.4 & 38.4 & 38.9 \\
39.9 & 42.2 & 43.5 & 44.8 & 37.7 & 34.7 & 36.3 & 39.7 \\
42.1 & 41.5 & 40.6 & 38.9 & 42.2 & 40.3 & 35.8 & 39.2
\end{array}
$$

试画出箱线图.

2.4 三大抽样分布

数理统计中,要想进行统计估计与推断,就必须进行抽样来估计,取出样本并对样本处理后导出一个新的量,这个量就是统计量,而统计量的分布就是所谓的抽样分布.

2.4.1 常用分布

标准正态分布是数理统计中常用的分布之一,有很多统计推断是基于正态分布的假设,以标准正态随机变量为基石而构造的三个著名统计量在实际中有着广泛的应用,这是因为这三个统计量不仅有明确的背景,而且其抽样分布的密度函数有显式表达式,它们被称为统计中的"三大抽样分布".

1. χ^2 分布

定义 2.5 设 $X_1, X_2, \cdots, X_n$,相互独立,且均服从标准正态分布 $N(0,1)$,则称
$$\chi^2 = X_1^2 + X_2^2 + \cdots + X_n^2$$
服从**自由度**(degrees of freedom,常简写为 df)为 n 的 χ^2 分布,记为 $\chi^2 \sim \chi^2(n)$.

在概率论中我们已经指出,若随机变量 $X \sim N(0,1)$,则 $X^2 \sim \text{Ga}(1/2, 1/2)$,据伽马分布的可加性有 $\chi^2 \sim \text{Ga}(n/2, 1/2) = \chi^2(n)$,由此可见,$\chi^2(n)$ 分布是伽马分布的特例,其概率密度函数为

$$f(x) = \begin{cases} \dfrac{1}{2^{\frac{n}{2}} \Gamma\left(\dfrac{n}{2}\right)} e^{-\frac{x}{2}} x^{\frac{n}{2}-1}, & x > 0, \\ 0, & x \leqslant 0. \end{cases}$$

该概率密度函数的图像是一个只取非负值的偏态分布,χ^2 分布的概率密度函数曲线自由度分别是 1,2,3,5 时对应的概率密度函数的图形如图 2.14 所示.

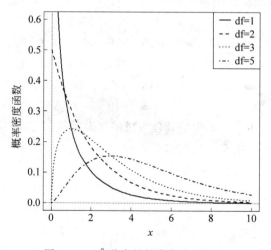

图 2.14 χ^2 分布的概率密度函数图

χ^2 分布具有以下性质:

(1)(可加性)若 $X \sim \chi^2(n), Y \sim \chi^2(m)$,且 X 与 Y 相互独立,则
$$X + Y \sim \chi^2(n+m).$$

证明 由 $X \sim \chi^2(n), Y \sim \chi^2(m)$,设 $X = X_1^2 + X_2^2 + \cdots + X_n^2, Y = Y_1^2 + Y_2^2 + \cdots + Y_m^2$,其中 $X_1, X_2, \cdots, X_n$ 和 $Y_1, Y_2, \cdots, Y_m$ 都服从标准正态分布 $N(0,1)$,且相互独立,而 X 与 Y

相互独立,因此 $X_1, X_2, \cdots, X_n, Y_1, Y_2, \cdots, Y_m$ 均服从标准正态分布 $N(0,1)$,且相互独立,所以由 χ^2 分布的定义知

$$X + Y = X_1^2 + X_2^2 + \cdots + X_n^2 + Y_1^2 + Y_2^2 + \cdots + Y_m^2 \sim \chi^2(n+m).$$

(2) 若 $X \sim \chi^2(n)$,则 $E(X) = n, D(X) = 2n$.

证明 由 $X \sim \chi^2(n)$ 及 χ^2 分布的定义知 $X = \sum_{i=1}^{n} X_i^2$,其中 $X_1, X_2, \cdots, X_n$ 相互独立,且均服从标准正态分布 $N(0,1)$,所以

$$E(X_i^2) = D(X_i) + [E(X_i)]^2 = 1.$$

从而

$$E(X_i^4) = \int_{-\infty}^{+\infty} x^4 \frac{1}{\sqrt{2\pi}} e^{-\frac{x^2}{2}} dx = -\int_{-\infty}^{+\infty} x^3 \frac{1}{\sqrt{2\pi}} d e^{-\frac{x^2}{2}}$$

$$= -\frac{1}{\sqrt{2\pi}} x^3 e^{-\frac{x^2}{2}} \Big|_{-\infty}^{+\infty} + 3 \int_{-\infty}^{+\infty} x^2 \frac{1}{\sqrt{2\pi}} e^{-\frac{x^2}{2}} dx = 3 E(X_i^2) = 3,$$

$$D(X_i^2) = E(X_i^4) - [E(X_i^2)]^2 = 3 - 1 = 2,$$

于是

$$E(X) = \sum_{i=1}^{n} E(X_i^2) = n, \quad D(X) = \sum_{i=1}^{n} D(X_i^2) = \sum_{i=1}^{n} 2 = 2n.$$

例 2.17 设总体 X 服从正态分布 $N(0, 2^2)$,而 $X_1, X_2, \cdots, X_{10}$ 是来自总体 X 的简单随机样本,试问:随机变量 $Y = \frac{1}{4}(X_1^2 + X_2^2 + \cdots + X_{10}^2)$ 服从什么分布?

解 因为总体 $X \sim N(0, 2^2)$,所以 $X_i \sim N(0,4)$,从而 $\frac{X_i}{2} \sim N(0,1)$. 由 χ^2 分布的定义得

$$Y = \frac{1}{4}(X_1^2 + X_2^2 + \cdots + X_{10}^2) = \sum_{i=1}^{10} \left(\frac{X_i}{2}\right)^2 \sim \chi^2(10).$$

2. t 分布

定义 2.6 设 $X \sim N(0,1), Y \sim \chi^2(n)$,且 X 与 Y 相互独立,则称 $t = \frac{X}{\sqrt{Y/n}}$ 服从自由度为 n 的 t 分布(或学生氏分布),记为 $t \sim t(n)$.

t 分布是统计学中的一类重要分布,它与标准正态分布的微小差别是由英国统计学家戈塞特(Gosset)发现的.在 1908 年以前,统计学的主要用武之地是社会统计,尤其是人口统计,后来加入生物统计问题.这些问题的特点是,数据一般都是大量的、自然采集的,所用的方法多以中心极限定理为依据,总是归结到正态,皮尔逊就是此时统计界的权威,他认为正态分布是上帝赐给人们唯一正确的分布.但到了 20 世纪,受人工控制的试验条件下所得数据的统计分析问题日渐引人注意.此时的数据量一般不大,故那种仅依赖于中心极限定理的传统方法开始受到质疑.这个方向的先驱就是戈塞特和费希尔.

戈塞特年轻时在牛津大学学习数学和化学,1899 年开始在一家酿酒厂担任酿酒化学技

师,从事试验和数据分析工作,由于戈塞特接触的样本容量都较小,只有四五个,通过大量试验数据的积累,戈塞特发现 $t=\sqrt{n}(\bar{X}-\mu)/S$ 的分布与传统认为的 $N(0,1)$ 分布并不同,特别是尾部概率相差较大,表2.8列出了标准正态分布 $N(0,1)$ 和自由度为4的 t 分布的一些尾部概率.

表 2.8 $N(0,1)$ 和 $t(4)$ 的尾部概率 $P\{|x|\geqslant c\}$

	$c=2$	$c=2.5$	$c=3$	$c=3.5$
$X\sim N(0,1)$	0.0455	0.0124	0.0027	0.000 465
$X\sim t(4)$	0.1161	0.0668	0.0399	0.0249

由此,戈塞特怀疑是否有另一个分布族存在,但他的统计学功底不足以解决他发现的问题,于是,戈塞特于1906—1907年到皮尔逊那里学习统计学,并着重研究少量数据的统计分析问题,1908年他在 Biometrics 杂志上以笔名 Student(工厂不允许其发表论文)发表了使他名垂统计史册的论文:均值的或然误差. 在这篇文章中,他提出了如下结果:设 $X_1,X_2,\cdots,X_n$ 是来自 $N(\mu,\sigma^2)$ 的独立同分布样本, μ,σ^2 均未知,则 $\sqrt{n}(\bar{X}-\mu)/S$ 服从自由度为 $n-1$ 的 t 分布. 可以说, t 分布的发现在统计学史上具有划时代的意义,打破了正态分布一统天下的局面,开创了小样本统计推断的新纪元,小样本统计分析由此引起了广大统计科研工作者的重视. 事实上,戈塞特的证明存在着漏洞,费希尔注意到这个问题,于1922年给出了此问题的完整证明,并编制了 t 分布的分位数表.

t 分布的概率密度函数为

$$f(x)=\frac{\Gamma\left(\frac{n+1}{2}\right)}{\sqrt{n\pi}\,\Gamma\left(\frac{n}{2}\right)}\left(1+\frac{x^2}{n}\right)^{-\frac{n+1}{2}},\quad -\infty<x<+\infty.$$

图2.15是自由度分别是1,2,10时的 t 分布和标准正态分布对应的概率密度函数的图像.

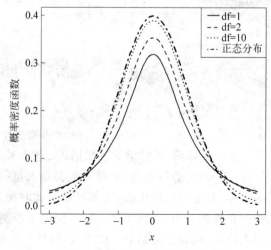

图 2.15 t 分布的概率密度曲线

从 t 分布和标准正态分布的形态上看,其概率密度曲线的形状很相像,都是偶函数,且当 $n\to\infty$ 时 $t(n)\to N(0,1)$.

t 分布具有如下性质:

(1) $f(x)$ 的图形关于纵轴对称,且 $\lim\limits_{x\to+\infty}f(x)=0$;

(2) 当 n 充分大时,t 分布近似于标准正态分布.

例 2.18 设总体 $X\sim N(0,1)$,$X_1,X_2,\cdots,X_6$ 是简单随机样本,试问:统计量

$$\frac{X_1-X_2+X_3}{\sqrt{X_4^2+X_5^2+X_6^2}}$$

服从什么分布?

解 由 $X\sim N(0,1)$ 得 $X_1-X_2+X_3\sim N(0,3)$,且 $X_4^2+X_5^2+X_6^2\sim \chi^2(3)$,因此 $\dfrac{X_1-X_2+X_3}{\sqrt{3}}\sim N(0,1)$.

又因为 $X_1-X_2+X_3$ 与 $X_4^2+X_5^2+X_6^2$ 相互独立,所以由 t 分布的定义得

$$\frac{(X_1-X_2+X_3)/\sqrt{3}}{\sqrt{(X_4^2+X_5^2+X_6^2)/3}}=\frac{X_1-X_2+X_3}{\sqrt{X_4^2+X_5^2+X_6^2}}\sim t(3).$$

3. F 分布

定义 2.7 设 $X\sim\chi^2(n_1)$,$Y\sim\chi^2(n_2)$,且 X 与 Y 相互独立,则称

$$F=\frac{X/n_1}{Y/n_2}$$

服从自由度为 n_1,n_2 的 **F 分布**,记为 $F\sim F(n_1,n_2)$. 其概率密度函数为

$$f(x)=\begin{cases}\dfrac{\Gamma\left(\dfrac{n_1+n_2}{2}\right)}{\Gamma\left(\dfrac{n_1}{2}\right)\Gamma\left(\dfrac{n_2}{2}\right)}\left(\dfrac{n_1}{n_2}\right)^{\frac{n_1}{2}}x^{\frac{n_1}{2}-1}\left(1+\dfrac{n_1}{n_2}x\right)^{-\frac{n_1+n_2}{2}}, & x>0,\\ 0, & x\leqslant 0.\end{cases}$$

图 2.16 是不同自由度对应的 F 分布的概率密度函数的图像.

F 分布的性质:

(1) 若 $X\sim F(n_1,n_2)$,则 $\dfrac{1}{X}\sim F(n_2,n_1)$.

(2) 若 $t\sim t(n)$,则 $t^2\sim F(1,n)$.

证明留给读者.

例 2.19 设总体 $X\sim N(0,9)$,$X_1,X_2,\cdots,X_5$ 是简单随机样本,试问:当 a 取何值时统计量

$$\frac{a(X_1^2+X_2^2+X_3^2)}{X_4^2+X_5^2}$$

服从 F 分布.

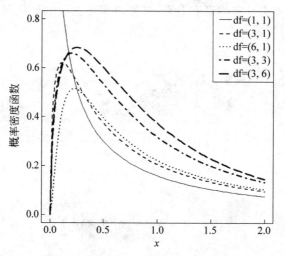

图 2.16　F 分布的概率密度函数的图像

解 因为 $X \sim N(0,9)$，所以 $X_i \sim N(0,9)$，即 $\dfrac{X_i}{3} \sim N(0,1)$，于是有

$$\frac{1}{9}(X_1^2 + X_2^2 + X_3^2) \sim \chi^2(3), \quad \frac{1}{9}(X_4^2 + X_5^2) \sim \chi^2(2),$$

且二者相互独立.由 F 分布的定义得

$$\frac{\frac{1}{9}(X_1^2 + X_2^2 + X_3^2)/3}{\frac{1}{9}(X_4^2 + X_5^2)/2} = \frac{2(X_1^2 + X_2^2 + X_3^2)}{3(X_4^2 + X_5^2)} \sim F(3,2).$$

所以，当 $a = \dfrac{2}{3}$ 时统计量 $\dfrac{a(X_1^2 + X_2^2 + X_3^2)}{X_4^2 + X_5^2}$ 服从 $F(3,2)$ 分布.

从 F 分布和 χ^2 分布的形态上看，它们的概率密度曲线的形状很相似.

2.4.2　四种常见分布的上 α 分位点

分位点是数理统计中的一个重要概念，在假设检验、区间估计及方差分析和回归分析等统计推断中有着重要的作用.

下面给出四种常见分布的上 α 分位点的表达形式.

1. 标准正态分布的上 α 分位点

(1) 标准正态分布的单侧上 α 分位点定义

设 $X \sim N(0,1)$，对给定的正数 $\alpha(0 < \alpha < 1)$，若 u_α 满足条件 $P\{X > u_\alpha\} = \alpha$，即 $\Phi(u_\alpha) = 1 - \alpha$，则称点 u_α 为标准正态分布的上 α 分位点，如图 2.17 所示.

标准正态分布的上 α 分位点可自附表 1 反查得.如设 $\alpha = 0.05$，反查附表 1 可得满足 $P\{X > u_\alpha\} = 0.05$ 的点 $u_\alpha = 1.645$.

(2) 标准正态分布的双侧 α 分位点定义

设 $X \sim N(0,1)$，对给定的正数 $\alpha(0 < \alpha < 1)$，若 $u_{\frac{\alpha}{2}}$ 满足条件 $P\{|X| > u_{\frac{\alpha}{2}}\} = \alpha$，即

$\Phi(u_{\frac{\alpha}{2}}) = 1 - \frac{\alpha}{2}$,则称点 $u_{\frac{\alpha}{2}}$ 为标准正态分布的双侧 α 分位点. 如图 2.18 所示.

注 求双侧 α 分位点 $u_{\frac{\alpha}{2}}$,即是求上 $\frac{\alpha}{2}$ 分位点 $u_{\frac{\alpha}{2}}$. 例如,设 $\alpha=0.05$ 满足 $P\{X>u_{\frac{\alpha}{2}}\} = \frac{0.05}{2} = 0.025$ 的 $u_{\frac{\alpha}{2}}$,反查附表 1 可得 $u_{0.025} = 1.96$.

由于标准正态分布的概率密度函数为偶函数,所以 $u_{1-\alpha} = -u_\alpha$.

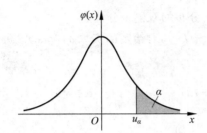 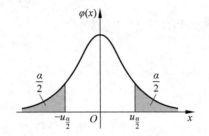

图 2.17　标准正态分布的上 α 分位点　　　图 2.18　标准正态分布的双侧 α 分位点

例 2.20 给定 $\alpha=0.05$ 和 $\alpha=0.025$,分别查表求 u_α, $u_{1-\alpha}$.

解 由 $P\{X>u_{0.05}\} = 0.05$,得 $P\{X \leqslant u_{0.05}\} = \Phi(u_{0.05}) = 0.95$. 反查附表 1 得 $u_{0.05} = 1.645$. 又由 $u_{1-\alpha} = -u_\alpha$ 得 $u_{0.95} = -1.645$. 同理可查得 $u_{0.025} = 1.96$, $u_{0.975} = -1.96$.

2. χ^2 分布的上 α 分位点

设 $\chi^2 \sim \chi^2(n)$,对给定的正数 $\alpha(0<\alpha<1)$,称满足条件

$$P\{\chi^2 > \chi_\alpha^2(n)\} = \int_{\chi_\alpha^2(n)}^{+\infty} f(x) \mathrm{d}x = \alpha$$

的点 $\chi_\alpha^2(n)$ 为 $\chi^2(n)$ 分布的上 α 分位点,简称为上侧 α 分位点.

如图 2.19 所示, $\chi_\alpha^2(n)$ 就是使得图中阴影部分的面积为 α 时,在 x 轴上所确定出来的点. 对于不同的 α 与 n,上 α 分位点的值已制成表格,可以查用(见附表 2). 但该表只详列到 $n=45$ 为止. 费希尔曾证明,当 n 充分大时,有 $\chi_\alpha^2(n) \approx \frac{1}{2}(u_\alpha + \sqrt{2n-1})^2$,其中 u_α 是标准正态分布的上 α 分位点. 当 $n>45$ 时,可利用此式求得 $\chi^2(n)$ 分布的上 α 分位点的近似值.

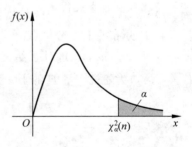

图 2.19　χ^2 分布的上 α 分位点

例 2.21 给定 $\alpha=0.05$ 和 $\alpha=0.025$,分别查表求 $\chi_\alpha^2(15)$, $\chi_{1-\alpha}^2(15)$.

解 对 $\alpha=0.05$,自由度 $n=15$ 查附表 2,得 $\chi_{0.05}^2(15) = 24.966$, $\chi_{0.95}^2(15) = 7.261$. 对 $\alpha=0.025$,自由度 $n=15$ 查附表 2,得 $\chi_{0.025}^2(15) = 27.488$, $\chi_{0.975}^2(15) = 6.262$.

3. t 分布的上 α 分位点

(1) t 分布的上 α 分位点定义:设 $t \sim t(n)$,对于给定的 α,若满足

$$P\{t > t_\alpha(n)\} = \alpha,$$

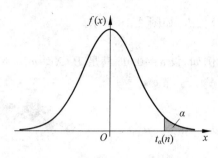

图 2.20　t 分布的上 α 分位点

则称 $t_\alpha(n)$ 为 t 分布的上 α 分位点. 如图 2.20 所示.

由于 t 分布的概率密度函数为偶函数, 所以 $t_{1-\alpha}(n) = -t_\alpha(n)$.

注　由 t 分布的上 α 分位点的定义及 $f(x)$ 图形的对称性知 t 分布的上 α 分位点可通过附表 3 查得. 在 $n > 45$ 时, 就用标准正态分布的上 α 分位点近似, 即 $t_\alpha(n) \approx u_\alpha$.

(2) t 分布的双侧 α 分位点

设 $T \sim t(n)$, 对给定的实数 $\alpha(0 < \alpha < 1)$, 称满足条件

$$P\{|T| > t_{\frac{\alpha}{2}}(n)\} = \int_{-\infty}^{-t_{\frac{\alpha}{2}}(n)} f(x)\mathrm{d}x + \int_{t_{\frac{\alpha}{2}}(n)}^{+\infty} f(x)\mathrm{d}x = \alpha$$

的点 $t_{\frac{\alpha}{2}}(n)$ 为 $t(n)$ 分布的双侧 α 分位点. 如图 2.21 所示.

显然有 $P\{T > t_{\frac{\alpha}{2}}(n)\} = \dfrac{\alpha}{2}$; $P\{T < -t_{\frac{\alpha}{2}}(n)\} = \dfrac{\alpha}{2}$.

对不同的 α 与 n, t 分布的双侧 α 分位点可从附表 3 查得.

例 2.22　给定 $\alpha = 0.05$ 和 $\alpha = 0.025$, 分别查表求 $t_\alpha(10), t_{1-\alpha}(10)$.

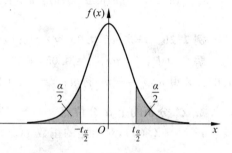

图 2.21　t 分布的双侧 α 分位点

解　对 $\alpha = 0.05$, 自由度 $n = 10$ 查附表 3, 得 $t_{0.05}(10) = 1.8125, t_{1-0.05}(10) = -t_{0.05}(10) = -1.8125$.

同理可直接查表得 $t_{0.025}(10) = 2.2281, t_{0.975}(10) = -2.2281$.

4. F 分布的上 α 分位点

设 $F \sim F(n_1, n_2)$, 对于给定的 $\alpha(0 < \alpha < 1)$, 若满足 $P\{F > F_\alpha(n_1, n_2)\} = \alpha$, 则称 $F_\alpha(n_1, n_2)$ 为随机变量 F 的上 α 分位点, 如图 2.22 所示.

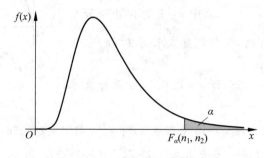

图 2.22　F 分布的上 α 分位点

F 分布的一个重要性质为 $F_{1-\alpha}(n_1, n_2) = \dfrac{1}{F_\alpha(n_2, n_1)}$.

证明 若 $F \sim F(n_1, n_2)$，则

$$1 - \alpha = P\{F > F_{1-\alpha}(n_1, n_2)\} = P\left\{\frac{1}{F} < \frac{1}{F_{1-\alpha}(n_1, n_2)}\right\}$$

$$= 1 - P\left\{\frac{1}{F} \geq \frac{1}{F_{1-\alpha}(n_1, n_2)}\right\},$$

所以

$$P\left\{\frac{1}{F} > \frac{1}{F_{1-\alpha}(n_1, n_2)}\right\} = \alpha.$$

又因为 $1/F \sim F(n_2, n_1)$，$P\left\{\frac{1}{F} > F_\alpha(n_2, n_1)\right\} = \alpha$，所以 $F_\alpha(n_2, n_1) = \frac{1}{F_{1-\alpha}(n_1, n_2)}$，

即 $F_{1-\alpha}(n_1, n_2) = \frac{1}{F_\alpha(n_2, n_1)}$.

F 分布的这个性质常用来求 F 分布表中没有列出的某些上 α 分位点，如

$$F_{0.95}(5, 10) = \frac{1}{F_{0.05}(10, 5)} = \frac{1}{4.74} = 0.211, \quad F_{0.95}(12, 9) = \frac{1}{F_{0.05}(9, 12)} = \frac{1}{2.80} = 0.357.$$

例 2.23 给定 $\alpha = 0.05$ 和 $\alpha = 0.025$，分别查表求 $F_\alpha(10, 20), F_{1-\alpha}(10, 20)$.

解 对 $\alpha = 0.05$，自由度 $n_1 = 10, n_2 = 20$ 查附表 5，得 $F_{0.05}(10, 20) = 2.35$.

由 $F_\alpha(n_1, n_2) = \frac{1}{F_{1-\alpha}(n_2, n_1)}$ 得，$F_{0.95}(10, 20) = \frac{1}{F_{0.05}(20, 10)} = \frac{1}{2.77} = 0.3610$.

同理，$F_{0.025}(10, 20) = 2.77, F_{0.975}(10, 20) = \frac{1}{F_{0.025}(20, 10)} = \frac{1}{3.42} = 0.2924$.

2.4.3 正态总体的抽样分布

在实际问题中，用正态随机变量描述随机现象是比较普遍的，因此，正态分布是概率论中最常见的也是最重要的一种分布. 若总体 X 服从正态分布，则称之为正态总体. 来自正态总体的样本统计量的分布称为抽样分布. 正态总体的抽样分布是研究最多，同时也是应用最广泛的一部分，是数理统计中进行统计分析推断的最重要工具之一.

本节我们将给出数理统计中非常有用的正态总体的抽样分布.

定理 2.6（单个正态总体的抽样分布） 设 $X_1, X_2, \cdots, X_n$ 是取自正态总体 $X \sim N(\mu, \sigma^2)$ 的样本，$\bar{X}$ 和 S^2 分别为样本均值和样本方差，则有：

(1) $\dfrac{\bar{X} - \mu}{\sigma/\sqrt{n}} \sim N(0, 1)$;

(2) $\dfrac{(n-1)S^2}{\sigma^2} \sim \chi^2(n-1)$，且 $\bar{X}$ 和 S^2 相互独立；

(3) $\dfrac{\bar{X} - \mu}{S/\sqrt{n}} \sim t(n-1)$.

证明 只证(1)和(3)，(2)的证明超出本书的范围，略.

(1) 因为 $X_1, X_2, \cdots, X_n$ 是取自正态总体 $X \sim N(\mu, \sigma^2)$ 的样本，所以 $X_1, X_2, \cdots, X_n$ 相互独立且都服从正态分布 $N(\mu, \sigma^2)$.

又由正态总体的可加性有 $\overline{X} = \dfrac{1}{n}\sum\limits_{i=1}^{n} X_i$ 也服从正态分布,且

$$E(\overline{X}) = E\left(\dfrac{1}{n}\sum_{i=1}^{n} X_i\right) = \mu, \quad D(\overline{X}) = D\left(\dfrac{1}{n}\sum_{i=1}^{n} X_i\right) = \dfrac{\sigma^2}{n},$$

于是 $\overline{X} \sim N\left(\mu, \dfrac{\sigma^2}{n}\right)$,利用正态分布的标准化即得

$$\dfrac{\overline{X} - \mu}{\sigma/\sqrt{n}} \sim N(0,1).$$

(3) 由(2)知 $\overline{X}$ 和 S^2 相互独立,得 $\dfrac{\overline{X}-\mu}{\sigma/\sqrt{n}}$ 与 $\dfrac{(n-1)S^2}{\sigma^2}$ 也相互独立. 再由 t 分布的定义得

$$\dfrac{\dfrac{\overline{X}-\mu}{\sigma/\sqrt{n}}}{\sqrt{\dfrac{(n-1)S^2}{\sigma^2}/(n-1)}} = \dfrac{\overline{X}-\mu}{S/\sqrt{n}} \sim t(n-1).$$

例 2.24 设 $X_1, X_2, \cdots, X_{16}$ 是取自正态总体 $N(\mu, \sigma^2)$ 的样本,经计算得 $s^2 = 20.8$.
(1) 当 $\sigma^2 = 9$ 时,求 $P\{|\overline{X}-\mu| < 2\}$;(2) 当 σ^2 未知时,求 $P\{|\overline{X}-\mu| < 2\}$.

解 (1) 当 $\sigma^2 = 9$ 时,因为 $X \sim N(\mu, \sigma^2)$,所以 $\dfrac{\overline{X}-\mu}{\sigma/\sqrt{n}} \sim N(0,1)$,于是

$$P\{|\overline{X}-\mu| < 2\} = P\left\{\dfrac{|\overline{X}-\mu|}{3/4} < \dfrac{2}{3/4}\right\} \approx 2\Phi(2.67) - 1 = 2 \times 0.9962 - 1 = 0.9924.$$

(2) 当 σ^2 未知时,因为 $X \sim N(\mu, \sigma^2)$,所以 $\dfrac{\overline{X}-\mu}{S/\sqrt{n}} \sim t(n-1)$,于是

$$P\{|\overline{X}-\mu| < 2\} = P\left\{\dfrac{|\overline{X}-\mu|}{\sqrt{20.8}/4} < \dfrac{2}{\sqrt{20.8}/4}\right\} \approx P\left(\dfrac{|\overline{X}-\mu|}{\sqrt{20.8}/4} < 1.754\right).$$

查附表 3 得 $t_{0.05}(15) = 1.753$,即 $P\{t > 1.753\} = 0.05$,由此可得

$$P\{|\overline{X}-\mu| < 2\} \approx 1 - 2 \times 0.05 = 0.90.$$

例 2.25 从正态总体 $N(5,4)$ 中抽取容量为 25 的样本,求样本均值落在区间 $(4.7, 5.5)$ 内的概率.

解 由于 $U = \dfrac{\overline{X}-5}{2/\sqrt{25}} \sim N(0,1)$,故

$$P\{4.7 < \overline{X} < 5.5\} = P\left\{\dfrac{4.7-5}{2/\sqrt{25}} < \dfrac{\overline{X}-5}{2/\sqrt{25}} < \dfrac{5.5-5}{2/\sqrt{25}}\right\}$$

$$= P\left\{-0.75 < \dfrac{\overline{X}-5}{2/\sqrt{25}} < 1.25\right\}$$

$$= \Phi(1.25) - \Phi(-0.75)$$

$$= \Phi(1.25) + \Phi(0.75) - 1 = 0.8944 + 0.7734 - 1 = 0.6678.$$

例 2.26 设 $X_1, X_2, \cdots, X_{16}$ 是来自正态总体 $N(0,4)$ 的样本,求概率

$$P\left\{\sum_{i=1}^{16} X_i^2 \leqslant 77.476\right\}.$$

解 由 $\dfrac{X_i-\mu}{\sigma}\sim N(0,1)$ 知,$\dfrac{X_i}{2}\sim N(0,1)$,因此

$$\chi^2=\sum_{i=1}^{16}\left(\frac{X_i}{2}\right)^2=\frac{1}{4}\sum_{i=1}^{16}X_i^2\sim\chi^2(16),$$

$$P\left\{\sum_{i=1}^{16}X_i^2\leqslant 77.476\right\}=P\left\{\frac{1}{4}\sum_{i=1}^{16}X_i^2\leqslant\frac{1}{4}\times 77.476\right\}=P\{\chi^2\leqslant 19.369\}$$
$$=1-P\{\chi^2>19.369\}=1-0.25=0.75.$$

定理 2.7(两个正态总体的抽样分布) 设 $X\sim N(\mu_1,\sigma_1^2)$,$Y\sim N(\mu_2,\sigma_2^2)$,且 X 与 Y 独立,$X_1,X_2,\cdots,X_{n_1}$ 是取自 X 的样本,$Y_1,Y_2,\cdots,Y_{n_2}$ 是取自 Y 的样本,$\overline{X}$ 和 $\overline{Y}$ 分别是这两个样本的样本均值,S_1^2 和 S_2^2 分别是这两个样本的样本方差,则有

(1) 当 σ_1^2,σ_2^2 已知时,$\dfrac{\overline{X}-\overline{Y}-(\mu_1-\mu_2)}{\sqrt{\dfrac{\sigma_1^2}{n_1}+\dfrac{\sigma_2^2}{n_2}}}\sim N(0,1).$

(2) 当 $\sigma_1^2=\sigma_2^2=\sigma^2$ 且未知时,$\dfrac{(\overline{X}-\overline{Y})-(\mu_1-\mu_2)}{S_w\sqrt{\dfrac{1}{n_1}+\dfrac{1}{n_2}}}\sim t(n_1+n_2-2),$

其中 $S_w=\sqrt{\dfrac{(n_1-1)S_1^2+(n_2-1)S_2^2}{n_1+n_2-2}}.$

(3) $\dfrac{S_1^2/\sigma_1^2}{S_2^2/\sigma_2^2}\sim F(n_1-1,n_2-1).$

例 2.27 设总体 $X\sim N(20,5^2)$,总体 $Y\sim N(10,2^2)$,从总体 X 中抽取容量为 $n_1=10$ 的样本,样本均值为 $\overline{X}$,从总体 Y 中抽取容量为 $n_2=8$ 的样本,样本均值为 $\overline{Y}$,假设这两个样本是各自独立抽取的,求 $\overline{X}-\overline{Y}$ 大于 6 的概率.

解 根据定理 2.7 的(1),得

$$\frac{\overline{X}-\overline{Y}-(20-10)}{\sqrt{\dfrac{5^2}{10}+\dfrac{2^2}{8}}}=\frac{\overline{X}-\overline{Y}-10}{\sqrt{3}}\sim N(0,1).$$

因此,所求概率为

$$P\{\overline{X}-\overline{Y}>6\}=P\left\{\frac{\overline{X}-\overline{Y}-10}{\sqrt{3}}>\frac{6-10}{\sqrt{3}}\right\}=P\left\{\frac{\overline{X}-\overline{Y}-10}{\sqrt{3}}>-2.31\right\}$$
$$=1-\Phi(-2.31)=\Phi(2.31)=0.9896.$$

习题 2.4

1. 设随机变量 X 和 Y 都服从标准正态分布,则(　　).

A. $X+Y$ 服从正态分布 B. X^2+Y^2 服从 χ^2 分布
C. X^2 和 Y^2 都服从 χ^2 分布 D. X^2/Y^2 服从 F 分布

2. 设总体 $X \sim N(0,1)$, $X_1, X_2, \cdots, X_6$ 为来自 X 的简单随机样本. 令 $Y = (X_1+X_2+X_3)^2+(X_4+X_5+X_6)^2$, 试确定常数 c, 使 cY 服从 χ^2 的分布.

3. 设随机变量 X 和 Y 相互独立且都服从正态分布 $N(0,3^2)$, 而 $X_1, X_2, \cdots, X_9$ 和 $Y_1, Y_2, \cdots, Y_9$ 是分别来自总体 X 和 Y 的简单随机样本, 则统计量 $U = \dfrac{X_1+X_2+\cdots+X_9}{\sqrt{Y_1^2+Y_2^2+\cdots+Y_9^2}}$ 服从 _____ 分布, 自由度为 _____.

4. 设总体 X 服从正态分布 $N(0,2^2)$, 而 $X_1, X_2, \cdots, X_{15}$ 是来自总体 X 的简单随机样本, 则随机变量 $Y = \dfrac{X_1^2+X_2^2+\cdots+X_{10}^2}{2(X_{11}^2+X_{12}^2+\cdots+X_{15}^2)}$ 服从 _____ 分布, 自由度为 _____.

5. 设 $X_1, X_2, \cdots, X_n, X_{n+1}$ 为来自总体 $N(\mu, \sigma^2)$ 的一个简单随机样本. 记 $\overline{X} = \dfrac{1}{n}\sum_{i=1}^{n} X_i$, $S^2 = \dfrac{1}{n-1}\sum_{i=1}^{n}(X_i-\overline{X})^2$, 问 $T = \sqrt{\dfrac{n}{n+1}} \dfrac{X_{n+1}-\overline{X}}{S}$ 服从什么分布?

6. 查表求值: (1) $\chi_{0.01}^2(10)$, $\chi_{0.9}^2(15)$; (2) $t_{0.01}(10)$, $t_{0.1}(15)$; (3) $F_{0.01}(10,9)$, $F_{0.9}(12,8)$.

7. 在总体 $N(\mu, 20^2)$ 中, 随机抽取容量为 100 的样本, 求样本均值与总体均值差的绝对值大于 3 的概率.

8. 在总体 $N(52, 6.3^2)$ 中随机抽取一个容量为 36 的样本, 求 $\overline{X}$ 落在 50.8 到 53.8 之间的概率.

9. 在天平上重复称量一个质量为 a 的物品, 假设各次称量的结果相互独立且都服从正态分布 $N(a, 0.2^2)$. 若以 $\overline{X}$ 表示 n 次称量结果的算术平均值, 则为使 $P\{|\overline{X}-a|<0.1\} \geqslant 0.95$, 应取最小的自然数 n 为多少?

10. 设 $X_1, X_2, \cdots, X_8$ 是总体 $X \sim N(0, 0.3^2)$ 的简单随机样本, 求 $P\left\{\sum_{i=1}^{8} X_i^2 \geqslant 1.80\right\}$.

11. 设随机变量 X 服从 $F(n,n)$, 求证 $P\{X \leqslant 1\} = P\{X \geqslant 1\} = 0.5$.

12. 设有来自总体 $X \sim N(20,3)$, 容量分别为 $10, 15$ 的两个相互独立的样本, 求两样本均值之差的绝对值大于 0.3 的概率.

2.5 充分统计量

2.5.1 充分统计量的定义

在学习本节内容之前我们先来计算下面这个例题.

例 2.28 设总体为两点分布 $b(1,\theta)$, $X_1, X_2, \cdots, X_n$ 为样本, 令 $T = X_1+X_2+\cdots+X_n$, 试计算 $P\{X_1=x_1, X_2=x_2, \cdots, X_n=x_n \mid T=t\}$.

解 在给定 T 的取值 t 后, 对任意一组 $x_1, x_2, \cdots, x_n \left(\sum_{i=1}^{n} x_i = t\right)$ 有

$$P\{X_1=x_1, X_2=x_2, \cdots, X_n=x_n \mid T=t\}$$

$$= \frac{P\left\{X_1=x_1, X_2=x_2, \cdots, X_{n-1}=x_{n-1}, X_n=t-\sum_{i=1}^{n-1}x_i\right\}}{P\left\{\sum_{i=1}^{n}X_i=t\right\}}$$

$$= \frac{\prod_{i=1}^{n-1}P\{X_i=x_i\}P\left\{X_n=t-\sum_{i=1}^{n-1}x_i\right\}}{C_n^t \theta^t (1-\theta)^{n-t}}$$

$$= \frac{\prod_{i=1}^{n-1}\theta^{x_i}(1-\theta)^{1-x_i}\theta^{t-\sum_{i=1}^{n-1}x_i}(1-\theta)^{1-t+\sum_{i=1}^{n-1}x_i}}{C_n^t \theta^t (1-\theta)^{n-t}}$$

$$= \frac{\theta^t(1-\theta)^{n-t}}{C_n^t \theta^t(1-\theta)^{n-t}} = \frac{1}{C_n^t}.$$

该条件分布与 θ 无关,若令 $S=X_1+X_2 (n>2)$,由于 S 只用了前面两个样本观测值,显然没有包含样本中所有关于 θ 的信息,在给定 S 的取值 $S=s$ 后,对任意一组 $x_1, x_2, \cdots, x_n (x_1+x_2=s)$,有

$$P\{X_1=x_1, X_2=x_2, \cdots, X_n=x_n \mid S=s\}$$

$$= \frac{P\{X_1=x_1, X_2=s-x_1, X_3=x_3, \cdots, X_n=x_n\}}{P\{X_1+X_2=s\}}$$

$$= \frac{\theta^{s+\sum_{i=3}^{n}x_i}(1-\theta)^{n-s-\sum_{i=3}^{n}x_i}}{C_2^s \theta^s (1-\theta)^{2-s}}$$

$$= \frac{\theta^{\sum_{i=3}^{n}x_i}(1-\theta)^{n-2-\sum_{i=3}^{n}x_i}}{C_2^s}.$$

这个分布依赖于未知参数 θ,这说明样本中有关 θ 的信息没有完全包含在统计量 S 中.

从上例可以直观地看出用条件分布与未知参数无关来表示统计量不损失样本中有价值的信息是妥当的.由此可以给出充分统计量的定义.

定义 2.8 设 $X_1, X_2, \cdots, X_n$ 是来自某个总体的样本,总体的分布函数为 $F(x;\theta)$ 的统计量 $T=T(X_1, X_2, \cdots, X_n)$ 称为 θ 的充分统计量,如果在给定 T 的取值后 $X_1, X_2, \cdots, X_n$ 的条件分布与 θ 无关.

2.5.2 因子分解定理

定理 2.8 设总体概率密度函数为 $f(x;\theta)$,$X_1, X_2, \cdots, X_n$ 为简单随机样本,$T=T(X_1, X_2, \cdots, X_n)$($T$ 可以是一维的,也可以是多维的)为充分统计量的充分必要条件是:存在两个函数 $g(t,\theta)$ 和 $h(x_1, x_2, \cdots, x_n)$ 使得对任意的 θ 和一组观测值 $x_1, x_2, \cdots, x_n$ 有

$$f(x_1,x_2,\cdots,x_n;\theta)=g(T(x_1,x_2,\cdots,x_n),\theta)h(x_1,x_2,\cdots,x_n)$$

其中 $g(t,\theta)$ 是通过统计量 T 的取值而依赖于样本的.

证明 一般性结果的证明超出本课程范围,此处我们将给出离散随机变量下的证明,此时先证明必要性:设 T 是充分统计量,则在 $T=t$ 的情况下,

$$P\{X_1=x_1,X_2=x_2,\cdots,X_n=x_n;T=t\}$$

与 θ 无关,记为 $h(x_1,x_2,\cdots,x_n)$ 或 $h(X)$,令 $A(t)=\{X|T(X)=t\}$,当 $X\in A(t)$ 时,有

$$\{T=t\}\supset\{X_1=x_1,X_2=x_2,\cdots,X_n=x_n\},$$

故

$$P\{X_1=x_1,X_2=x_2,\cdots,X_n=x_n;\theta\}$$
$$=P\{X_1=x_1,X_2=x_2,\cdots,X_n=x_n,T=t;\theta\}$$
$$=P\{X_1=x_1,X_2=x_2,\cdots,X_n=x_n\mid T=t\}P\{T=t;\theta\}$$
$$=h(x_1,x_2,\cdots,x_n)g(t;\theta),$$

其中 $g(t,\theta)=P\{T=t;\theta\}$,而 $h(X)=P\{X_1=x_1,X_2=x_2,\cdots,X_n=x_n\mid T=t\}$ 与 θ 无关. 必要性得证.

对于充分性,由于

$$P\{T=t;\theta\}=\sum_{\{(x_1,x_2,\cdots,x_n);T(x_1,x_2,\cdots,x_n)=t\}}P\{X_1=x_1,X_2=x_2,\cdots,X_n=x_n;\theta\}$$
$$=\sum_{\{(x_1,x_2,\cdots,x_n);T(x_1,x_2,\cdots,x_n)=t\}}g(t,\theta)h(x_1,x_2,\cdots,x_n).$$

对于任给的 $X=(x_1,x_2,\cdots,x_n)$ 和 t,满足 $X\in A(t)$ 有

$$P\{X_1=x_1,X_2=x_2,\cdots,X_n=x_n\mid T=t\}$$
$$=\frac{P\{X_1=x_1,X_2=x_2,\cdots,X_n=x_n,T=t;\theta\}}{P\{T=t;\theta\}}$$
$$=\frac{g(t;\theta)h(x_1,x_2,\cdots,x_n)}{g(t,\theta)\sum_{\{(y_1,y_2,\cdots,y_n);T(y_1,y_2,\cdots,y_n)=t\}}h(y_1,y_2,\cdots,y_n)}$$
$$=\frac{h(x_1,x_2,\cdots,x_n)}{\sum_{\{(y_1,y_2,\cdots,y_n);T(y_1,y_2,\cdots,y_n)=t\}}h(y_1,y_2,\cdots,y_n)},$$

这证明了该分布与 θ 无关,充分性得证.

例 2.29 设 $X_1,X_2,\cdots,X_n$ 是取自总体 $U(0,\theta)$ 的样本,试给出一个充分统计量.

解 设 $X_1,X_2,\cdots,X_n$ 是取自总体 $U(0,\theta)$ 的样本,即总体的密度函数为

$$p(x;\theta)=\begin{cases}1/\theta,&0<x<\theta,\\0,&\text{其他}.\end{cases}$$

于是样本的联合密度函数为

$$p(x_1;\theta)p(x_2;\theta)\cdots p(x_n;\theta)=\begin{cases}(1/\theta)^n,&0<\min\{x_i\}\leqslant\max\{x_i\}<\theta,\\0,&\text{其他}.\end{cases}$$

由于诸 $x_i>0$,所以我们可以将上式写为

$$p(x_1;\theta)p(x_2;\theta)\cdots p(x_n;\theta)=(1/\theta)^n I_{\{X_{(n)}<\theta\}}.$$

取 $T=X_{(n)}$，并令 $g(t,\theta)=(1/\theta)^n I_{\{t<\theta\}}$，$h(X)=1$，由因子分解定理可知 $T=X_{(n)}$ 是 θ 的充分统计量.

例 2.30 设 $X_1,X_2,\cdots,X_n$ 是取自总体 $N(\mu,\sigma^2)$ 的样本，$\theta=(\mu,\sigma^2)$ 是未知的，试给出一个充分统计量.

解 因为 $X_1,X_2,\cdots,X_n$ 是取自总体 $N(\mu,\sigma^2)$ 的样本，则联合密度函数为

$$p(x_1,x_2,\cdots,x_n;\theta)=(2\pi\sigma^2)^{-n/2}\exp\left[-\frac{1}{2\sigma^2}\sum_{i=1}^n(x_i-\mu)^2\right]$$

$$=(2\pi\sigma^2)^{-n/2}\exp\left(-\frac{n\mu^2}{2\sigma^2}\right)\exp\left[-\frac{1}{2\sigma^2}\left(\sum_{i=1}^n x_i^2-2\mu\sum_{i=1}^n x_i\right)\right].$$

取 $t_1=\sum_{i=1}^n X_i$，$t_2=\sum_{i=1}^n X_i^2$，并令

$$g(t_1,t_2,\theta)=(2\pi\sigma^2)^{-n/2}\exp\left(-\frac{n\mu^2}{2\sigma^2}\right)\exp\left[-\frac{1}{2\sigma^2}(t_2-2\mu t_1)\right],\quad h(X)=1,$$

则由因子分解定理，$T=(t_1,t_2)=\left(\sum_{i=1}^n X_i,\sum_{i=1}^n X_i^2\right)$ 是充分统计量.

进一步，我们指出这个统计量与 $(\overline{X},S^2)$ 是一一对应的，所以正态总体下常用的 $(\overline{X},S^2)$ 是 $\theta=(\mu,\sigma^2)$ 的充分统计量.事实上，从本例题中不难看出有如下分解：

$$p(x_1,x_2,\cdots,x_n;\theta)=(2\pi\sigma^2)^{-n/2}\exp\left[-\frac{n(\overline{x}-\mu)^2+(n-1)s^2}{2\sigma^2}\right].$$

习题 2.5

1. 设 $X_1,X_2,\cdots,X_n$ 是来自泊松分布 $P(\lambda)$ 的一个样本，试用定义证明 $T=\sum_{i=1}^n X_i$ 是充分统计量.

2. 设 $X_1,X_2,\cdots,X_n$ 是来自

$$p(x;\theta)=\theta x^{\theta-1},\quad 0<x<1,\theta>0$$

的样本，试给出一个充分统计量.

3. 设 $X_1,X_2,\cdots,X_n$ 是来自均匀分布 $U(\theta_1,\theta_2)$ 的样本，试给出一个充分统计量.

2.6 基于 Python 的抽样分布知识简介

2.6.1 数理统计中常用的 Python 模块导入方式简介

在 Python 中能完成本章内容的模块有很多，我们以其中常用的模块为基础进行分析.

```
%matplotlib inline  # Jupyter Notebook 在线作图
import numpyas np
# numpy 是线性代数模块，np 是国际通用简称，可以更改，一般默认 import pandas as pd
```

```
# pandas 是 DataFrame 为数据结构模块,pd 是国际通用简称,可以更改,一般默认
from scipy.stats import norm,t,f,chi2
# 从科学计算库 scipy.stats 中导入正态分布、t 分布、F 分布和卡方分布
import matplotlib.pyplot as plt
# matplotlib 是常用的作图模块,plt 是其简称
import statsmodels.apias sm                    # 统计模型模块简称
from statsmodels.formula.api import ols         # 导入普通最小二乘回归模块
from statsmodels;statseanovaimprtanova_lm      # 导入方差分析模块
```

数组是 numpy 模块中一种重要的数据结构,一般方式如 array([2,3,4]),内部像列表,在实际数据操作时非常有用、高效、简单、应用方便,内部结构也可以是高维的形式,但强调类型相同,今后我们会经常用到这种数据结构形式,在应用中要逐渐掌握.

随机数模块 random 在数理统计抽样中也会经常用到,导入方式如下:

```
import random
```

生成随机数可以先设定种子,随机种子是根据一定的计算方法计算出来的数值.所以,只要计算方法一定,随机种子一定,那么生成的随机数就不会变,当然也可以不设定直接调用模块即可.

numpy.random 设置种子的方法有两种,如表 2.9 所示.

表 2.9 numpy.random 设置种子的方法

函数名称	函数功能	参数说明
RandomState	定义种子类	RandomState 是一个种子类,提供了各种种子方法,最常用 seed
seed([seed])	定义全局种子	参数为整数或者矩阵

例如:

```
np.random.randn(1234)    # 设置随机种子为 1234
```

2.6.2 正态随机数

(1) np.random.randn(n):生成 n 个标准正态随机数.

例如:

```
np.random.randn(10) # 生成 10 个标准正态随机数
array([ 0.07140726 ,−0.1517622, −1.46370438, −0.25260546, 1.21222051, 0.30765711,
    1.17875095 , 0.78206186 , 1.00887048,−0.52653282])
```

(2) np.random.normal(mu,sigma,size):生成均值为 mu、标准差为 sigma、大小为 size 的标准正态随机数.

例如:

```
np.random.normal(0,1,10) #结果同上,生成均值为 0 标准差为 1 的 10 个正态分布随机数
array([−0.22514924 , 0.17736114 , −0.6865467 , 0.12796722 , 0.84355045, −1.03379532,
    −0.3051696 , −0.79732777,−1.35772073 ,0.93969557])
np.random.normal(1,2,10) # 生成均值为 1 标准差为 2 的 10 个正态分布随机数
array([−3.27095166 , −1.13355479 , −2.48320021 , 3.58720324 , 2.67310441, 1.97147371,
    −0.34770562 , −0.10249787 , 1.38516807 ,−2.52981209])
```

(3) np.random.randn(n,m)：生成 n 行 m 列的标准正态随机数.

例如：

```
np.random.randn(4,4)    #生成4行4列的标准正态随机数
array([[-0.11693398  0.2871224  -0.88871772  -0.96590413]
      [ 1.0974294  -0.81819386  -0.31063465  -0.8108825 ]
      [-0.31133195  -1.05612114  0.13983674  -2.14764338]
      [-1.12226452  0.01156502  0.14460949  0.70104638]])
#标准正态散点图
x= np.linspace(-3,3,100)
y = np.random.randn(100)
fig = plt.figure(figsize = (12,8))
plt.plot(x,[0 for i in x],b--)
Plt.scatter(x,y)
```

程序执行后得到图 2.23 所示的标准正态随机变量散点图.

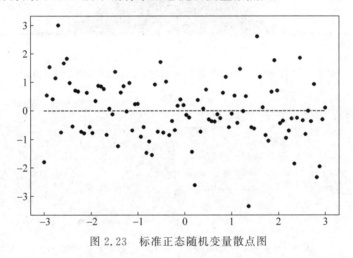

图 2.23　标准正态随机变量散点图

在统计学和概率论中，"标准正态随机变量"的核密度曲线是指对一个标准正态分布的数据集使用核密度估计(Kernel Density Estimation, KDE)方法得到的平滑密度曲线. 标准正态分布是一个均值为 0, 标准差为 1 的正态分布.

核密度估计是一种非参数的估计概率密度函数的方法，它可以用来估计一个随机变量的分布形状，即使我们不知道这个分布的确切形式. 在处理数据时，如果我们有有限数量的观测值，核密度估计可以帮助我们构建出这些数据的连续密度函数图像，从而更好地理解数据的分布特性.

标准正态随机变量的核密度曲线与直方图一起展示时，直方图提供了数据频率的离散表示，而核密度曲线则提供了一个连续的、平滑的密度估计. 这使得观察者能够更直观地理解数据的分布特征，包括数据的集中趋势、离散程度以及是否存在多模态等.

标准正态随机变量带核密度曲线及密度曲线的直方图(图 2.24)及程序如下.

```
import numpy as np
from scipy.stats import norm
import matplotlib.pyplot as plt
```

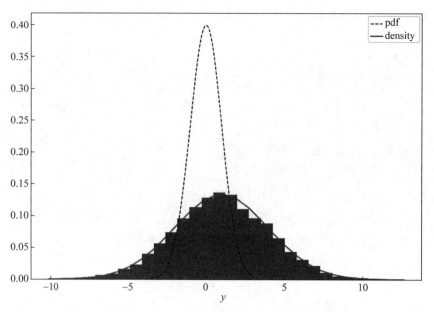

图 2.24 标准正态随机变量带核密度曲线及密度曲线的直方图

```
fig = plt.figure(figsize = (12,8))
mu=1                    #期望为1
sigma=3                 #标准差为3
num= 10000              #个数为10000
rand_data =np.random.normal(mu, sigma, num)
count, bins,ignored = plt.hist(rand_data, 30,density = 'normal')
x= np.linspace(-3.5,3.5,10000)
y = norm.pdf(x)
plt.plot(x,y,'b--',label ='pdf')
plt.plot(bins,1/(sigma * np.sqrt(2 * np.pi)) * np.exp(--(bins-- mu) * *2/(2 * sigma * *2)),
linewidth = 2,color = 'r',label ='density')
plt.xlabel('$ y $',fontsize = 15)
plt.ylabel('$ density $',fontsize = 15)
plt.title(' $ Histogram \\ of \\ y $ ')
plt.legend()
```

2.6.3　t 分布随机数

(1) np.random.standard_t(df,size)：生成自由度为 df,容量大小为 size 的标准 t 分布随机数.

例如：

```
np.random.standard_t(4,20)
#生成自由度为4、容量大小为20的标准t分布随机数,用数组表示如下:
array([-0.10202117 ,0.89182072, 0.67295964 , 0.98372305 , 0.90222113 ,-0.55644074,
    0.74757696 ,-0.40672207 ,-0.37056572 ,-0.05518582 , 1.10391182 , 0.17777469,
    -0.15119498 ,-0.40535264 , 0.48966325 , 1.21402997 , 1.13697285 ,-0.70565802,
    0.9685555 ,2.69033189])
```

```
np.random.standard_t(4,20).round(4)♯上例调整小数点位数为4位以数组的形式表示如下:
array[ 0.8614 , 1.7707, -0.2964, -1.6592, 0.96 , -2.4549, 0.2446, 0.3821, 0.6954,
       2.0764 , 1.3729, -0.8527, 0.1873 , -0.1141, -1.7712, 0.4092, -0.2391, 0.3236,
       0.7233 , 1.4387])
```

(2) t 分布随机数的程序(自由度 df=4,size=100)和散点图如下.

```
♯t分布随机数散点图
x=np.linspace(-3,3,100)
y=np.random.standard_t(4,100)
fig=plt.figure(figsize=(12,8))
plt.plot(x,[0 for i in x],'r--')
plt.xlabel('$x$',fontsize=15)
plt.ylabel('$y$',fontsize=15)
plt.scatter(x,y)
plt.show()
```

程序运行完毕,图形如图 2.25 所示.

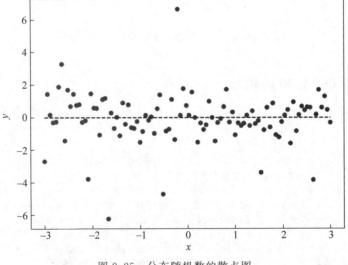

图 2.25 分布随机数的散点图

(3) 增加密度曲线的 t 分布随机数的程序和直方图如下.

```
import numpy as np
from scipy.stats import t
import matplotlib.pyplot as plt
fig = plt.figure(figsize=(12,8))
df=8
num=10000♯个数为10000
rand_data = np.random.standard_t(df, num)
count, bins, ignored = plt.hist(rand_data, 30, density = 't ')
x=np.linspace(-5,5,1000)
y = t(df).pdf(x)
plt.plot(x,y,'b--',label='pdf')
plt.xlabel('$y$',fontsize=15)
plt.ylabel('$density$',fontsize=15)
```

```
plt.title('$ Histogram \\ of\\ y $ ')
plt.legend()
plt.show()
```

程序运行完毕,图形如图 2.26 所示.

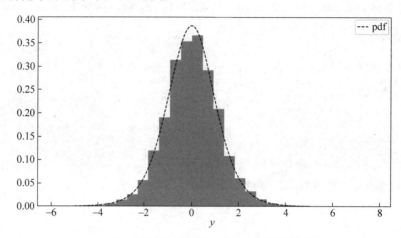

图 2.26 增加密度曲线的 t 分布随机数直方图

2.6.4 $\chi^2(n)$ 分布随机数

(1) np.random.chisquare(df,num):自由度为 df、容量为 num 个卡方随机数.
例如:

```
np.random.chisquare(4,20)
#自由度为 df=4,容量为 num=20 个卡方随机数,用数组表示如下:
array([3.16849026 ,5.73059558, 2.39068518 ,3.29070658 ,6.55011946 ,2.11119345,
 1.86895572, 1.79103034 ,4.41781453 ,6.75017214 ,4.72379919 ,2.02964014,
 0.71163865 ,2.04979078 ,0.4794831, 6.3465171 ,3.51333403, 8.09624187,
 3.74684604 ,4.39970307])
np.random.chisquare(4,20).round(4)#保留小数点后 4 位,用数组表示如下:
array([ 0.3575 ,1.589 , 4.3337 ,3.4795 ,2.3077 ,4.5305 ,1.558 ,12.4799 ,16.7971,
 4.9765 , 6.2329 , 4.8257 , 2.1118 , 4.051 , 1.6202 , 7.9551 , 3.197 , 2.6298,
 4.4373 , 3.1284])
```

(2) 卡方分布随机数的程序和散点图如下.

```
x=np.linspace(0,10,1000)
y= np.random.chisquare(4,1000)
fig=plt.figure(figsize=(12,8))
plt.plot(x,[0 for i in x],'r--')
plt.xlabel('$ x $ ',fontsize =15)
plt.ylabel('$ y $ ',fontsize =15)
plt.scatter(x,y)
plt.show()
```

散点图如图 2.27 所示.

(3) 增加密度曲线的卡方分布随机数的程序和直方图如下.

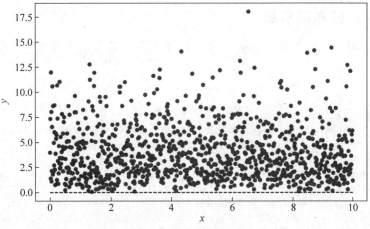

图 2.27 卡方分布随机数散点图

```
import numpy as np
import matplotlib.pyplot as plt
from scipy.stats import chi2
df = 8
num = 10000
random_data = np.random.chisquare(df, num)
plt.hist(random_data, bins=30, density=True, alpha=0.5)
x = np.linspace(0, random_data.max() * 1.2, 1000)
y = chi2.pdf(x, df)
plt.plot(x, y, 'b--', label='pdf')
plt.title('$ Histogram \\ of\\ y $')
plt.xlabel('$ y $', fontsize=15)
plt.ylabel('$ density $', fontsize=15)
plt.legend()
plt.show()
```

程序执行完毕,图形如图 2.28 所示.

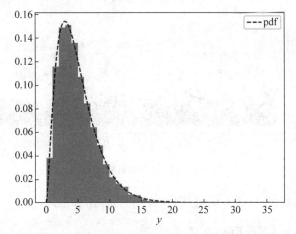

图 2.28 增加密度曲线的卡方分布随机数直方图

2.6.5 F 分布随机数

(1) np.random.f(df1,df2,num)：第一自由度为 df1、第二自由度为 df2、容量为 num 个 f 随机数.

例如：

```
np.random.f(4,8,20)
#第一自由度为 df1=4,第二自由度为 df2=8,容量为 20 个 f 随机数,用数组表示如下：
array([1.30316809,1.07524698,1.20312492,0.81542671,3.42087659,0.12344926,
    2.66210652,0.9829993,0.37722401,0.36090891,0.74867554,4.36922939,
    0.507147,0.95820312,0.22388995,0.28118598,1.74442565,0.28247856,
    1.05911406,0.84453736])
np.random.f(5,8,20).round(4) #f 随机数保留小数点后 4 位,以数组的形式存放
array([0.8568,1.4125,0.5627,0.4412,1.7433,1.942,1.1773,0.9215,0.7094,1.4272,
    0.7933,0.8074,0.9337,2.7404,1.4932,3.7792,0.3672,4.4163,0.4195,0.3726])
```

(2) F 分布随机数的程序和散点图如下.

```
#F 方分布随机数散点图
x=np.linspace(0,10,1000)
y=np.random.f(4,8,1000)
fig=plt.figure(figsize=(12,8))
plt.plot(x,[0 for i in x,'r--')
plt.xlabel('$x$',fontsize=15)
plt.ylabel('$y',fontsize=15)
plt.scatter(x,y)
plt.show()
```

程序运行完毕,图形如图 2.29 所示.

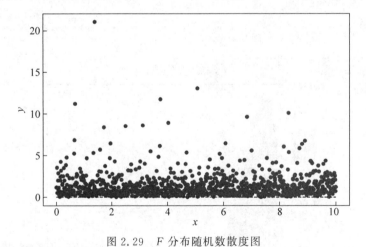

图 2.29 F 分布随机数散度图

(3) 增加密度曲线的 F 分布随机数的程序和直方图如下.

```
#F 分布增加密度曲线随机数的直方图
import numpy as np
from scipy.stats import f
```

```
import matplotlib. pyplot as plt
fig= plt. figure(figsize=(12,8))
df1 =4
df2 = 18
num =10000 # 个数为 10000
rand_data = np. random.f(df1,df2, num)
count, bins, ignored = plt. hist(rand_data,30,density = 'f ')
x= np. linspace(0,10,1000)
y= f(df1,df2). pdf(x)
plt. plot(x, y,'b--', label = 'pdf ')
plt. xlabel(' $ y $ ',fontsize = 15)
plt. ylabel(' $ density $ ',fontsize= 15)
plt. title(' $ Histogram \\ of\\ y $ ')
plt. legend()
plt. show()
```

程序执行完毕,图形如图 2.30 所示.

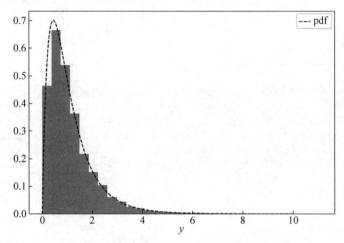

图 2.30　增加密度曲线的 F 分布随机数直方图

下面将各个分布的 Python 命令及含义列成表 2.10.

表 2.10　各个分布的 Python 命令和描述总结

命　　令	描　　述	分布类型
np. random. randn(d0,d1,…,dn)	生成一个形状为(d0,d1,…,dn)的数组,元素服从标准正态分布(均值 0,方差 1)	正态分布(高斯分布)
np. random. normal(mu, sigma, size):	生成均值为 mu、标准差为 sigma、大小为 size 的标准正态随机数	正态分布
np. random. standard_t(df,size)	生成自由度为 df、容量大小为 size 的标准 t 分布随机数	t 分布
np. random. chisquare(df,num)	自由度为 df、容量为 num 个卡方分布随机数	卡方分布
np. random. f(df1,df2,num)	第一自由度为 df1、第二自由度为 df2、容量为 num 个 F 分布随机数	F 分布

2.6.6 利用 Python 求各种分布的分位数举例

在 Python 中有很多模块都支持计算各种分布的概率及分位数,我们选择较为简单的几种举例.

1. 利用 Python 求正态分布的概率及分位数

(1) 求正态分布的概率函数.

```
from scipy.stats import norm  # 从 scipy 模块导入正态分布必需的语句
p=norm.cdf(2.56)  # 求标准正态随机变量小于2.56的概率值,即 p(X≤2.56)的值
p
0.9947663918364442
# 也可以通过以下方式求出一般正态分布的概率,标准正态 mu=0,sigma=1 是默认的,可以省略:
mu=2  # 正态随机变量均值为 2
sigma=4  # 正态随机变量标准差是 4
p=norm(mu,sigma).cdf(7.68)
# 计算均值是 2、方差是 16 的正态随机变量小于 7.68 的概率
p
0.9221961594734536
```

(2) 求正态分布的上分位数函数.

```
q=norm.isf(0.035)  # 查找概率为 0.035 的标准正态分布的上分位数
q
1.8119106729525978
norm(mu,sigma).isf(p)  # 正态随机变量概率为 p 的上分位数计算函数,其中 p 是概率值,
# mu 是均值,sigma 是标准差,标准正态 mu=0,sigma=1 是默认的,可以省略
q=norm(2,4).isf(0.035)  # 均值是 2、标准差是 4、概率为 0.035 的正态分布上分位数
q
9.247642691810391
q.round(3)  # 保留 3 位有效数字
q
9.25
```

(3) 生成正态分布表.

```
import pandas as pd
from scipy.stats import norm
# 定义标准差范围(对于正态分布,标准差的定义在此上下文中并不直接使用,
# 因为我们关注的是分位数,但为了演示目的提及)
# 实际上,这里不需要定义标准差范围,因为正态分布的分位数只依赖于概率和均值(默认为 0),
# 标准差(默认为 1)
# 定义概率值
probabilities = [0.500, 0.6141, 0.5753, 0.6480, 0.7190, 0.7923, 0.8186, 0.9319, 0.7881, 0.9192, 0.9032, 0.7257]
# 创建 DataFrame,设置概率值为列名
df_normal = pd.DataFrame(index=probabilities, columns=['Z-Score'])
# 使用 Z-分数作为列名,更符合正态分布表的习惯
# 使用 scipy 计算每个概率对应的 Z-分数(即标准正态分布的分位数),并填充 DataFrame
for prob in probabilities:
    df_normal.loc[prob, 'Z-Score'] = norm.ppf(prob)
# 保存结果到 excel 文件
df_normal.to_excel('normal_distribution_table.xlsx')
```

2. 利用 Python 求卡方分布的概率及上分位数

(1) 求卡方分布的概率函数.

```
from scipy.stats import chi2  # 从 scipy 模块导入卡方分布必需的语句,
# 注意导入的是 chi2 而不是 chi,chi 是计算列联表的另一种模块
```

举例如下：

```
p = chi2(df).cdf( x) # 求自由度 df 卡方随机变量小于 x 的概率值,即 p(X<=x)的值
p=chi2(4).cdf(4.5)
# 求自由度为 df=4、卡方随机变量小于 4.5 的概率值,即 p(X<=4.5)的值
p
0.657452520173941
p.round(4)
0.6575
```

(2) 求卡方分布的上分位数函数.

```
q=chi2(4).isf(0.97) # 查找自由度为 4、概率为 0.97 的卡方分布的上分位数
q
0.5350536732353306
q.round(3) # 保留小数点后 3 位有效数字
q=chi2(7).isf(0.05) # 查找自由度为 7、概率为 0.05 的卡方分布的上分位数
q
14.067140449340167
q.round(4) # 保留小数点后 4 位有效数字
14.0671
```

(3) 生成卡方分布表.

```
import pandas as pd
from scipy.stats import chi2
# 定义自由度范围
degrees_of_freedom = range(1, 46)
# 定义概率值
probabilities = [0.995, 0.99, 0.975, 0.95, 0.90, 0.75, 0.25, 0.10, 0.05, 0.025, 0.01, 0.005]
# 创建 DataFrame,设置概率值为列名,自由度为行标签
df_chi_square = pd.DataFrame(index=degrees_of_freedom, columns=probabilities)
# 使用 scipy 计算每个自由度和概率对应的分位点,并填充 DataFrame
for df in degrees_of_freedom:
    for prob in probabilities:
        df_chi_square.loc[df, prob] = chi2.ppf(prob, df)
# 保存结果到 excel 文件
df_chi_square.to_excel('chi_square_table.xlsx')
```

3. 利用 Python 求 t 分布的概率及上分位数

(1) 求 t 分布的概率函数.

```
from scipy.stats import t  # 从 scipy 模块导入卡方分布必需的语句
```

应用举例如下：

```
p =t(df).cdf( x)
#求自由度为 df,卡方随机变量小于 x 的概率值,即 p(X<=x)的值
p=t(7).cdf(3.12)
#求自由度为 df=7,卡方随机变量小于 3.12 的概率值,即 p(X<=3.12)的值
p
0.9915781475691989
p.round(4)#保留小数点后 4 位
0.991
```

(2) 求 t 分布的上分位数函数.

```
q=t(df).isf(p)#查找自由度为 df、概率为 p 的卡方分布的上分位数
```

例如:

```
q=t(7).isf(0.035)#查找自由度为 7、概率为 0.035 的卡方分布的上分位数
q
2.1364529023585836
q.round(4)#保留小数点后 4 位有效数字
2.136
```

(3) 生成 t 分布表.

```
import pandas as pd
from scipy.stats import t
# 定义自由度范围
degrees_of_freedom = range(1, 46)
# 定义概率值
probabilities = [0.25, 0.10, 0.05, 0.025, 0.01, 0.005]
# 创建 DataFrame,设置概率值为列名,自由度为行标签
df_t = pd.DataFrame(index=degrees_of_freedom, columns=probabilities)
# 使用 scipy 计算每个自由度和概率对应的分位点,并填充 DataFrame
for df in degrees_of_freedom:
    for prob in probabilities:
        df_t.loc[df, prob] = -t.ppf(prob, df)
# 打印结果
print(df_t)
# 保存结果到 excel 文件
df_chi_square.to_excel('t_table.xlsx')
```

4. Python 求 F 分布的概率及上分位数

(1) 求 F 分布的概率函数.

```
from scipy.stats import f #从 scipy 模块导入 F 分布必需的语句
```

应用举例如下:

```
p =f(df1,df2).cdf( x)
#求第一自由度为 df1、第二自由度为 df2 的 f 随机变量小于 x 的概率值,即 p(X<=x)的值
p =f(3,6).cdf(2.5)
#求第一自由度为 df1=3、第二自由度为 df2=6 的 f 随机变量小于 x 的概率值,
#即#p(X<=2.5)的值
p
```

```
0.8435098680554762
p.round(4)
0.8435
```

(2) 求 F 分布的上分位数函数.

```
q=f(df1,df2).isf(p)
# 查找第一自由度为 df1、第二自由度为 df2 的概率为 p 的 F 分布的上分位数
```

例如：

```
q=f(3,6).isf(0.1)
# 第一自由度为 df1=3、第二自由度为 df2=6 的概率为 0.025 的 F 分布的上分位数
q
3.2887615634582414
q.round(2)  # 保留小数点后 2 位有效数字
3.29
```

(3) 生成 F 分布表.

```
import pandas as pd
from scipy.stats import f
# 定义自由度范围
dfn_values = range(1, 11)  # 示例：分子自由度从 1 到 5
dfd_values = range(1, 11)  # 示例：分母自由度从 1 到 5
alpha = 0.1  # 置信水平 α
# 创建一个空的 DataFrame
df = pd.DataFrame(index=dfn_values, columns=dfd_values)

# 填充 DataFrame
for dfn in dfn_values:
for dfd in dfd_values:
critical_value = f.isf(alpha, dfn, dfd)
df.loc[dfd, dfn] = critical_value
# 显示 DataFrame
print(df)
# 如果你想保存这个 DataFrame 到一个 CSV 文件
df.to_csv('f_distribution_critical_values_alpha_01.csv')
```

第3章

参 数 估 计

统计分析的基本任务是根据样本所提供的信息,推断总体分布或总体分布中的某些未知参数,这个过程称之为**统计推断**(statistics inference).统计推断可分为两大类:一类是**参数估计**,另一类是**假设检验**.

在很多实际问题中,我们往往知道总体的分布类型,但不知道分布中某些参数.我们可以根据样本,构造适当的关于样本的函数(即统计量)来估计这些未知的参数.利用样本估计总体中未知参数的问题称为**参数估计**(parameter estimation).参数估计又分为:点估计和区间估计.所谓点估计就是用某一个函数值作为总体未知参数的估计值;区间估计就是对于未知参数给出一个范围,并且在一定的可靠度下使这个范围包含未知参数.例如,灯泡的寿命 X 是一个总体,根据实际经验知道,X 服从正态分布 $N(\mu,\sigma^2)$,但对每一批灯泡而言,参数 μ,σ^2 是未知的,要写出具体的分布函数,就必须确定其参数.此类问题就属于参数估计问题.

这里我们从点估计开始学习.

3.1 点估计

设 θ 是总体 X 分布中的未知参数,$X_1,X_2,\cdots,X_n$ 是来自总体 X 的样本,根据样本所提供的信息,构造统计量 $\hat{\theta}(X_1,X_2,\cdots,X_n)$ 作为未知参数 θ 的估计量;当样本观测值为 $x_1,x_2,\cdots,x_n$ 时,用 $\hat{\theta}(x_1,x_2,\cdots,x_n)$ 作为总体分布中未知参数 θ 的估计值.上述方法称为参数的**点估计**(point estimation).点估计有两种常用的方法:矩估计法和最大似然估计法.

3.1.1 矩估计法

矩估计法(method of moment estimation)是由英国统计学家卡尔·皮尔逊(Karl. Pearson,1857—1936)于 1894 年提出的求参数点估计的方法.

卡尔·皮尔逊三个孩子中的第二个是埃贡·皮尔逊(Egon Sharpe Pearson).埃贡·皮尔逊 1914 年从温切斯特大学毕业后进入剑桥三一学院继续学习;1915 年,因为第一次世界大战而放弃学业转而为海军和政府的航运部门服务."一战"后曾在剑桥大学工作,1921 年他到他父亲工作的伦敦大学应用统计学系当讲师,但他父亲并不允许他上讲台.1925 年,他与来访的奈曼成为好朋友;1927年,二人合作的第一篇论文完成.1933年,卡尔·皮尔逊退休后,埃贡·皮尔逊成为伦敦大学应用统计学系主任,随后邀请奈曼来此工作."二战"爆发后,他曾为部队服务,主要进行炮弹碎片对飞机损伤方面的数据分析以及类似工作,埃贡·皮尔逊与奈曼的合作为统计学的发展做出了重要贡献.

设 $X_1,X_2,\cdots,X_n$ 是来自总体 X 的样本,根据大数定律可知,样本的 k 阶原点矩 $A_k = \frac{1}{n}\sum_{i=1}^{n}X_i^k$ 依概率收敛于总体的 k 阶原点矩 $\mu_k = E(X^k)$,所以当 n 很大时,用样本 k 阶原点矩 $A_k = \frac{1}{n}\sum_{i=1}^{n}X_i^k$ 来估计总体的 k 阶原点矩 μ_k,即 $\mu_k = E(X^k) = A_k = \frac{1}{n}\sum_{i=1}^{n}X_i^k$,这就是矩法估计的基本原理,条件是总体的 k 阶原点矩存在.

设总体的分布中有 k 个未知参数 $\theta_1,\theta_2,\cdots,\theta_k$,根据矩法估计的基本原理,可建立方程组

$$\begin{cases} \mu_1 = E(X) = A_1 = \frac{1}{n}\sum_{i=1}^{n}X_i, \\ \mu_2 = E(X^2) = A_2 = \frac{1}{n}\sum_{i=1}^{n}X_i^2, \\ \vdots \\ \mu_k = E(X^k) = A_k = \frac{1}{n}\sum_{i=1}^{n}X_i^k. \end{cases}$$

这是一个包含 k 个未知参数 $\theta_1,\theta_2,\cdots,\theta_k$ 的联立方程组,我们可从中解出 $\theta_1,\theta_2,\cdots,\theta_k$,所得表达式 $\hat{\theta}_i = \theta_i(X_1,X_2,\cdots,X_k)$ 分别作为 $\theta_i(i=1,2,\cdots,k)$ 的矩估计量,相应的矩估计值 $\hat{\theta}_i = \theta_i(x_1,x_2,\cdots,x_k)$ 称为 θ_i 的矩估计值.

注 方程的个数由未知参数的个数确定.

例3.1 设总体 $X \sim P(\lambda)$,其中 λ 未知,$X_1,X_2,\cdots,X_n$ 是来自总体的样本,求 λ 的矩估计量.

解 由 $X \sim P(\lambda)$ 得总体的一阶原点矩为 $\mu_1 = E(X) = \lambda$,而样本的一阶原点矩为 $A_1 = \overline{X}$,根据矩法估计的原理,令 $\mu_1 = E(X) = \lambda = A_1 = \overline{X}$,解得 $\hat{\lambda} = \overline{X}$,即 λ 的矩估计量为 $\overline{X}$.

例3.2 设总体 X 的概率分布律为

X	0	1	2	3
p_k	θ^2	$2\theta(1-\theta)$	θ^2	$(1-2\theta)$

其中,$\theta\left(0<\theta<\frac{1}{2}\right)$ 为未知参数,利用总体 X 的如下样本值 3,1,3,0,3,1,2,3,求未知参数 θ 的矩估计值.

解 总体的一阶原点矩为

$$\mu_1 = E(X) = 0\times\theta^2 + 1\times 2\theta(1-\theta) + 2\times\theta^2 + 3\times(1-2\theta) = 3-4\theta,$$

根据矩法估计的原理,令 $\mu_1 = E(X) = A_1 = \overline{X}$,即 $3-4\theta = \overline{X}$,解得参数 θ 的矩估计量

$$\hat{\theta} = \frac{3-\overline{X}}{4}.$$

因为 $\overline{x} = \frac{1}{8}(3+1+3+0+3+1+2+3) = 2$,所以参数 θ 的矩估计值 $\hat{\theta} = \frac{3-\overline{x}}{4} = \frac{1}{4}$.

例 3.3 设总体 X 的概率密度函数为

$$f(x;\theta) = \begin{cases} \dfrac{2(\theta-x)}{\theta^2}, & 0 < x < \theta, \\ 0, & \text{其他}. \end{cases}$$

其中 θ 是未知参数,而 $X_1, X_2, \cdots, X_n$ 是来自总体 X 的简单随机样本,求未知参数 θ 的矩估计量.

解 因为总体的一阶原点矩为

$$\mu_1 = E(X) = \int_0^\theta x \frac{2(\theta-x)}{\theta^2} dx = \frac{2}{\theta^2}\left[\int_0^\theta \theta x\, dx - \int_0^\theta x^2 dx\right] = \frac{\theta}{3}.$$

令 $\mu_1 = E(X) = A_1 = \overline{X}$,即 $\dfrac{\theta}{3} = \overline{X}$,所以参数 θ 的矩估计量为 $\hat{\theta} = 3\overline{X}$.

例 3.4 设总体 $X \sim U(a,b)$,其中 $a < b$ 为未知参数.$X_1, X_2, \cdots, X_n$ 为来自总体 X 的一个样本,求 a 和 b 的矩估计量.

解 由于 $X \sim U(a,b)$,则

$$E(X) = \frac{a+b}{2}, \quad E(X^2) = D(X) + [E(X)]^2 = \frac{(b-a)^2}{12} + \left(\frac{a+b}{2}\right)^2.$$

令 $\begin{cases} E(X) = \overline{X}, \\ E(X^2) = A_2, \end{cases}$ 即 $\begin{cases} \dfrac{a+b}{2} = \overline{X}, \\ \dfrac{(b-a)^2}{12} + \left(\dfrac{a+b}{2}\right)^2 = \dfrac{1}{n}\sum_{i=1}^n X_i^2, \end{cases}$

从而解得 a 和 b 的矩估计量为

$$\begin{cases} a = \overline{X} - \sqrt{\dfrac{3}{n}\sum_{i=1}^n (X_i - \overline{X})^2}, \\ b = \overline{X} + \sqrt{\dfrac{3}{n}\sum_{i=1}^n (X_i - \overline{X})^2}. \end{cases}$$

例 3.5 设总体 X 的均值 μ 和方差 σ^2 都存在,但 μ 和 σ^2 均未知,又设 $X_1, X_2, \cdots, X_n$ 是来自总体的样本,求 μ 和 σ^2 的矩估计量.

解 总体的一阶和二阶原点矩分别为

$$\mu_1 = E(X) = \mu, \quad \mu_2 = E(X^2) = [E(X)]^2 + D(X) = \mu^2 + \sigma^2.$$

根据矩法估计的原理,令 $\begin{cases} \mu_1 = A_1, \\ \mu_2 = A_2, \end{cases}$ 即 $\begin{cases} \mu = \overline{X}, \\ \mu^2 + \sigma^2 = A_2, \end{cases}$

解得 $\hat{\mu} = \overline{X}, \hat{\sigma}^2 = A_2 - \overline{X}^2 = \dfrac{1}{n}\sum_{i=1}^n X_i^2 - \overline{X}^2 = \dfrac{1}{n}\sum_{i=1}^n (X_i - \overline{X})^2$.

例如,在某班期末数学考试成绩中随机抽取 9 人的成绩:

95　89　85　78　75　71　68　61　55

如果数学成绩是正态分布的,应用矩估计法,可以求得该班数学平均成绩和成绩方差的矩估计值分别为

$$\hat{\mu} = \bar{x} = \frac{1}{9}\sum_{i=1}^{9} x_i = \frac{95+89+85+78+75+71+68+61+55}{9} = 75.2(\text{分}),$$

$$\hat{\sigma}^2 = \frac{1}{9}\sum_{i=1}^{9} x_i^2 - \bar{x}^2$$

$$= \frac{95^2+89^2+85^2+78^2+75^2+71^2+68^2+61^2+55^2}{9} - 75.2^2$$

$$= 155.1(\text{分}^2).$$

基于 Python 的求解方法如下:

```
X= np.array([95,89,85,78,75,71,68,61,55])
X_m= np.mean(x)
X_m
计算结果为
Out:75.2
```

方差的矩估计值有两种求解方法.

方法一:利用 numpy 自带公式计算.

```
np.var(X)
Out:155.1
```

方法二:编程计算.

```
np.sum((X-np.mean(X))**2)/len(X)
Out:155.1
```

样本方差与总体方差的矩估计公式不同.

```
np.sum((X-np.mean(X))**2)/(len(X)-1)
Out:170.7
np.var(X)*(len(x)/(len(X)-1)) #利用 np 模块的函数求样本方差
Out:170.7
```

矩估计方法直观而又简单,适用性广,特别是估计总体数字特征时直接用到的仅仅是总体的原点矩,而无须知道总体分布的具体形式.但矩估计法也有缺点,它要求总体矩存在,否则不能使用;此外,矩估计法只利用了矩的信息,而没有充分利用分布对参数所提供的信息.即便如此,矩估计法还是一种很常用的有效的点估计方法.

3.1.2 最大似然估计法

最大似然估计法(maximum likelihood estimation,MLE)首先是由德国数学家高斯(Gauss)于 1821 年提出的,英国统计学家费希尔在 1922 年重新发现并作了进一步的研究.

最大似然估计法的基础是最大似然原理.最大似然原理的直观方法是:设一个随机试验有若干种可能的结果 $A_1, A_2, \cdots, A_n$,若在一次试验中,结果 A_k 出现,则一般认为试验对 A_k 出现有利,即 A_k 出现的概率较大.这里用到了"概率最大的事件最可能出现"的直观想

法.下面用一个例子说明最大似然估计的思想方法.

假设一个服从离散型分布的总体 X,不妨设 $X \sim B(4,p)$,其中参数 p 未知.现抽取容量为 3 的样本 X_1, X_2, X_3,如果出现的样本观测值为 $1,2,1$,此时 p 的取值如何估计比较合理?

考虑这样的问题:出现的样本观测值为什么是 $1,2,1$,而不是另外一组数 x_1, x_2, x_3? 设事件 $A = \{X_1 = 1, X_2 = 2, X_3 = 1\}$,事件 $B = \{X_1 = x_1, X_2 = x_2, X_3 = x_3\}$. 应用概率论的思想,大概率事件发生的可能性当然比小概率事件发生的可能性大.那么事件 A 发生了,则可以认为 A 发生的概率比较大,即

$$P(A) = P\{X_1 = 1, X_2 = 2, X_3 = 1\} = P\{X_1 = 1\}P\{X_2 = 2\}P\{X_3 = 1\}$$
$$= C_4^1 p (1-p)^3 C_4^2 p^2 (1-p)^2 C_4^1 p (1-p)^3 = 96 p^4 (1-p)^8$$

比较大.

换句话说,p 的取值应该使得 $96 p^4 (1-p)^8$ 较大才对.通过计算可知,当 $p = \dfrac{1}{3}$ 时,$96 p^4 (1-p)^8$ 取得最大值.所以有理由认为事件 A 出现了,p 的取值应该在 $\dfrac{1}{3}$ 左右比较合理.

下面再分析一个抽象的例子.

例 3.6 设总体 $X \sim B(1, \theta)$,其中 $0 < \theta < 1$ 未知,$X_1, X_2, \cdots, X_n$ 是来自总体的样本,$x_1, x_2, \cdots, x_n$ 是相应的样本观测值,求参数 θ 的最大似然估计量.

解 因为总体 $X \sim B(1, \theta)$,所以 X 的分布律为 $P\{X = x\} = p(x; \theta) = \theta^x (1-\theta)^{1-x}$,其中 $x = 0, 1$.

而事件 $\{X_1 = x_1, X_2 = x_2, \cdots, X_n = x_n\}$ 发生的概率

$$P\{X_1 = x_1, X_2 = x_2, \cdots, X_n = x_n\} = P\{X_1 = x_1\}P\{X_2 = x_2\} \cdots P\{X_n = x_n\}$$
$$= \prod_{i=1}^{n} p(x_i; \theta) = \prod_{i=1}^{n} \theta^{x_i} (1-\theta)^{1-x_i} = \theta^{\sum_{i=1}^{n} x_i} (1-\theta)^{n - \sum_{i=1}^{n} x_i}.$$

对于给定的样本观测值,上述概率是关于 θ 的函数,称为似然函数,记为 $L(\theta)$,即

$$L(\theta) = \theta^{\sum_{i=1}^{n} x_i} (1-\theta)^{n - \sum_{i=1}^{n} x_i}.$$

要使事件 $\{X_1 = x_1, X_2 = x_2, \cdots, X_n = x_n\}$ 发生的概率最大,应该选取使 $L(\theta)$ 达到最大的参数值(如果存在)$\hat{\theta}$,即选取的 $\hat{\theta}$ 应满足 $L(\hat{\theta}) = \max_{0 < \theta < 1} L(\theta)$.

为了求使 $L(\theta)$ 达到最大的参数值 $\hat{\theta}$,可利用微分方法,将 $L(\theta)$ 对 θ 求导数.但是将 $L(\theta)$ 对 θ 直接求导很麻烦,为使计算方便,常对似然函数 $L(\theta)$ 先取对数后再求导,易知,$L(\theta)$ 和 $\ln L(\theta)$ 具有相同的最大值点,于是对 $L(\theta)$ 表达式两边取对数得

$$\ln L(\theta) = \sum_{i=1}^{n} x_i \ln \theta + \left(n - \sum_{i=1}^{n} x_i\right) \ln(1-\theta).$$

将上式两边对 θ 求导并令其为 0,即

$$\frac{\mathrm{d}}{\mathrm{d}\theta}\ln L(\theta) = \frac{\sum_{i=1}^{n} x_i}{\theta} - \frac{n - \sum_{i=1}^{n} x_i}{1-\theta} = 0,$$

解出 θ 的估计值为 $\hat{\theta} = \frac{1}{n}\sum_{i=1}^{n} x_i = \bar{x}$，即当 $\hat{\theta} = \frac{1}{n}\sum_{i=1}^{n} x_i = \bar{x}$ 时，$L(\theta)$ 达到最大，所以称此种求未知参数估计的方法为最大似然估计法。估计值 $\hat{\theta} = \bar{x}$ 称为 θ 的最大似然估计值，$\hat{\theta} = \bar{X}$ 称为 θ 的最大似然估计量。

根据上述分析可以抽象出一般的结果。

定义 3.1 如果 $X_1, X_2, \cdots, X_n$ 是来自总体 X 的样本，$x_1, x_2, \cdots, x_n$ 是相应的样本观测值。

(1) 设总体 X 是离散型随机变量，其分布律为 $P\{X=x\} = p(x;\theta)$，θ 为未知参数，则样本 $(X_1, X_2, \cdots, X_n)$ 的分布律 $P\{X_1=x_1, X_2=x_2, \cdots, X_n=x_n\} = \prod_{i=1}^{n} p(x_i;\theta)$ 称为**似然函数**(likelihood function)，记为 $L(\theta) = \prod_{i=1}^{n} p(x_i;\theta)$。

(2) 设总体 X 是连续型随机变量，其概率密度为 $f(x;\theta)$，则样本 $(X_1, X_2, \cdots, X_n)$ 的联合概率密度函数 $L(x_1, x_2, \cdots, x_n; \theta) = \prod_{i=1}^{n} f(x_i;\theta)$ 称为**似然函数**，记为 $L(\theta) = \prod_{i=1}^{n} f(x_i;\theta)$。

定义 3.2 求使似然函数 $L(\theta)$ 取得最大值的 $\hat{\theta}(x_1, x_2, \cdots, x_n)$，即 $L(\hat{\theta}) = \max L(\theta)$（当然 θ 要在其取值范围内），则称 $\hat{\theta}(x_1, x_2, \cdots, x_n)$ 为参数 θ 的**最大似然估计值**，相应的统计量 $\hat{\theta}(X_1, X_2, \cdots, X_n)$ 称为参数 θ 的**最大似然估计量**。

归纳起来求最大似然估计的具体步骤为：

(1) 由总体 X 的分布律 $p(x;\theta)$ 或概率密度函数 $f(x;\theta)$，写出似然函数 $L(\theta)$；

(2) 对 $L(\theta)$ 取对数，写出 $\ln L(\theta)$；

(3) 将 $\ln L(\theta)$ 对 θ 求导数 $\frac{\mathrm{d}(\ln L(\theta))}{\mathrm{d}\theta}$，并令其为零，解出 $\hat{\theta}$。

如果总体中含有 k 个未知参数 $\theta_1, \theta_2, \cdots, \theta_k$，似然函数仍是这些参数的函数，记为 $L(\theta_1, \theta_2, \cdots, \theta_k) = L(x_1, x_2, \cdots, x_n; \theta_1, \theta_2, \cdots, \theta_k)$，要求未知参数 $\theta_1, \theta_2, \cdots, \theta_k$ 的最大似然估计，只要把 $\ln L(\theta_1, \theta_2, \cdots, \theta_n)$ 分别对 θ_i 求偏导 $\frac{\partial}{\partial \theta_i} \ln L(\theta_1, \theta_2, \cdots, \theta_k)$，其中 $i=1,2,\cdots,k$，并令 $\frac{\partial}{\partial \theta_i} \ln L(\theta_1, \theta_2, \cdots, \theta_k) = 0$，就可解出 $\hat{\theta}_i(x_1, x_2, \cdots, x_n)$，称 $\hat{\theta}_i(x_1, x_2, \cdots, x_n)$ 为参数 θ_i 的最大似然估计值，相应统计量 $\hat{\theta}_i(X_1, X_2, \cdots, X_n)$ 为参数 θ_i 的最大似然估计量。

例3.7 设总体 X 的分布律为

X	1	2	3
p_k	θ^2	$2\theta(1-\theta)$	$(1-\theta)^2$

其中 $0<\theta<1$ 为未知参数. 若现已取得样本值为 $x_1=1,x_2=2,x_3=3$, 试求 θ 的最大似然估计值.

解 由 X 的分布律知, 似然函数为

$$L(\theta)=\prod_{i=1}^{3}p(x_i;\theta)=\theta^2 \cdot 2\theta(1-\theta) \cdot (1-\theta)^2=2\theta^3(1-\theta)^3,$$

求解

$$\frac{\mathrm{d}}{\mathrm{d}\theta}L(\theta)=6\theta^2(1-\theta)^2(1-2\theta)=0,$$

得 θ 的最大似然估计值为 $\hat{\theta}=\dfrac{1}{2}$.

例3.8 设总体 $X\sim P(\lambda),\lambda>0$ 为未知参数, $X_1,X_2,\cdots,X_n$ 为取自总体的一个样本, 求 λ 的最大似然估计量.

解 由于 $X\sim P(\lambda)$, 则

$$P\{X=x\}=\frac{\lambda^x \mathrm{e}^{-\lambda}}{x!}, \quad x=0,1,2,\cdots,$$

故似然函数为

$$L(\lambda)=\prod_{i=1}^{n}\frac{\lambda^{x_i}\mathrm{e}^{-\lambda}}{x_i!}=\frac{\lambda^{\sum_{i=1}^{n}x_i}\mathrm{e}^{-n\lambda}}{\prod_{i=1}^{n}x_i!},$$

取对数似然函数

$$\ln L(\lambda)=\sum_{i=1}^{n}x_i\ln\lambda-n\lambda-\sum_{i=1}^{n}\ln x_i!,$$

求解

$$\frac{\mathrm{d}}{\mathrm{d}\lambda}\ln L(\lambda)=\frac{1}{\lambda}\sum_{i=1}^{n}x_i-n=0,$$

解得 $\lambda=\dfrac{1}{n}\sum_{i=1}^{n}x_i$, 因此 λ 的最大似然估计量为 $\hat{\lambda}=\dfrac{1}{n}\sum_{i=1}^{n}X_i=\overline{X}$.

例如, 某电话交换台每分钟的呼唤次数 X 服从参数为 λ 的泊松分布, 从中随机抽取 10 次独立的记录结果如下:

$$4\quad 5\quad 6\quad 2\quad 8\quad 2\quad 1\quad 0\quad 3\quad 9$$

应用上例结果, 可得 λ 的最大似然估计值为

$$\hat{\lambda}=\bar{x}=\frac{4+5+6+2+8+2+1+0+3+9}{10}=4,$$

即该电话交换台每分钟的平均呼唤次数, 根据样本值, 估计为 4 次.

例 3.9 设 $X \sim \mathrm{Exp}(\lambda)$，$X_1, X_2, \cdots, X_n$ 是来自总体 X 的样本，$x_1, x_2, \cdots, x_n$ 是样本观测值，求未知参数 λ 的最大似然估计量.

解 总体 X 的概率密度为

$$f(x;\lambda) = \begin{cases} \lambda e^{-\lambda x}, & x > 0, \\ 0, & x \leqslant 0, \end{cases} \quad \lambda > 0.$$

似然函数为

$$L(\lambda) = \prod_{i=1}^{n} \lambda e^{-\lambda x_i} = \lambda^n e^{-\lambda \sum_{i=1}^{n} x_i}, \quad x_i > 0, i = 1, 2, \cdots, n,$$

取对数得 $\ln L(\lambda) = n\ln\lambda - \lambda \sum_{i=1}^{n} x_i$. 令 $\dfrac{\mathrm{d}}{\mathrm{d}\lambda}\ln L(\lambda) = \dfrac{n}{\lambda} - \sum_{i=1}^{n} x_i = 0$，解得 λ 的最大似然估计值为 $\hat{\lambda} = \dfrac{1}{\dfrac{1}{n}\sum_{i=1}^{n} x_i} = \dfrac{1}{\bar{x}}$，$\lambda$ 的最大似然估计量为 $\hat{\lambda} = \dfrac{1}{\dfrac{1}{n}\sum_{i=1}^{n} X_i} = \dfrac{1}{\bar{X}}$.

例 3.10 设总体 $X \sim N(\mu,\sigma^2)$，μ 和 σ^2 均未知，$x_1, x_2, \cdots, x_n$ 是来自总体的一组样本值，求 μ 和 σ^2 的最大似然估计量.

解 总体 X 的概率密度为 $f(x;\mu,\sigma^2) = \dfrac{1}{\sqrt{2\pi}\sigma} e^{-\frac{(x-\mu)^2}{2\sigma^2}}, -\infty < x < +\infty$，于是

$$L(\mu,\sigma^2) = \prod_{i=1}^{n} \dfrac{1}{\sqrt{2\pi}\sigma} e^{-\frac{(x_i-\mu)^2}{2\sigma^2}} = (2\pi)^{-\frac{n}{2}}(\sigma^2)^{-\frac{n}{2}} e^{-\frac{\sum_{i=1}^{n}(x_i-\mu)^2}{2\sigma^2}}, \quad -\infty < x_i < +\infty, i = 1, 2, \cdots, n,$$

$$\ln L(\mu,\sigma^2) = -\dfrac{n}{2}\ln(2\pi) - \dfrac{n}{2}\ln(\sigma^2) - \dfrac{1}{2\sigma^2}\sum_{i=1}^{n}(x_i-\mu)^2.$$

由

$$\begin{cases} \dfrac{\partial}{\partial \mu}\ln L(\mu,\sigma^2) = \dfrac{1}{\sigma^2}\left[\sum_{i=1}^{n} x_i - n\mu\right] = 0, \\ \dfrac{\partial}{\partial \sigma^2}\ln L(\mu,\sigma^2) = -\dfrac{n}{2\sigma^2} + \dfrac{1}{2(\sigma^2)^2}\sum_{i=1}^{n}(x_i-\mu)^2 = 0, \end{cases}$$

解得 μ 和 σ^2 的最大似然估计量为

$$\hat{\mu} = A_1 = \bar{X}, \quad \hat{\sigma}^2 = \dfrac{1}{n}\sum_{i=1}^{n}(X_i - \bar{X})^2.$$

例 3.11 设总体 X 在区间 $[a,b]$ 上服从均匀分布，其中 a,b 未知，$x_1, x_2, \cdots, x_n$ 是一组样本值，试求 a,b 的最大似然估计量.

解 记 $x_{(1)} = \min\{x_1, x_2, \cdots, x_n\}$，$x_{(n)} = \max\{x_1, x_2, \cdots, x_n\}$，$X$ 的概率密度函数为

$$f(x;a,b) = \begin{cases} \dfrac{1}{b-a}, & a \leqslant x \leqslant b, \\ 0, & \text{其他}. \end{cases}$$

由于 $a \leqslant x_1, x_2, \cdots, x_n \leqslant b$ 等价于 $a \leqslant x_{(1)}, x_{(n)} \leqslant b$，似然函数为

$$L(a,b) = \dfrac{1}{(b-a)^n}, \quad a \leqslant x_{(1)}, x_{(n)} \leqslant b.$$

从 $L(a,b)$ 的表达式中可以看出微分法失效. 但从 $L(a,b)$ 的形式可知, 当 a,b 距离越小时, $L(a,b)$ 越大.

于是对于满足条件 $a \leqslant x_{(1)}, x_{(n)} \leqslant b$ 的任意 a,b 有

$$L(a,b) = \frac{1}{(b-a)^n} \leqslant \frac{1}{(x_{(n)} - x_{(1)})^n},$$

即 $L(a,b)$ 在 $a=x_{(1)}, b=x_{(n)}$ 时取到最大值 $(x_{(n)} - x_{(1)})^{-n}$, 所以 a,b 的最大似然估计值为 $\hat{a} = x_{(1)}, \hat{b} = x_{(n)}$, 其中 $x_{(1)} = \min\limits_{1 \leqslant i \leqslant n} \{x_i\}, x_{(n)} = \max\limits_{1 \leqslant i \leqslant n} \{x_i\}, a,b$ 的最大似然估计量为 $\hat{a} = X_{(1)}, \hat{b} = X_{(n)}$, 其中 $X_{(1)} = \min\limits_{1 \leqslant i \leqslant n} \{X_i\}, X_{(n)} = \max\limits_{1 \leqslant i \leqslant n} \{X_i\}$.

注 本题若用求似然方程组解的方法, 则因方程组无解而求不出最大似然估计, 因此必须学会对一些特殊问题采取特殊的方法处理.

最大似然估计法有较强的直观性, 又能获得参数 θ 的合理的估计量, 特别是在大样本时, 最大似然估计有极好的性质, 所以它广泛应用于估计理论中.

习题 3.1

1. 设总体 $X \sim B(m,p), X_1, X_2, \cdots, X_n$ 是来自总体的样本, 其中 m 已知, p 未知, 求参数 p 的矩估计量和最大似然估计量.

2. 设 $X_1, X_2, \cdots, X_n$ 是来自总体 X 的样本, $x_1, x_2, \cdots, x_n$ 是样本观测值, 求下列总体 X 的概率密度函数中未知参数 θ 的矩估计量和最大似然估计量:

(1) $f(x;\theta) = \begin{cases} (\theta+1)x^\theta, & 0 < x < 1, \\ 0, & \text{其他}, \end{cases} (\theta > -1)$;

(2) $f(x;\theta) = \begin{cases} \sqrt{\theta} x^{\sqrt{\theta}-1}, & 0 < x < 1, \\ 0, & \text{其他}, \end{cases} (\theta > 0)$.

3. 设总体 X 的概率密度函数为

$$f(x;\theta) = \begin{cases} \theta c^\theta x^{-(\theta+1)}, & x > c, \\ 0, & \text{其他}, \end{cases}$$

其中 $c > 0$ 为已知, $\theta > 1$ 为未知参数. 又设 $X_1, X_2, \cdots, X_n$ 是来自总体 X 的样本, $x_1, x_2, \cdots, x_n$ 是样本观测值, 求未知参数 θ 的矩估计量和最大似然估计量.

4. 设总体 X 的概率密度函数为

$$f(x;\theta) = \begin{cases} 2e^{-2(x-\theta)}, & x > \theta, \\ 0, & \text{其他}, \end{cases}$$

其中 θ 为未知参数. 又设 $X_1, X_2, \cdots, X_n$ 是来自总体 X 的样本, $x_1, x_2, \cdots, x_n$ 是样本观测值, 求未知参数 θ 的矩估计量和最大似然估计量.

5. 设 $X_1, X_2, \cdots, X_n$ 是来自均匀总体 $U(0,\theta)$ 的样本, 其中 θ 未知, 试求 θ 的最大似然估计值.

3.2 估计量的评价标准

由于总体参数 θ 的值未知,且无法知道真值 θ,人们自然希望估计量 $\hat{\theta}$ 的估计值与未知参数 θ 的近似程度越高越好,即希望估计量 $\hat{\theta}$ 的数学期望等于未知参数 θ,而且估计量 $\hat{\theta}$ 的方差越小越好,为此提出估计量的三个评价标准.

3.2.1 无偏性

定义 3.3 如果 $\hat{\theta}(X_1, X_2, \cdots, X_n)$ 为总体中未知参数 θ 的一个估计量,且满足 $E(\hat{\theta}) = \theta$,则称 $\hat{\theta}$ 为参数 θ 的**无偏估计量**(unbiased estimator). 否则,称为有偏估计量,且称 $E(\hat{\theta}) - \theta$ 为估计量 $\hat{\theta}$ 的偏差.

无偏估计的实际意义在于:当一个估计量被大量重复使用时,其估计值在未知参数的真实值附近波动,并且这些估计值的理论平均值等于被估参数,说明无系统偏差,即用 $\hat{\theta}$ 估计 θ 不会偏大或偏小,无偏性是评价估计量好坏的重要标准.

例 3.12 设总体 X 服从任意分布,且 $E(X) = \mu, D(X) = \sigma^2, X_1, X_2, \cdots, X_n$ 是来自总体的样本. 证明:(1) 样本均值 $\overline{X}$ 是总体均值 μ 的无偏估计量;

(2) 样本方差 $S^2 = \dfrac{1}{n-1} \sum\limits_{i=1}^{n}(X_i - \overline{X})^2$ 是总体方差 σ^2 的无偏估计量.

证明 (1) 由 $\overline{X} = \dfrac{1}{n} \sum\limits_{i=1}^{n} X_i$ 得

$$E(\overline{X}) = E\left(\frac{1}{n} \sum_{i=1}^{n} X_i\right) = \frac{1}{n} \sum_{i=1}^{n} E(X_i) = \mu,$$

即样本均值 $\overline{X}$ 是总体均值 μ 的无偏估计量.

(2) $D(\overline{X}) = D\left(\dfrac{1}{n} \sum\limits_{i=1}^{n} X_i\right) = \dfrac{1}{n^2} \sum\limits_{i=1}^{n} D(X_i) = \dfrac{\sigma^2}{n}$,根据 $D(X) = E(X^2) - [E(X)]^2$ 可得

$$E(\overline{X}^2) = D(\overline{X}) + [E(\overline{X})]^2 = \frac{\sigma^2}{n} + \mu^2,$$

$$E(X_i^2) = D(X_i) + [E(X_i)]^2 = \sigma^2 + \mu^2,$$

于是

$$E(S^2) = E\left[\frac{1}{n-1} \sum_{i=1}^{n}(X_i - \overline{X})^2\right] = \frac{1}{n-1} E\left[\sum_{i=1}^{n} X_i^2 - n\overline{X}^2\right]$$

$$= \frac{1}{n-1}\left[\sum_{i=1}^{n} E(X_i^2) - nE(\overline{X}^2)\right] = \frac{1}{n-1}\left[\sum_{i=1}^{n}(\sigma^2 + \mu^2) - n\left(\frac{\sigma^2}{n} + \mu^2\right)\right] = \sigma^2,$$

即样本方差 $S^2 = \dfrac{1}{n-1} \sum\limits_{i=1}^{n}(X_i - \overline{X})^2$ 是总体方差 σ^2 的无偏估计量.

注 由于

$$E\left[\frac{1}{n}\sum_{i=1}^{n}(X_i-\overline{X})^2\right]=E\left[\frac{n-1}{n}\frac{1}{n-1}\sum_{i=1}^{n}(X_i-\overline{X})^2\right]$$

$$=\frac{n-1}{n}E\left[\frac{1}{n-1}\sum_{i=1}^{n}(X_i-\overline{X})^2\right]=\frac{n-1}{n}\sigma^2\neq\sigma^2,$$

所以 $\frac{1}{n}\sum_{i=1}^{n}(X_i-\overline{X})^2$ 是总体方差 σ^2 的有偏估计量.

正因为 $\frac{1}{n-1}\sum_{i=1}^{n}(X_i-\overline{X})^2$ 是总体方差 σ^2 的无偏估计量,所以通常情况下把样本方差 S^2 定义为 $\frac{1}{n-1}\sum_{i=1}^{n}(X_i-\overline{X})^2$.

例 3.13 已知 $X_1,X_2,\cdots,X_n$ 是来自总体 X 的样本,$\overline{X}$ 是样本均值,S^2 是样本方差,且 $E(X)=\mu,D(X)=\sigma^2$.确定常数 c,使得 $\overline{X}^2-cS^2$ 是 μ^2 的无偏估计量.

解 因为要使 $\overline{X}^2-cS^2$ 是 μ^2 的无偏估计量,即 $E(\overline{X}^2-cS^2)=\mu^2$.而

$$E(\overline{X}^2)=D(\overline{X})+[E(\overline{X})]^2=\frac{\sigma^2}{n}+\mu^2, \quad E(S^2)=\sigma^2,$$

于是有 $E(\overline{X}^2-cS^2)=E(\overline{X}^2)-cE(S^2)=\frac{\sigma^2}{n}+\mu^2-c\sigma^2=\mu^2$,解得 $c=\frac{1}{n}$.

所以当 $c=\frac{1}{n}$ 时,$\overline{X}^2-cS^2$ 是 μ^2 的无偏估计量.

3.2.2 有效性

定义 3.4 设 $\hat{\theta}_1(X_1,X_2,\cdots,X_n)$ 和 $\hat{\theta}_2(X_1,X_2,\cdots,X_n)$ 都是参数 θ 的无偏估计量,如果 $D(\hat{\theta}_1)<D(\hat{\theta}_2)$,则称 $\hat{\theta}_1$ 比 $\hat{\theta}_2$ **有效**.

有效性的意义在于:比较两个无系统误差的估计量的好坏时,即看哪一个取值更集中于待估参数真值的附近,即哪一个估计量的方差更小.

例 3.14 设总体 X 的数学期望为 μ,方差为 σ^2,其中 μ 未知,试评价 μ 的两个估计量 $\hat{\mu}_1=\overline{X}=\frac{1}{n}\sum_{i=1}^{n}X_i(n>2)$ 与 $\hat{\mu}_2=\frac{X_1+X_2}{2}$ 哪一个比较好.

解 由于 $E(\hat{\mu}_1)=E(\overline{X})=\mu,E(\hat{\mu}_2)=E\left(\frac{X_1+X_2}{2}\right)=\frac{E(X_1)+E(X_2)}{2}=\mu$,所以,$\hat{\mu}_1$ 与 $\hat{\mu}_2$ 都是 μ 的无偏估计量.又因为

$$D(\hat{\mu}_1)=D(\overline{X})=\frac{\sigma^2}{n}, \quad D(\hat{\mu}_2)=D\left(\frac{X_1+X_2}{2}\right)=\frac{D(X_1)+D(X_2)}{4}=\frac{\sigma^2}{2},$$

所以,当 $n>2$ 时,$D(\hat{\mu}_1)<D(\hat{\mu}_2)$,则 $\hat{\mu}_1$ 比 $\hat{\mu}_2$ 有效,即 $\overline{X}=\frac{1}{n}\sum_{i=1}^{n}X_i$ 更好些.

例 3.15 设 $X_1,X_2,\cdots,X_n$ 是来自均匀总体 $U(0,\theta)$ 的样本,人们常用最大观测值 $x_{(n)}$ 来估计 θ,问 $x_{(n)}$ 是不是无偏估计?

讨论探究 设 $X_1,X_2,\cdots,X_n$ 是来自均匀总体 $U(0,\theta)$ 的样本,人们常用最大观测值

$x_{(n)}$ 作为 θ 的最大似然估计值(习题 3.1 第 5 题),由于 $E(x_{(n)}) = \dfrac{n}{n+1}\theta$,所以 $x_{(n)}$ 不是 θ 的无偏估计,但它是 θ 的渐近无偏估计,经过修偏后可以得到 θ 的一个无偏估计 $\hat{\theta}_1 = \dfrac{n+1}{n} x_{(n)}$,且

$$D(\hat{\theta}_1) = \left(\frac{n+1}{n}\right)^2 D(x_{(n)}) = \left(\frac{n+1}{n}\right)^2 \frac{n}{(n+1)^2(n+2)} \theta^2 = \frac{\theta^2}{n(n+2)}.$$

另一方面,由于总体均值为 $\theta/2$,人们也可以使用样本均值估计总体均值(矩估计),于是可得到 θ 的另一个无偏估计 $\hat{\theta}_2 = 2\bar{x}$,且

$$D(\hat{\theta}_2) = 4D(\bar{x}) = \frac{4}{n} D(X) = \frac{4}{n} \cdot \frac{\theta^2}{12} = \frac{\theta^2}{3n}.$$

两项比较知道,当 $n > 1$ 时,$\hat{\theta}_1$ 比 $\hat{\theta}_2$ 有效.

3.2.3 一致性

设 $\hat{\theta}(X_1, X_2, \cdots, X_n)$ 为未知参数 θ 的估计量,显然 $\hat{\theta}(X_1, X_2, \cdots, X_n)$ 与样本容量 n 有关,记为 $\hat{\theta}_n$. 对于未知参数 θ 的估计量 $\hat{\theta}_n$,当然我们希望 $n \to \infty$ 时,$\hat{\theta}_n$ 的取值与 θ 的误差充分小,即估计量 $\hat{\theta}_n$ 的取值在参数 θ 的附近,于是得到一致性的定义.

定义 3.5 设 $\hat{\theta}_n(X_1, X_2, \cdots, X_n)$ 是未知参数 θ 的一个估计量,若 $\hat{\theta}_n$ 依概率收敛于 θ,即对任意的 $\varepsilon > 0$,有 $\lim\limits_{n \to \infty} P\{|\hat{\theta}_n - \theta| < \varepsilon\} = 1$,则称 $\hat{\theta}_n(X_1, X_2, \cdots, X_n)$ 为未知参数 θ 的**一致估计量**.

一致估计量的意义在于:只要样本容量足够大,就可以使估计量与参数真实值之间的差异大于 ε 的概率足够小,即估计量与被估参数的真值之间任意接近的可能性越来越大.

例 3.16 设总体 X 服从任意分布,且 $E(X) = \mu$,$D(X) = \sigma^2$,$X_1, X_2, \cdots, X_n$ 是来自总体的样本.证明:样本均值 $\bar{X}$ 是总体均值 μ 的一致估计量.

证明 因为 $X_1, X_2, \cdots, X_n$ 是来自总体的样本,所以随机变量 $X_1, X_2, \cdots, X_n$ 相互独立,且具有相同的数学期望及方差,即 $E(X_k) = \mu$,$D(X_k) = \sigma^2$,$k = 1, 2, \cdots, n$,于是根据概率论中的切比雪夫大数定律,对任意的 $\varepsilon > 0$,有 $\lim\limits_{n \to \infty} P\left\{\left|\dfrac{1}{n}\sum\limits_{k=1}^{n} X_k - \mu\right| < \varepsilon\right\} = 1$,所以 $\bar{X} = \dfrac{1}{n}\sum\limits_{k=1}^{n} X_k$ 依概率收敛于 μ,即样本均值 $\bar{X}$ 是总体均值 μ 的一致估计量.

补充(切比雪夫大数定律) 设 $\{X_n\}$ 为一列两两不相关的随机变量序列,若每个 X_i 的期望和方差都存在,且有共同的上界,即 $|E(X_i)| \leq c$,$D(X_i) \leq c$,$i = 1, 2, \cdots$,则 $\{X_n\}$ 服从大数定律,即对任意的 $\varepsilon > 0$,$\lim\limits_{n \to \infty} P\left\{\left|\dfrac{1}{n}\sum\limits_{i=1}^{n} X_i - \dfrac{1}{n}\sum\limits_{i=1}^{n} E(X_i)\right| < \varepsilon\right\} = 1$ 成立.

切比雪夫大数定律的特殊形式 设 $\{X_n\}$ 为一列两两不相关的随机变量序列,若每个 X_i 的期望和方差都存在且相等,且 $E(X_i) = \mu$,$D(X_i) = \sigma^2$,$i = 1, 2, \cdots$,则 $\{X_n\}$ 服从大数定律,即对任意的 $\varepsilon > 0$,$\lim\limits_{n \to \infty} P\left\{\left|\dfrac{1}{n}\sum\limits_{i=1}^{n} X_i - \mu\right| < \varepsilon\right\} = 1$ 成立.

习题 3.2

1. 设 $X_1, X_2, \cdots, X_n$ 是来自总体 X 的样本,且 $E(X) = \mu$,$a_1, a_2, \cdots, a_n$ 是任意一组常数,当 $\sum_{i=1}^{n} a_i = 1$ 时,证明 $\sum_{i=1}^{n} a_i X_i$ 是 μ 的无偏估计量.

2. 设 X_1, X_2, X_3 是取自正态总体的样本,试证下列统计量都是总体均值 μ 的无偏估计量,并指出在总体方差存在的情况下哪一个估计的有效性最差.

(1) $\hat{\mu}_1 = \dfrac{1}{2}X_1 + \dfrac{1}{3}X_2 + \dfrac{1}{6}X_3$,

(2) $\hat{\mu}_2 = \dfrac{1}{3}X_1 + \dfrac{1}{3}X_2 + \dfrac{1}{3}X_3$,

(3) $\hat{\mu}_3 = \dfrac{1}{6}X_1 + \dfrac{1}{6}X_2 + \dfrac{2}{3}X_3$.

3. 设总体服从参数为 λ 泊松分布,其中 λ 未知,$X_1, X_2, \cdots, X_n$ 是来自总体的样本,求 λ 的最大似然估计量 $\hat{\lambda}$,并验证 $\hat{\lambda}$ 是 λ 的无偏估计量.

4. 设 $\hat{\theta}$ 是参数 θ 的无偏估计量,且有 $D(\hat{\theta}) > 0$,试证 $(\hat{\theta})^2$ 不是 θ^2 的无偏估计量.

3.3 最小方差无偏估计

我们已经看到,寻求点估计有各种不同的方法,为了在不同的点估计间进行比较选择,就必须对各种点估计的好坏给出评价标准.数理统计中给出了众多的估计量评价标准,对同一估计量使用不同的评价标准可能会得到完全不同的结论,因此,在评价某一个估计好坏时首先要说明是在哪一个标准下,否则所论好坏则毫无意义.

3.3.1 均方误差

在样本量不是很大时,人们更加倾向于使用一些基于小样本的评价标准,此时,对无偏估计使用方差,对有偏估计使用均方误差.

一般而言,在样本量一定时,评价一个点估计的好坏使用的度量指标总是点估计值 $\hat{\theta}$ 与参数真值 θ 的距离的函数,最常用的函数是距离的平方,由于 $\hat{\theta}$ 具有随机性,可以对该函数求期望,即下式给出的均方误差

$$\text{MSE}(\hat{\theta}) = E(\hat{\theta} - \theta)^2.$$

均方误差是评价点估计的最一般的标准,自然,我们希望估计的均方误差越小越好.注意到

$$\begin{aligned}\text{MSE}(\hat{\theta}) &= E[(\hat{\theta} - E(\hat{\theta})) + (E(\hat{\theta}) - \theta)]^2 \\ &= E(\hat{\theta} - E(\hat{\theta}))^2 + E(E(\hat{\theta}) - \theta)^2 + 2E[(\hat{\theta} - E(\hat{\theta}))(E(\hat{\theta}) - \theta)] \\ &= D(\hat{\theta}) + (E(\hat{\theta}) - \theta)^2.\end{aligned}$$

因此,均方误差由点估计的方差与偏差 $|E(\hat{\theta}) - \theta|$ 的平方两部分组成.若 $\hat{\theta}$ 是 θ 的无偏估

计,则 $\text{MSE}(\hat{\theta})=D(\hat{\theta})$,此时用均方误差评价点估计与用方差是完全一样的,这也说明了用方差考察无偏估计有效性是合理的,当 $\hat{\theta}$ 不是 θ 的无偏估计时,就要看其均方误差 $\text{MSE}(\hat{\theta})$,即不仅要看其方差大小,还要看其偏差大小,下面的例子说明在均方误差的含义下有些有偏估计优于无偏估计.

例 3.17 在例 3.15 中我们曾指出:对均匀总体 $U(0,\theta)$,由 θ 的最大似然估计得到的无偏估计是 $\hat{\theta}=(n+1)x_{(n)}/n$,它的均方误差 $\text{MSE}(\hat{\theta})=D(\hat{\theta})=\dfrac{\theta^2}{n(n+2)}$.

现我们考虑 θ 的形如 $\hat{\theta}_\alpha=\alpha x_{(n)}$ 的估计,其均方误差为

$$\text{MSE}(\hat{\theta})=D(\alpha x_{(n)})+(\alpha E(x_{(n)})-\theta)^2$$
$$=\alpha^2 D(x_{(n)})+\left(\alpha\frac{n}{n+1}\theta-\theta\right)^2$$
$$=\alpha^2\frac{n}{(n+1)^2(n+2)}\theta^2+\left(\frac{n\alpha}{n+1}-1\right)^2\theta^2.$$

用求导的方法不难求出:当 $\alpha_0=\dfrac{n+2}{n+1}$ 时,上述均方误差达到最小,且

$$\text{MSE}\left(\frac{n+2}{n+1}x_{(n)}\right)=\frac{\theta^2}{(n+1)^2}.$$

这表明 $\hat{\theta}_0=\dfrac{n+2}{n+1}x_{(n)}$ 虽是 θ 的有偏估计,但在 $n\geqslant 2$ 时其均方误差

$$\text{MSE}(\hat{\theta}_0)=\frac{\theta^2}{(n+1)^2}<\frac{\theta^2}{n(n+2)}=\text{MSE}(\hat{\theta}),$$

所以在均方误差的标准下有偏估计 $\hat{\theta}_0$ 优于无偏估计 $\hat{\theta}$.

定义 3.6 设有样本 $X_1,X_2,\cdots,X_n$,设有一个关于待估参数 θ 的估计类,称 $\hat{\theta}(x_1,x_2,\cdots,x_n)$ 是该估计类中 θ 的**一致最小均方误差估计**,如果对该估计类中另外任意一个 θ 的估计 $\tilde{\theta}$,在参数集合 Θ 上都有

$$\text{MSE}_\theta(\hat{\theta})\leqslant \text{MSE}_\theta(\tilde{\theta}).$$

一致最小均方误差估计通常是在一个确定的估计类中进行的,正如例 3.17 所示,我们把估计限制在 $x_{(n)}$ 的倍数中.若不对估计加以限制(即考虑所有可能的估计),则一致最小均方误差估计是不存在的,从而没有意义.既然这样,人们通常就对估计提一些合理性要求,前述无偏性就是一个最常见的合理性要求.

3.3.2 一致最小方差无偏估计

我们已经指出,均方误差由点估计的方差与偏差的平方两部分组成,当要求 $\hat{\theta}$ 是 θ 的无偏估计时,均方误差就简化为估计的方差,此时一致最小均方误差估计即为一致最小方差无偏估计.

定义 3.7 对参数估计问题,设 $\hat{\theta}$ 是 θ 的一个无偏估计,如果对另外任意一个 θ 的无偏估计 $\tilde{\theta}$,在参数集合 Θ 上都有 $D_\theta(\hat{\theta}) \leqslant D_\theta(\tilde{\theta})$,则称 $\hat{\theta}$ 是 θ 的一致最小方差无偏估计,简记为 **UMVUE**(Uniformly Minimum Variance Unbiased Estimation).

定理 3.1(等价定理) 设 $\boldsymbol{X}=(X_1,X_2,\cdots,X_n)$ 是来自某总体的一个样本,$\hat{\theta}=\hat{\theta}(\boldsymbol{X})$ 是 θ 的一个无偏估计,$D(\hat{\theta})<+\infty$.则 $\hat{\theta}$ 是 θ 的一致最小方差无偏估计的充要条件是对任意一个满足 $E(\varphi(\boldsymbol{X}))=0$ 和 $D(\varphi(\boldsymbol{X}))<+\infty$ 的 $\varphi(\boldsymbol{X})$,都有

$$\operatorname{Cov}_\theta(\hat{\theta},\varphi)=0, \quad \forall\, \theta\in\Theta.$$

证明 先证充分性,对 θ 的任意一个无偏估计 $\tilde{\theta}$,令 $\varphi=\tilde{\theta}-\hat{\theta}$,则

$$E(\varphi)=E(\tilde{\theta})-E(\hat{\theta})=0.$$

于是

$$\begin{aligned}D(\tilde{\theta})&=E(\tilde{\theta}-\theta)^2=E[(\tilde{\theta}-\hat{\theta})+(\hat{\theta}-\theta)]^2\\&=E(\varphi^2)+D(\hat{\theta})+2\operatorname{Cov}(\varphi,\hat{\theta})\geqslant D(\hat{\theta}),\end{aligned}$$

这表明 $\hat{\theta}$ 在 θ 无偏估计类中方差一致最小.

采用反证法证必要性.设 $\hat{\theta}$ 是 θ 的一致最小方差无偏估计,$\varphi(x)$ 满足 $E_\theta(\varphi(x))=0$,$D_\theta(\varphi(x))<+\infty$,倘若在参数集合 Θ 中有一个 θ_0 使得 $\operatorname{Cov}_\theta(\hat{\theta},\varphi(x))\overset{\Delta}{=}a\neq 0$,取 $b=-\dfrac{a}{D_\theta(\varphi(x))}\neq 0$,则

$$b^2 D_\theta(\varphi(x))+2ab=b(-a+2a)=-\frac{a}{D_\theta(\varphi(x))}<0.$$

令 $\tilde{\theta}=\hat{\theta}+b\varphi(x)$,则 $E_\theta(\tilde{\theta})=E_\theta(\hat{\theta})+bE_\theta(\varphi(x))=\theta$,这说明 $\tilde{\theta}$ 也是 θ 的无偏估计,但其方差

$$\begin{aligned}D(\tilde{\theta})&=E_{\theta_0}(\hat{\theta}+b\varphi(x)-\theta)^2\\&=E_{\theta_0}(\hat{\theta}-\theta)^2+b^2 E_{\theta_0}(\varphi(x))^2+2bE_{\theta_0}((\hat{\theta}-\theta)\varphi(x))\\&=D_{\theta_0}(\hat{\theta})+b^2 D_{\theta_0}(\varphi(x))+2ab<D_{\theta_0}(\hat{\theta}),\end{aligned}$$

这与 $\hat{\theta}$ 是 θ 的一致最小方差无偏估计矛盾,这就证明了对参数集合 Θ 中任意的 θ 都有 $\operatorname{Cov}_\theta(\hat{\theta},\varphi(x))=0$,定理得证.

例 3.18 设 $x_1,x_2,\cdots,x_n$ 是来自指数分布 $\operatorname{Exp}(1/\theta)$ 的样本观测值,则根据 2.5 节因子分解定理可知,$T=x_1+x_2+\cdots+x_n$ 是 θ 的充分统计量,由于 $E(T)=n\theta$,所以 $\bar{x}=T/n$ 是 θ 的无偏估计.设 $\varphi=\varphi(x_1,x_2,\cdots,x_n)$ 是 θ 的任一无偏估计,则

$$E(\varphi(T))=\int_0^{+\infty}\cdots\int_0^{+\infty}\varphi(x_1,x_2,\cdots,x_n)\cdot\prod_{i=1}^n\left\{\frac{1}{\theta}\cdot\mathrm{e}^{-x_i/\theta}\right\}\mathrm{d}x_1\cdots\mathrm{d}x_n=0,$$

即

$$\int_0^{+\infty}\cdots\int_0^{+\infty}\varphi(x_1,x_2,\cdots,x_n)\cdot e^{-(x_1+x_2+\cdots+x_n)/\theta}dx_1\cdots dx_n=0,$$

两端对 θ 求导,得

$$\int_0^{+\infty}\cdots\int_0^{+\infty}\frac{n\bar{x}}{\theta^2}\varphi(x_1,x_2,\cdots,x_n)\cdot e^{-(x_1+x_2+\cdots+x_n)/\theta}dx_1\cdots dx_n=0.$$

这说明 $E(\bar{x}\cdot\varphi)=0$,从而

$$\text{Cov}(\bar{x},\varphi)=E(\bar{x}\cdot\varphi)-E(\bar{x})E(\varphi)=0.$$

由定理 3.1,$\bar{x}$ 是 θ 的一致最小方差无偏估计.

3.3.3 充分性原则

定理 3.2 设总体概率密度函数是 $p(x;\theta)$,$X_1,X_2,\cdots,X_n$ 是其样本,$T=T(X_1,X_2,\cdots,X_n)$ 是 θ 的充分统计量,则对 θ 的任一无偏估计 $\hat{\theta}=\hat{\theta}(x_1,x_2,\cdots,x_n)$,令 $\tilde{\theta}=E(\hat{\theta}|T)$,则 $\tilde{\theta}$ 也是 θ 的无偏估计,且

$$D(\tilde{\theta})\leqslant D(\hat{\theta}).$$

证明 由于 $T=T(X_1,X_2,\cdots,X_n)$ 是充分统计量,故而 $\tilde{\theta}=E(\hat{\theta}|T)$ 与 θ 无关,因此它也是 θ 的一个估计(统计量),根据重期望公式,有

$$E(\tilde{\theta})=E[E(\hat{\theta}|T)]=E(\hat{\theta})=\theta,$$

故 $\tilde{\theta}$ 是 θ 的无偏估计.再考察其方差

$$D(\hat{\theta})=E[(\hat{\theta}-\tilde{\theta}+(\tilde{\theta}-\theta))]^2$$
$$=E(\hat{\theta}-\tilde{\theta})^2+E(\tilde{\theta}-\theta)^2+2E[(\hat{\theta}-\tilde{\theta})(\tilde{\theta}-\theta)].$$

由于 $E[(\hat{\theta}-\tilde{\theta})(\tilde{\theta}-\theta)]=E\{E[(\hat{\theta}-\tilde{\theta})(\tilde{\theta}-\theta)]|T\}=E\{(\hat{\theta}-\tilde{\theta})\cdot E[(\tilde{\theta}-\theta)]|T\}=0$,
而上式右端第一项非负,这就证明了第二个结论.

定理 3.2 说明,如果无偏估计不是充分统计量的函数,则将之对充分统计量求条件期望可以得到一个新的无偏估计,该估计的方差比原来的估计的方差要小,从而降低了无偏估计的方差.换言之,考虑 θ 的估计问题只需要在基于充分统计量的函数中进行即可,该说法对所有的统计推断问题都是正确的,这便是所谓的充分性原则.

例 3.19 设 $X_1,X_2,\cdots,X_n$ 是来自 $b(1,p)$ 的样本,则 $\bar{X}$(或 $T=n\bar{X}$)是 p 的充分统计量.为估计 $\theta\stackrel{\cdot}{=}p^2$,可令

$$\hat{\theta}_1=\begin{cases}1, & X_1=1,X_2=1,\\ 0, & \text{其他}.\end{cases}$$

由于

$$E(\hat{\theta}_1)=P\{X_1=1,X_2=1\}=p\cdot p=\theta,$$

所以 $\hat{\theta}_1$ 是 θ 的无偏估计,这个估计并不好,它只使用了两个观测值,但便于我们用定理 3.2 对之加以改进:求 $\hat{\theta}_1$ 关于充分统计量 $T=\sum_{i=1}^n x_i$ 的条件期望,过程如下.

$$\tilde{\theta} = E(\hat{\theta}_1 \mid T = t) = P\{\hat{\theta}_1 = 1 \mid T = t\} = \frac{P\{X_1 = 1, X_2 = 1, T = t\}}{P\{T = t\}}$$

$$= \frac{P\{X_1 = 1, X_2 = 1, \sum_{i=3}^{n} X_i = t - 2\}}{P\{T = t\}} = \frac{p^2 C_{n-2}^{t-2} p^{t-2} (1-p)^{n-t}}{C_n^t p^t (1-p)^{n-t}}$$

$$= \frac{C_{n-2}^{t-2}}{C_n^t} = \frac{t(t-1)}{n(n-1)},$$

其中 $t = \sum_{i=1}^{n} x_i$. 可以验证,$\tilde{\theta}$ 是 θ 的无偏估计,且 $D(\tilde{\theta}) < D(\hat{\theta}_1)$.

3.3.4 克拉默-拉奥不等式

1. 费希尔信息

定义 3.8 设总体的概率函数 $p(x;\theta), \theta \in \Theta$ 满足下列条件:
(1) 参数集合 Θ 是直线上的一个开区间;
(2) 支撑 $S = \{x : p(x;\theta) > 0\}$ 与 θ 无关;
(3) 导数 $\frac{\partial}{\partial \theta} p(x;\theta)$ 对一切 $\theta \in \Theta$ 都存在;
(4) 对 $p(x;\theta)$,积分与微分运算可交换次序,即
$$\frac{\partial}{\partial \theta} \int_{-\infty}^{+\infty} p(x;\theta) \mathrm{d}x = \int_{-\infty}^{+\infty} \frac{\partial}{\partial \theta} p(x;\theta) \mathrm{d}x;$$
(5) 期望 $E\left[\frac{\partial}{\partial \theta} \ln p(x;\theta)\right]^2$ 存在,则称 $I(\theta) = E\left[\frac{\partial}{\partial \theta} \ln p(x;\theta)\right]^2$ 为总体分布的费希尔信息量.

费希尔信息量是数理统计学中一个基本概念,很多的统计结果都与费希尔信息量有关. 如最大似然估计的渐近方差,无偏估计的方差的下界等都与费希尔信息量 $I(\theta)$ 有关. $I(\theta)$ 的种种性质显示,"$I(\theta)$越大"可被解释为总体分布中包含未知参数 θ 的信息越多.

例 3.20 设总体为泊松分布 $P(\lambda)$ 分布,其分布律为
$$p(x;\lambda) = \frac{\lambda^x}{x!} \mathrm{e}^{-\lambda}, \quad x = 0, 1, 2, \cdots,$$
可以验证定义 3.8 的条件满足,且
$$\ln p(x;\lambda) = x \ln \lambda - \lambda - \ln(x!),$$
$$\frac{\partial}{\partial \lambda} \ln p(x;\lambda) = \frac{x}{\lambda} - 1.$$
于是
$$I(\lambda) = E\left(\frac{X - \lambda}{\lambda}\right)^2 = \frac{1}{\lambda}.$$

例 3.21 设总体为指数分布,其密度函数为
$$p(x;\theta) = \frac{1}{\theta} \exp\left(-\frac{x}{\theta}\right), \quad x > 0, \theta > 0.$$

可以验证定义 3.8 的条件满足,且
$$\frac{\partial}{\partial \theta} \ln p(x;\theta) = -\frac{1}{\theta} + \frac{x}{\theta^2} = \frac{x-\theta}{\theta^2},$$
于是
$$I(\theta) = E\left(\frac{x-\theta}{\theta^2}\right)^2 = \frac{D(x)}{\theta^4} = \frac{1}{\theta^2}.$$

定理 3.3（等价定理） 设总体的概率密度函数 $p(x;\theta)$ 的费希尔信息量存在,若二阶导数 $\dfrac{\partial^2}{\partial \theta^2} p(x;\theta)$ 对一切的 $\theta \in \Theta$ 存在,则费希尔信息量

$$I(\theta) = -E\left(\frac{\partial^2}{\partial \theta^2} \ln p(x;\theta)\right).$$

证明 记 $S_\theta = \dfrac{\partial \ln p(x;\theta)}{\partial \theta}$,则

$$E(S_\theta) = \int_{-\infty}^{+\infty} p(x;\theta) \cdot \frac{1}{p(x;\theta)} \cdot \frac{\partial p(x;\theta)}{\partial \theta} \mathrm{d}x$$
$$= \int_{-\infty}^{+\infty} \frac{\partial p(x;\theta)}{\partial \theta} \mathrm{d}x = \frac{\partial}{\partial \theta} \int_{-\infty}^{+\infty} p(x;\theta) \mathrm{d}x = 0,$$

所以 $\dfrac{\partial E(S_\theta)}{\partial \theta} = 0.$ 另一方面,

$$\frac{\partial E(S_\theta)}{\partial \theta} = \frac{\partial}{\partial \theta} \int_{-\infty}^{+\infty} S_\theta p(x;\theta) \mathrm{d}x = \int_{-\infty}^{+\infty} \frac{\partial}{\partial \theta}(S_\theta \cdot p(x;\theta)) \mathrm{d}x$$
$$= \int_{-\infty}^{+\infty} \left(\frac{\partial S_\theta}{\partial \theta} \cdot p(x;\theta) + S_\theta \cdot \frac{\partial p(x;\theta)}{\partial \theta}\right) \mathrm{d}x$$
$$= \int_{-\infty}^{+\infty} \frac{\partial^2 \ln p(x;\theta)}{\partial \theta^2} \cdot p(x;\theta) \mathrm{d}x + \int_{-\infty}^{+\infty} \left(\frac{\partial \ln p(x;\theta)}{\partial \theta}\right)^2 \cdot p(x;\theta) \mathrm{d}x$$
$$= E\left(\frac{\partial^2 \ln p(x;\theta)}{\partial \theta^2}\right) + E(S_\theta^2)$$
$$= E\left(\frac{\partial^2 \ln p(x;\theta)}{\partial \theta^2}\right) + I(\theta).$$

这就证明了 $I(\theta) = -E\left(\dfrac{\partial^2 \ln p(x;\theta)}{\partial \theta^2}\right).$

本节作业可参考使用等价定理.

2. 克拉默-拉奥不等式

定理 3.4 设总体分布 $p(x;\theta)$ 满足定义 3.8 的条件,$X_1, X_2, \cdots, X_n$ 是来自该总体的样本,$T = T(x_1, x_2, \cdots, x_n)$ 是 $g(\theta)$ 的任一个无偏估计,$g'(\theta) = \dfrac{\mathrm{d}g(\theta)}{\mathrm{d}\theta}$ 存在,且对 Θ 中一切 θ,关于

$$g(\theta) = \int_{-\infty}^{+\infty} \cdots \int_{-\infty}^{+\infty} T(x_1, x_2, \cdots, x_n) \cdot \prod_{i=1}^{n} p(x_i;\theta) \mathrm{d}x_1 \cdots \mathrm{d}x_n$$

的微商可在积分号下进行,即

$$g'(\theta) = \int_{-\infty}^{+\infty} \cdots \int_{-\infty}^{+\infty} T(x_1, x_2, \cdots, x_n) \cdot \frac{\partial}{\partial \theta}\left(\prod_{i=1}^{n} p(x_i; \theta)\right) dx_1 \cdots dx_n$$

$$= \int_{-\infty}^{+\infty} \cdots \int_{-\infty}^{+\infty} T(x_1, x_2, \cdots, x_n) \cdot \left(\frac{\partial}{\partial \theta} \ln \prod_{i=1}^{n} p(x_i; \theta)\right) \prod_{i=1}^{n} p(x_i; \theta) dx_1 \cdots dx_n.$$

对离散总体,则将上述积分改为求和符号后,等式仍然成立. 则有

$$D(T) \geqslant [g'(\theta)]^2 / (nI(\theta)).$$

此式称为克拉默-拉奥(Cramer-Rao)不等式,$[g'(\theta)]^2/(nI(\theta))$ 称为 $g(\theta)$ 的无偏估计的方差的克拉默-拉奥下界,简称 $g(\theta)$ 的克拉默-拉奥下界. 特别地,对 θ 的无偏估计 $\hat{\theta}$,有 $D(\hat{\theta}) \geqslant (nI(\theta))^{-1}$.

证明 以连续总体为例加以证明. 由 $\int_{-\infty}^{+\infty} p(x_i; \theta) dx_i = 1, i = 1, 2, \cdots, n$,两边对 θ 求导,由于积分与微分可交换次序,于是有

$$0 = \int_{-\infty}^{+\infty} \frac{\partial}{\partial \theta} p(x_i; \theta) dx_i = \int_{-\infty}^{+\infty} \left[\frac{\partial}{\partial \theta} \ln p(x_i; \theta)\right] p(x_i; \theta) dx_i = E\left[\frac{\partial}{\partial \theta} \ln p(x_i; \theta)\right].$$

记 $Z = \frac{\partial}{\partial \theta} \ln \prod_{i=1}^{n} p(x_i; \theta) = \sum_{i=1}^{n} \frac{\partial}{\partial \theta} \ln p(x_i; \theta)$,则 $E(Z) = \sum_{i=1}^{n} E\left[\frac{\partial}{\partial \theta} \ln p(x_i; \theta)\right] = 0$,从而

$$E(Z^2) = D(Z) = \sum_{i=1}^{n} D\left(\frac{\partial}{\partial \theta} \ln p(x_i; \theta)\right) = \sum_{i=1}^{n} E\left(\frac{\partial}{\partial \theta} \ln p(x_i; \theta)\right)^2 = nI(\theta).$$

又因为,$g'(\theta) = E(T \cdot Z) = E((T - g(\theta)) \cdot Z)$,据施瓦茨不等式,有

$$[g'(\theta)]^2 \leqslant E(Z^2) \cdot E((T - g(\theta))^2) = D(Z)D(T),$$

由此,得证.

关于离散总体可类似证明.

注 如果等号成立,则称 $T(x_1, x_2, \cdots, x_n)$ 是 $g(\theta)$ 的有效估计,有效估计一定是一致最小方差无偏估计.

例 3.22 设总体分布列为 $p(x; \theta) = \theta^x (1-\theta)^{1-x}, x = 0, 1$,它满足定义 3.8 的所有条件,可以算得该分布的费希尔信息量为 $I(\theta) = \dfrac{1}{\theta(1-\theta)}$,若 $X_1, X_2, \cdots, X_n$ 是该总体的样本,则 θ 的克拉默-拉奥下界为 $(nI(\theta))^{-1} = \theta(1-\theta)/n$. 大家知道 $\overline{x} = \dfrac{1}{n}\sum_{i=1}^{n} x_i$ 是 θ 的无偏估计,且其方差等于 $\theta(1-\theta)/n$,故 $\overline{X}$ 的方差达到了克拉默-拉奥下界,所以,$\overline{X}$ 是 θ 的有效估计,它也是 θ 的一致最小方差无偏估计.

例 3.23 设总体为指数分布 $\mathrm{Exp}\left(\dfrac{1}{\theta}\right)$,它满足定义 3.8 的所有条件,例 3.21 中已经算出该分布的费希尔信息量为 $I(\theta) = \theta^{-2}$,若 $X_1, X_2, \cdots, X_n$ 是样本,则 θ 的克拉默-拉奥下界为 $(nI(\theta))^{-1} = \theta^2/n$. 而 $\overline{X} = \dfrac{1}{n}\sum_{i=1}^{n} X_i$ 是 θ 的无偏估计,且其方差等于 θ^2/n,达到了克拉默-拉奥下界,所以,$\overline{x}$ 是 θ 的有效估计,它也是 θ 的一致最小方差无偏估计.

应该指出,能达到克拉默-拉奥下界的无偏估计(如上两例)并不多.大多数场合无偏估计都达不到其克拉默-拉奥下界,下面是一个这样的例子.

例 3.24 设总体为正态分布 $N(0,\sigma^2)$,它满足定义 3.8 的所有条件,下面计算它的费希尔信息量.由于 $p(x;\sigma^2)=(2\pi\sigma^2)^{-1/2}\exp\left(-\dfrac{x^2}{2\sigma^2}\right)$,注意到 $\dfrac{x^2}{\sigma^2}\sim\chi^2(1)$,故

$$I(\sigma^2)=E\left[\dfrac{\partial}{\partial\sigma^2}\ln p(x;\sigma^2)\right]^2=E\left(\dfrac{x^2}{2\sigma^4}-\dfrac{1}{2\sigma^2}\right)^2=\dfrac{1}{4\sigma^4}D\left(\dfrac{x^2}{\sigma^2}\right)=\dfrac{1}{2\sigma^4}.$$

若 $x_1,x_2,\cdots,x_n$ 是样本,则 σ^2 的无偏估计的克拉默-拉奥下界为 $\dfrac{2\sigma^4}{n}$,而 $\hat{\sigma}^2=\dfrac{1}{n}\sum\limits_{i=1}^{n}x_i^2$ 是 σ^2 的无偏估计,其方差达到了克拉默-拉奥下界,故 $\hat{\sigma}^2$ 是 σ^2 的一致最小方差无偏估计.

另一方面,令 $\sigma=g(\sigma^2)=\sqrt{\sigma^2}$,则 σ 的克拉默-拉奥下界为

$$\dfrac{[g'(\sigma^2)]^2}{nI(\sigma^2)}=\dfrac{[1/(2\sigma)]^2}{n/(2\sigma^4)}=\dfrac{\sigma^2}{2n},$$

σ 的无偏估计为

$$\hat{\sigma}=\sqrt{\dfrac{n}{2}}\cdot\dfrac{\Gamma(n/2)}{\Gamma((n+1)/2)}\sqrt{\dfrac{1}{n}\sum_{i=1}^{n}x_i^2}.$$

可以证明,这是 σ 的一致最小方差无偏估计,且其方差大于克拉默-拉奥下界.这表明所有 σ 的无偏估计的方差都大于其克拉默-拉奥下界.

习题 3.3

1. 设总体概率密度函数为 $p(x;\theta)=\dfrac{2\theta}{x^3}e^{-\frac{\theta}{x^2}}$,$x>0$,$\theta>0$,求 θ 的费希尔信息量 $I(\theta)$.

2. 设总体概率密度函数为 $p(x;\theta)=\theta c^\theta x^{-(\theta+1)}$,$x>c$,$c>0$,已知 $\theta>0$,求 θ 的费希尔信息量 $I(\theta)$.

3.4 贝叶斯估计

在统计学中有两个大的学派:频率学派(也称经典学派)和贝叶斯学派.本教材主要介绍频率学派的理论和方法,本节将对贝叶斯学派做简要的介绍.

3.4.1 统计推断的基础

我们在前面已经讲过,统计推断是根据样本信息对总体分布或总体的特征数进行推断,事实上,这是经典学派对统计推断的规定,这里的统计推断使用到两种信息:总体信息和样本信息.而贝叶斯学派认为,除了上述两种信息以外,统计推断还应该使用第三种信息:先验信息.下面我们先对三种信息加以说明.

(1) 总体信息

总体信息即总体分布或总体所属分布族提供的信息.譬如,若已知"总体是正态分布",

则我们就知道很多信息. 如总体的各阶矩都存在, 总体概率密度函数关于均值对称, 总体的所有性质由其一、二阶矩决定, 有许多成熟的统计推断方法可供我们选用等. 总体信息是很重要的信息, 为了获取此种信息往往耗资巨大. 比如, 我国为确认国产轴承寿命分布为韦布尔(W. Weibull)分布前后花了五年时间, 处理了几千个数据后才定下的.

(2) 样本信息

样本信息即抽取样本所得观测值提供的信息. 譬如, 在有了样本观测值后我们可以根据它大概知道总体的一些特征数, 如总体均值、总体方差等在一个什么范围内. 这是最"新鲜"的信息, 并且越多越好, 希望通过样本对总体分布或总体的某些特征作出较精确的统计推断. 没有样本就没有统计学可言.

(3) 先验信息

如果我们把抽取样本看作做一次试验, 则样本信息就是试验中得到的信息. 实际上, 人们在试验之前对要做的问题在经验上和资料上总是有所了解的, 这些信息对统计推断是有益的. 先验信息即是抽样(试验)之前有关统计问题的一些信息. 一般说来, 先验信息来源于经验和历史资料. 先验信息在日常生活和工作中是很重要的. 先看一个例子.

例 3.25 在某工厂的产品中每天要抽检 n 件以确定该厂产品的质量是否满足要求. 产品质量可用不合格品率 p 来度量, 也可以用 n 件抽检产品中的不合格品件数 θ 表示. 由于生产过程有连续性, 可以认为每天的产品质量是有关联的, 即是说, 在估计现在的 p 时, 以前所积累的资料应该是可供使用的, 这些积累的历史资料就是先验信息. 为了能使用这些先验信息, 需要对它进行加工. 譬如, 在经过一段时间后, 就可根据历史资料对过去 n 件产品中的不合格品件数 θ 构造一个分布

$$P\{\theta=i\}=\pi_i, \quad i=1,2,\cdots,n.$$

这种对先验信息进行加工获得的分布今后称为先验分布. 这种先验分布是对该厂过去产品的不合格品率的一个全面看法.

基于上述三种信息进行统计推断的统计学称为贝叶斯统计学, 它与经典统计学的差别就在于是否利用先验信息. 贝叶斯统计在重视使用总体信息和样本信息的同时, 还注意先验信息的收集、挖掘和加工, 使它数量化, 形成先验分布, 容纳到统计推断中来, 以提高统计推断的质量. 忽视先验信息的利用, 有时是一种浪费, 有时还会导出不合理的结论.

贝叶斯学派的基本观点是: 任一未知量 θ 都可看作随机变量, 可用一个概率分布去描述, 这个分布称为先验分布; 在获得样本之后, 总体分布、样本与先验分布通过贝叶斯公式结合起来得到一个关于未知量 θ 的新分布——后验分布; 任何关于 θ 的统计推断都应该基于 θ 的后验分布进行.

关于未知量是否可看作随机变量, 在经典学派与贝叶斯学派间争论了很长时间. 因为任一未知量都有不确定性, 而在表述不确定性的程度时, 概率与概率分布是最好的语言, 因此把它看成随机变量是合理的. 如今经典学派已不反对这一观点: 著名的美国经典统计学家莱曼(E. L. Lehmann)在他的《点估计理论》一书中写道: "把统计问题中的参数看作随机变量的实现要比看作未知参数更合理一些". 如今两派的争论焦点是: 如何利用各种先验信息合理地确定先验分布. 这在有些场合是容易解决的, 但在很多场合是相当困难的.

3.4.2 贝叶斯公式的概率密度函数形式

贝叶斯公式的事件形式已在概率论中叙述过,这里用随机变量的概率密度函数再一次叙述贝叶斯公式,并从中介绍贝叶斯学派的一些具体想法.

(1) 总体依赖于参数 θ 的概率密度函数在经典统计中记为 $p(x;\theta)$,它表示参数集合 Θ 中不同的 θ 对应不同的分布. 在贝叶斯统计中应记为 $p(x|\theta)$,它表示在随机变量 θ 取某个给定值时总体的条件概率密度函数.

(2) 根据参数 θ 的先验信息确定先验分布 $\pi(\theta)$.

(3) 从贝叶斯观点看,样本 $\boldsymbol{X}=(x_1,x_2,\cdots,x_n)$ 的产生要分两步进行. 首先设想从先验分布 $\pi(\theta)$ 产生一个样本 θ_0. 这一步是"老天爷"做的,人们是看不到的,故用"设想"二字. 第二步从 $p(\boldsymbol{X}|\theta_0)$ 中产生一组样本. 这时样本 $\boldsymbol{X}=(x_1,x_2,\cdots,x_n)$ 的联合条件概率密度函数为

$$p(\boldsymbol{X}|\theta_0) = p(x_1,x_2,\cdots,x_n|\theta_0) = \prod_{i=1}^n p(x_i|\theta_0).$$

这个分布综合了总体信息和样本信息.

(4) 由于 θ_0 是设想出来的,仍然是未知的,它是按先验分布 $\pi(\theta)$ 产生的. 为把先验信息综合进去,不能只考虑 θ_0,对 θ 的其他值发生的可能性也要加以考虑,故要用 $\pi(\theta)$ 进行综合. 这样一来,样本 $\boldsymbol{X}$ 和参数 θ 的联合分布为

$$h(\boldsymbol{X},\theta) = p(\boldsymbol{X}|\theta_0)\pi(\theta).$$

这个联合分布把总体信息、样本信息和先验信息三种可用信息都综合进去了.

(5) 我们的目的是要对未知参数 θ 作统计推断. 在没有样本信息时,我们只能依据先验分布对 θ 作出推断. 在有了样本观测值 $\boldsymbol{X}=(x_1,x_2,\cdots,x_n)$ 之后,我们应依据 $h(\boldsymbol{X},\theta)$ 对 θ 作出推断. 若把 $h(\boldsymbol{X},\theta)$ 作如下分解:

$$h(\boldsymbol{X},\theta) = \pi(\theta|\boldsymbol{X})m(\boldsymbol{X}),$$

其中 $m(\boldsymbol{X})$ 是 $\boldsymbol{X}$ 的边际概率函数

$$m(\boldsymbol{X}) = \int_\Theta h(\boldsymbol{X},\theta)\mathrm{d}\theta = \int_\Theta p(\boldsymbol{X}|\theta)\pi(\theta)\mathrm{d}\theta,$$

它与 θ 无关,或者说 $m(\boldsymbol{X})$ 中不含 θ 的任何信息. 因此能用来对 θ 作出推断的仅是条件分布 $\pi(\theta|\boldsymbol{X})$,它的计算公式是

$$\pi(\theta|\boldsymbol{X}) = \frac{h(\boldsymbol{X},\theta)}{m(\boldsymbol{X})} = \frac{p(\boldsymbol{X}|\theta)\pi(\theta)}{\int_\Theta p(\boldsymbol{X}|\theta)\pi(\theta)\mathrm{d}\theta}.$$

这个条件分布称为 θ 的后验分布,它集中了总体、样本和先验中有关 θ 的一切信息. 该式就是用概率密度函数表示的贝叶斯公式,它也是用总体和样本对先验分布 $\pi(\theta)$ 作调整的结果,它要比 $\pi(\theta)$ 更接近 θ 的实际情况.

3.4.3 贝叶斯估计

由后验分布 $\pi(\theta|\boldsymbol{X})$ 估计 θ 有三种常用的方法:

(1) 使用后验分布的概率密度函数最大值点作为 θ 的点估计的最大后验估计.

(2) 使用后验分布的中位数作为 θ 的点估计的后验中位数估计.

(3) 使用后验分布的均值作为 θ 的点估计的后验期望估计.

用得最多的是后验期望估计,它一般也简称为贝叶斯估计,记为 $\hat{\theta}_B$.

例 3.26 设某事件 A 在一次试验中发生的概率为 θ,为估计 θ,对试验进行了 n 次独立观测,其中事件 A 发生了 X 次,显然 $X|\theta \sim b(n,\theta)$,即

$$P\{X=x \mid \theta\} = C_n^x \theta^x (1-\theta)^{n-x}, \quad x=0,1,2,\cdots,n.$$

假若我们在试验前对事件 A 没有什么了解,从而对其发生的概率 θ 也没有任何信息.在这种场合,贝叶斯本人建议采用"同等无知"的原则使用区间 $[0,1]$ 上的均匀分布 $U(0,1)$ 作为 θ 的先验分布,因为它取 $[0,1]$ 上的每一点的机会均等.贝叶斯的这个建议被后人称为贝叶斯假设.由此即可利用贝叶斯公式求出 θ 的后验分布.具体如下:先写出 X 和 θ 的联合分布

$$h(x,\theta) = C_n^x \theta^x (1-\theta)^{n-x}, \quad x=0,1,2,\cdots,n, 0<\theta<1,$$

然后求 X 的边际分布

$$m(x) = C_n^x \int_0^1 \theta^x (1-\theta)^{n-x} d\theta = C_n^x \frac{\Gamma(x+1)\Gamma(n-x+1)}{\Gamma(n+2)},$$

最后求出 θ 的后验分布

$$\pi(\theta \mid x) = \frac{h(x,\theta)}{m(x)} = \frac{\Gamma(n+2)}{\Gamma(x+1)\Gamma(n-x+1)} \theta^{(x+1)-1} (1-\theta)^{(n-x+1)-1}, \quad 0<\theta<1.$$

最后的结果说明 $\theta|x$ 服从贝塔分布,即 $\theta|x \sim Be(x+1, n-x+1)$,其后验期望估计为

$$\hat{\theta}_B = E(\theta \mid x) = \frac{x+1}{n+2}.$$

假如不用先验信息,只用总体信息与样本信息,那么事件 A 发生的概率的最大似然估计为 $\hat{\theta}_M = \frac{\bar{x}}{n}$,它与贝叶斯估计是不同的两个估计.某些场合,贝叶斯估计要比最大似然估计更合理一点.比如,在产品抽样检验中只区分合格品和不合格品,θ 表示不合格品率,对质量好的产品批次,抽检的产品常为合格品,但"抽检 3 个全是合格品"与"抽检 10 个全是合格品"这两个事件在人们心目中留下的印象是不同的,后者的质量比前者更信得过.这种差别在不合格品率 θ 最大似然估计 $\hat{\theta}_M$ 中反映不出来(两者都为 0),而用贝叶斯估计 $\hat{\theta}_B$ 则有所反映,两者分别是 $1/(3+2)=0.20$ 和 $1/(10+2)=0.083$.类似地,对质量差的产品批次,抽检的产品常为不合格品,这时"抽检 3 个全是不合格品"与"抽检 10 个全是不合格品"也是有差别的两个事件,前者质量很差,后者则不可救药.这种差别用 $\hat{\theta}_M$ 也反映不出(两者都是 1),而 $\hat{\theta}_B$ 则分别是 $(3+1)/(3+2)=0.80$ 和 $(10+1)/(10+2)=0.917$.由此可以看到,在这些极端情况下,贝叶斯估计比最大似然估计更符合人们的理念.

例 3.27 设 $x_1, x_2, \cdots, x_n$ 是来自正态分布 $N(\mu, \sigma_0^2)$ 的一个样本观测值,其中 σ_0^2 已知,μ 未知,假设 μ 的先验分布亦为正态分布 $N(\theta, \tau^2)$,其中先验均值 θ 和先验方差 τ^2 均已知,试求 μ 的贝叶斯估计.

解 样本 $\boldsymbol{X} = (x_1, x_2, \cdots, x_n)$ 的分布和 μ 的先验分布分别为

$$p(\boldsymbol{X} \mid \mu) = (2\pi\sigma_0^2)^{-n/2} \exp\left[-\frac{1}{2\sigma_0^2} \sum_{i=1}^n (x_i - \mu)^2\right],$$

$$\pi(\mu) = (2\pi\tau^2)^{-1/2} \exp\left[-\frac{1}{2\tau^2} (\mu - \theta)^2\right],$$

由此可以写出 $\boldsymbol{X}$ 和 μ 的联合分布

$$h(\boldsymbol{X},\mu) = k_1 \exp\left[-\frac{1}{2}\left(\frac{n\mu^2 - 2n\mu\bar{x} + \sum_{i=1}^{n} x_i^2}{\sigma_0^2} + \frac{\mu^2 - 2\theta\mu + \theta^2}{\tau^2}\right)\right].$$

其中 $\bar{x} = \frac{1}{n}\sum_{i=1}^{n} x_i$，$k_1 = (2\pi)^{-(n+1)/2}\tau^{-1}\sigma_0^{-n}$. 若记

$$A = \frac{n}{\sigma_0^2} + \frac{1}{\tau^2}, \quad B = \frac{n\bar{x}}{\sigma_0^2} + \frac{\theta}{\tau^2}, \quad C = \frac{\sum_{i=1}^{n} x_i^2}{\sigma_0^2} + \frac{\theta^2}{\tau^2},$$

则有

$$h(\boldsymbol{X},\mu) = k_1 \exp\left[-\frac{1}{2}(A\mu^2 - 2B\mu + C)\right]$$

$$= k_1 \exp\left[-\frac{(\mu - B/A)^2}{2/A} - \frac{1}{2}(C - B^2/A)\right].$$

注意到 A, B, C 均与 μ 无关，由此容易算得样本的边际密度函数

$$m(\boldsymbol{X}) = \int_{-\infty}^{+\infty} h(\boldsymbol{X},\mu) \mathrm{d}\mu = k_1 \exp\left[-\frac{1}{2}\left(C - \frac{B^2}{A}\right)\right]\left(\frac{2\pi}{A}\right)^{1/2}.$$

应用贝叶斯公式即可得到后验分布

$$\pi(\mu \mid \boldsymbol{X}) = \frac{h(\boldsymbol{X},\mu)}{m(\boldsymbol{X})} = \left(\frac{2\pi}{A}\right)^{\frac{1}{2}} \exp\left[-\frac{1}{\frac{2}{A}}\left(\mu - \frac{B}{A}\right)\right].$$

这说明在样本观测值给定后，μ 的后验分布为 $N(B/A, 1/A)$，即

$$\mu \mid \boldsymbol{X} \sim N\left(\frac{n\bar{x}\sigma_0^{-2} + \theta\tau^{-2}}{n\sigma_0^{-2} + \tau^{-2}}, \frac{1}{n\sigma_0^{-2} + \tau^{-2}}\right),$$

后验均值即为其贝叶斯估计

$$\hat{\mu} = \frac{n\sigma_0^{-2}}{n\sigma_0^{-2} + \tau^{-2}}\bar{x} + \frac{\tau^{-2}}{n\sigma_0^{-2} + \tau^{-2}}\theta.$$

它是样本均值 $\bar{x}$ 与先验均值 θ 的加权平均. 当总体方差 σ_0^2 较小或样本量 n 较大时，样本均值 $\bar{x}$ 的权重较大；当先验方差 τ^2 较小时，先验均值 θ 的权重较大，这一综合很符合人们的经验，也是可以接受的.

3.4.4 共轭先验分布

从贝叶斯公式可以看出，整个贝叶斯统计推断只要先验分布确定后就没有理论上的困难. 关于先验分布的确定有多种途径，此处我们介绍一类最常用的先验分布类——共轭先验分布.

定义 3.9 设 θ 是总体分布 $p(x;\theta)$ 中的参数，$\pi(\theta)$ 是其先验分布，若对任意来自 $p(x;\theta)$ 的样本观测值得到的后验分布 $\pi(\theta \mid \boldsymbol{X})$ 与 $\pi(\theta)$ 属于同一个分布族，则称该分布族是 θ 的共轭先验分布(族).

例 3.28 在例 3.26 中知道，$[0,1]$ 上的均匀分布就是贝塔分布的一个特例 $Be(1,1)$，其

对应的后验分布则是贝塔分布 $Be(x+1,n-x+1)$. 更一般地,设 θ 的先验分布是 $Be(a,b)$, $a>0,b>0,a,b$ 均已知,则由贝叶斯公式可以求出后验分布为 $Be(x+a,n-x+b)$,这说明贝塔分布是伯努利试验中成功概率的共轭先验分布.

类似地,由例 3.27 可以看出,在方差已知时正态总体均值的共轭先验分布是正态分布.

习题 3.4

1. 设一箱产品中的不合格品的个数服从泊松分布 $P(\lambda)$,λ 有两个可能取值 1.5 和 1.8,且先验分布为
$$P\{\lambda=1.5\}=0.45, \quad P\{\lambda=1.8\}=0.55,$$
现检查了一箱产品,发现有 3 个不合格品,试求 λ 的后验分布.

2. 设总体为均匀分布 $U(\theta,\theta+1)$,θ 的先验分布是均匀分布 $U(10,16)$. 现有三个观测值:11.7,12.1,12.0. 求 θ 的后验分布.

3. 设 $x_1,x_2,\cdots,x_n$ 是来自几何分布的样本观测值,总体分布列为
$$P\{X=k\mid\theta\}=\theta(1-\theta)^k, \quad k=0,1,2,\cdots,$$
θ 的先验分布是均匀分布 $U(0,1)$.

(1) 求 θ 的后验分布;

(2) 若 4 次观测值为 4,3,1,6,求 θ 的贝叶斯估计.

4. 设 $x_1,x_2,\cdots,x_n$ 是来自如下总体的一个样本观测值
$$p(x\mid\theta)=\frac{2x}{\theta^2}, \quad 0<x<\theta.$$

(1) 若 θ 的先验分布为均匀分布 $U(0,1)$,求 θ 的后验分布;

(2) 若 θ 的先验分布为 $\pi(\theta)=3\theta^2,0<\theta<1$,,求 θ 的后验分布.

3.5 区间估计

前面我们学习了总体中未知参数的点估计及估计量的评价标准,但是因为估计量是一个随机变量,随样本的不同而不同,很难与未知参数完全一样,总免不了与待估参数真值之间存在着差异. 为此,可由样本构造一个以较大概率包含未知参数的一个范围或区间,这种带有概率的区间,称为**置信区间**. 通过构造一个置信区间对未知参数进行估计的方法称为**区间估计**.

定义 3.10 设 θ 为总体分布的一个未知参数,$X_1,X_2,\cdots,X_n$ 是来自总体的样本,如果对于给定参数 $\alpha(0<\alpha<1)$,存在两个统计量 $\hat{\theta}_1(X_1,X_2,\cdots,X_n),\hat{\theta}_2(X_1,X_2,\cdots,X_n)$,满足
$$P\{\hat{\theta}_1<\theta<\hat{\theta}_2\}=1-\alpha,$$
则称 $(\hat{\theta}_1,\hat{\theta}_2)$ 为参数 θ 的置信水平为 $1-\alpha$ 的**置信区间**(confident interval),称 $\hat{\theta}_1,\hat{\theta}_2$ 分别为置信区间的置信下限和置信上限,称 $1-\alpha$ 为**置信水平**(置信度).

区间估计的意义：每次抽取一组容量为 n 的样本，相应的样本观测值确定一个区间 $(\hat{\theta}_1, \hat{\theta}_2)$，这个区间可能包含未知参数 θ，也可能不包含未知参数 θ，反复抽样 100 次，相应得到 100 个区间，在其中，包含未知参数 θ 的区间约占 $100(1-\alpha)\%$，不包含未知参数 θ 的区间约占 $100\alpha\%$. 如果 $\alpha = 0.05$，则意味着在这 100 个区间中，包含未知参数 θ 的区间约占 95%，不包含未知参数 θ 的区间约占 5%.

下面我们结合例题总结求未知参数 θ 的置信区间的步骤.

例 3.29 设总体 $X \sim N(\mu, \sigma^2)$，$X_1, X_2, \cdots, X_n$ 是来自总体 X 的样本，其中 σ^2 已知，μ 未知，试求 μ 的置信水平为 $1-\alpha$ 的置信区间.

解 由于 $\dfrac{\overline{X} - \mu}{\sigma/\sqrt{n}} \sim N(0,1)$，所以选用样本函数 $U = \dfrac{\overline{X} - \mu}{\sigma/\sqrt{n}}$.

对于给定的 α，查附表 1 得 $u_{\alpha/2}$，使得 $P\{|U| < u_{\alpha/2}\} = 1 - \alpha$，即由

$$P\left\{-u_{\alpha/2} < \frac{\overline{X} - \mu}{\sigma/\sqrt{n}} < u_{\alpha/2}\right\} = 1 - \alpha,$$

解出均值 μ 的置信水平为 $1-\alpha$ 的置信区间为 $\left(\overline{X} - \dfrac{\sigma}{\sqrt{n}} u_{\alpha/2}, \overline{X} + \dfrac{\sigma}{\sqrt{n}} u_{\alpha/2}\right)$.

根据例 3.29 总结出求置信区间的步骤：

(1) 寻求一个关于样本 $X_1, X_2, \cdots, X_n$ 的函数 $W = W(X_1, X_2, \cdots, X_n; \theta)$，它要满足两个条件：第一，$W$ 中包含待估参数 θ，而不含其他的未知参数；第二，W 的分布完全确定；

(2) 对于给定的置信水平 $1-\alpha$，根据 W 的分布定出两个分位点 a, b 使得

$$P\{a < W(X_1, X_2, \cdots, X_n; \theta) < b\} = 1 - \alpha;$$

(3) 若能从 $a < W < b$ 得到等价的不等式 $\hat{\theta}_1 < \theta < \hat{\theta}_2$，其中 $\hat{\theta}_1(X_1, X_2, \cdots, X_n)$，$\hat{\theta}_2(X_1, X_2, \cdots, X_n)$ 都是统计量，那么 $(\hat{\theta}_1, \hat{\theta}_2)$ 即为参数 θ 的置信水平为 $1-\alpha$ 的置信区间.

下面分别讨论正态总体均值与方差的区间估计.

3.5.1 单个正态总体参数的区间估计

设总体 $X \sim N(\mu, \sigma^2)$，$X_1, X_2, \cdots, X_n$ 是 X 的样本，$\overline{X}, S^2$ 分别为样本均值和样本方差.

1. 均值 μ 的区间估计

对总体均值进行估计，分两种情况，一种是 σ^2 已知，另一种是 σ^2 未知.

(1) 当方差 σ^2 已知时，总体均值 μ 的区间估计

根据例 3.29 得，均值 μ 的置信水平为 $1-\alpha$ 的置信区间为 $\left(\overline{X} - \dfrac{\sigma}{\sqrt{n}} u_{\alpha/2}, \overline{X} + \dfrac{\sigma}{\sqrt{n}} u_{\alpha/2}\right)$，也可记为 $\left(\overline{X} \pm \dfrac{\sigma}{\sqrt{n}} u_{\alpha/2}\right)$.

例 3.30 由过去的经验知道，60 日龄的雄鼠体重服从正态分布，且标准差 $\sigma = 2.1$g，今从 60 日龄雄鼠中随机抽取 16 只测其体重，得数据如下（单位：g）：

    20.3 21.5 22.0 19.8 22.5 23.7 25.4 24.3
    23.2 26.8 18.7 21.9 24.4 22.8 26.2 21.4

求 60 日龄的雄鼠的体重均值 μ 的置信水平为 95% 的置信区间.

解 因为 $1-\alpha=0.95$,所以 α 为 0.05,查附表1得 $u_{0.025}=1.96$.

又根据已知求得 $\bar{x}=22.806$,所以均值 μ 的置信水平为 95% 的置信区间为

$$\left(22.806-1.96\times\frac{2.1}{\sqrt{16}},\ 22.806+1.96\times\frac{2.1}{\sqrt{16}}\right),\ 即\ (21.78,23.84).$$

基于 Python 的求解方法如下.

```
import numpy as np
from scipy.stats import norm
X=np.array([20.3,21.5,22.0,19.8,22.5,23.7,25.4,24.3,23.2,26.8,18.7,21.9,24.4,22.8,26.2,21.4])
#写成 numpy 数组形式
Alpha =0.05 #给 alpha 赋值
sigma0=2.1 #给 sigma0 赋值
#计算误差限 delt:或
delt = norm.isf(Alpha/2) * sigma0/np.sqrt(len(X))
#计算置信区间的下限
Low = np.mean(X)－delt
#计算置信区间的上限
Up=np.mean(X)+ delt
#打印总体均值 95%的置信区间
print('(', Low, Up ,')')
Out:( 21.77726890811647 23.83523109188353 )
```

(2) 当方差 σ^2 未知时,均值 μ 的区间估计

由于 $t=\dfrac{\bar{X}-\mu}{S/\sqrt{n}}\sim t(n-1)$,故选用样本函数 $t=\dfrac{\bar{X}-\mu}{S/\sqrt{n}}$.

对于给定的 α,可查附表3得 $t_{\alpha/2}(n-1)$,使得

$$P\{|t|<t_{\alpha/2}(n-1)\}=1-\alpha,\ 即由\ P\left\{-t_{\alpha/2}(n-1)<\frac{\bar{X}-\mu}{S/\sqrt{n}}<t_{\alpha/2}(n-1)\right\}=1-\alpha,\ 解出$$

当方差 σ^2 未知时,均值 μ 的置信水平为 $1-\alpha$ 的置信区间为

$$\left(\bar{X}-\frac{S}{\sqrt{n}}t_{\alpha/2}(n-1),\ \bar{X}+\frac{S}{\sqrt{n}}t_{\alpha/2}(n-1)\right),\ 也可记为\left(\bar{X}\pm\frac{S}{\sqrt{n}}t_{\alpha/2}(n-1)\right).$$

例 3.31 某厂生产的零件质量 $X\sim N(\mu,\sigma^2)$,今从这批零件中随机抽取 9 个,测得其质量为(单位: g)

$$21.1\quad 21.3\quad 21.4\quad 21.5\quad 21.3\quad 21.7\quad 21.4\quad 21.3\quad 21.6$$

试在置信水平为 95% 的情况下,求参数 μ 的置信区间.

解 因为 $1-\alpha=0.95$,所以 α 为 0.05,查附表3可得 $t_{0.025}(8)=2.306$.

又由已知可求得 $\bar{x}=21.4,s=0.1803$,所以均值 μ 的置信水平为 95% 的置信区间为

$$\left(21.4-2.306\times\frac{0.1803}{\sqrt{9}},\ 21.4+2.306\times\frac{0.1803}{\sqrt{9}}\right),\ 即\ (21.2614,21.5386).$$

2. 方差 σ^2 的区间估计

在此只讨论均值 μ 未知的情况,由于 $\chi^2=\dfrac{(n-1)S^2}{\sigma^2}\sim\chi^2(n-1)$,故选用样本函数 $\chi^2=\dfrac{(n-1)S^2}{\sigma^2}$.

对于给定的 α,可查附表 2 得 $b=\chi^2_{\alpha/2}(n-1)$ 和 $a=\chi^2_{1-\alpha/2}(n-1)$,使得 $P\{a<\chi^2<b\}=1-\alpha$,即由 $P\left\{\chi^2_{1-\alpha/2}(n-1)<\dfrac{(n-1)S^2}{\sigma^2}<\chi^2_{\alpha/2}(n-1)\right\}=1-\alpha$,

解得方差 σ^2 的置信水平为 $1-\alpha$ 的置信区间为 $\left(\dfrac{(n-1)S^2}{\chi^2_{\alpha/2}(n-1)},\dfrac{(n-1)S^2}{\chi^2_{1-\alpha/2}(n-1)}\right)$,

均方差 σ 的置信水平为 $1-\alpha$ 的置信区间为 $\left(\sqrt{\dfrac{(n-1)S^2}{\chi^2_{\alpha/2}(n-1)}},\sqrt{\dfrac{(n-1)S^2}{\chi^2_{1-\alpha/2}(n-1)}}\right)$.

例 3.32 在例 3.31 中,求方差 σ^2 的置信水平为 95% 的置信区间.

解 因为 $\bar{x}=21.4, s^2=0.325, n=9$,查附表 2 可得 $\chi^2_{0.025}(8)=17.535$ 和 $\chi^2_{0.975}(8)=2.18$,所以方差 σ^2 的置信水平为 95% 的置信区间为

$$\left(\dfrac{(9-1)\times 0.325}{17.535},\dfrac{(9-1)\times 0.325}{2.18}\right)=(0.0148,0.1193).$$

注 下面给出两种利用 Python 查分位数的方法,其他同理可查.

```
In: chi2(8).isf(0.025).round(4)
    # 自由度为 8、卡方概率为 0.025 的上分位数,保留 4 位小数
Out: 17.5345
In: chi2(8).isf(0.975).round(4)
    # 自由度为 8、卡方概率为 0.975 的上分位数,保留 4 位小数
Out: 2.1797
In: chi2.isf(0.025, 8).round(4)
    # 自由度为 8、卡方概率为 0.025 的上分位数,保留 4 位小数
Out: 17.5345
In: chi2.isf(0.975, 8).round(4)
    # 自由度为 8、卡方概率为 0.975 的上分位数,保留 4 位小数
Out: 2.1797
```

3.5.2 两个正态总体参数的区间估计

在实际问题中,我们常常需要对两个正态总体的均值差或方差比给出区间估计. 现假设总体 $X\sim N(\mu_1,\sigma_1^2)$,$X_1,X_2,\cdots,X_{n_1}$ 是 X 的样本,总体 $Y\sim N(\mu_2,\sigma_2^2)$,$Y_1,Y_2,\cdots,Y_{n_2}$ 是 Y 的样本,且两总体相互独立.

1) 两个正态总体均值差 $\mu_1-\mu_2$ 的区间估计

(1) 当两个总体方差 σ_1^2 与 σ_2^2 已知时,$\mu_1-\mu_2$ 的区间估计

由于当 σ_1^2,σ_2^2 已知时,

$$u=\dfrac{\bar{X}-\bar{Y}-(\mu_1-\mu_2)}{\sqrt{\dfrac{\sigma_1^2}{n_1}+\dfrac{\sigma_2^2}{n_2}}}\sim N(0,1),$$

故选用样本函数

$$u=\dfrac{\bar{X}-\bar{Y}-(\mu_1-\mu_2)}{\sqrt{\dfrac{\sigma_1^2}{n_1}+\dfrac{\sigma_2^2}{n_2}}}.$$

对于给定的 α,查附表 1 得 $u_{\alpha/2}$,使得 $P\{|u|<u_{\alpha/2}\}=1-\alpha$,即由

$$P\left\{-u_{\alpha/2} < \frac{(\overline{X}-\overline{Y})-(\mu_1-\mu_2)}{\sqrt{\frac{\sigma_1^2}{n_1}+\frac{\sigma_2^2}{n_2}}} < u_{\alpha/2}\right\}=1-\alpha,$$

解出 $\mu_1-\mu_2$ 的置信水平为 $1-\alpha$ 的置信区间为

$$\left((\overline{X}-\overline{Y})-\sqrt{\frac{\sigma_1^2}{n_1}+\frac{\sigma_2^2}{n_2}}u_{\alpha/2},(\overline{X}-\overline{Y})+\sqrt{\frac{\sigma_1^2}{n_1}+\frac{\sigma_2^2}{n_2}}u_{\alpha/2}\right),$$

也可记为 $\left((\overline{X}-\overline{Y})\pm\sqrt{\frac{\sigma_1^2}{n_1}+\frac{\sigma_2^2}{n_2}}u_{\alpha/2}\right)$.

例 3.33 欲比较甲、乙两种棉花品种的优劣,现假设用它们纺出的棉纱强度分别服从正态分布 $N(\mu_1,2.18^2)$ 和 $N(\mu_2,1.76^2)$,试验者从这两种棉纱中抽取容量分别为 200 和 100 的样本,其均值分别为 $\bar{x}=5.32,\bar{y}=5.76$,试求 $\mu_1-\mu_2$ 的置信水平为 0.95 的置信区间.

解 因为 $1-\alpha=0.95$,所以 α 为 0.05,查附表 1 得 $u_{\alpha/2}=u_{0.025}=1.96$,所以 $\mu_1-\mu_2$ 的置信水平为 0.95 的置信区间为

$$\left((5.32-5.76)-\sqrt{\frac{2.18^2}{200}+\frac{1.76^2}{100}}\times 1.96,(5.32-5.76)+\sqrt{\frac{2.18^2}{200}+\frac{1.76^2}{100}}\times 1.96\right),$$

即 $(-0.899,0.019)$.

(2) 当两个总体方差 $\sigma_1^2=\sigma_2^2$ 且均未知时,$\mu_1-\mu_2$ 的区间估计

由于当 $\sigma_1^2=\sigma_2^2=\sigma^2$ 且未知时,

$$t=\frac{(\overline{X}-\overline{Y})-(\mu_1-\mu_2)}{S_w\sqrt{\frac{1}{n_1}+\frac{1}{n_2}}}\sim t(n_1+n_2-2),$$

故选用样本函数

$$t=\frac{(\overline{X}-\overline{Y})-(\mu_1-\mu_2)}{S_w\sqrt{\frac{1}{n_1}+\frac{1}{n_2}}},$$

其中合并标准差

$$S_w=\sqrt{\frac{(n_1-1)S_1^2+(n_2-1)S_2^2}{n_1+n_2-2}}.$$

对于给定的 α,查附表 3 得 $t_{\alpha/2}(n_1+n_2-2)$ 使得 $P\{|t|<t_{\alpha/2}(n_1+n_2-2)\}=1-\alpha$,于是

$$P\left\{-t_{\alpha/2}(n_1+n_2-2) < \frac{(\overline{X}-\overline{Y})-(\mu_1-\mu_2)}{S_w\sqrt{\frac{1}{n_1}+\frac{1}{n_2}}} < t_{\alpha/2}(n_1+n_2-2)\right\}=1-\alpha,$$

由上式解出 $\mu_1-\mu_2$ 的置信水平为 $1-\alpha$ 的置信区间为

$$\left((\overline{X}-\overline{Y})-S_w\sqrt{\frac{1}{n_1}+\frac{1}{n_2}}t_{\alpha/2}(n_1+n_2-2),(\overline{X}-\overline{Y})+S_w\sqrt{\frac{1}{n_1}+\frac{1}{n_2}}t_{\alpha/2}(n_1+n_2-2)\right).$$

也可写成 $\left((\overline{X}-\overline{Y})\pm S_w\sqrt{\dfrac{1}{n_1}+\dfrac{1}{n_2}}t_{\alpha/2}(n_1+n_2-2)\right)$.

例 3.34 假定在某中学随机抽查 83 位男生和 65 位女生，调查他们一天的睡眠时间（单位：小时），通过调查并计算得 83 位男生和 65 位女生平均睡眠时间分别为 $\overline{x}=7.02$，$\overline{y}=6.55$，样本均方差分别为 $s_{男}=1.75$，$s_{女}=1.68$. 假设男女睡眠时间均服从正态分布且两总体方差相等，求男女睡眠时间均值差 $\mu_1-\mu_2$ 的置信水平为 0.95 的置信区间.

解 因为 $1-\alpha=0.95$，所以 α 为 0.05，$n_1=83$，$n_2=65$，查附表 1 可得 $u_{0.025}=1.96$.

由于 t 分布中自由度 146 很大，则 $t_{0.025}(146)\approx u_{0.025}$.

再根据 $s_{男}=1.75$，$s_{女}=1.68$，计算合并标准差

$$s_w=\sqrt{\dfrac{(83-1)\times 1.75^2+(65-1)\times 1.68^2}{83+65-2}}=1.7197,$$

所以可得 $\mu_1-\mu_2$ 的置信水平为 0.95 的置信区间为

$$\left(7.02-6.55-1.7197\times\sqrt{\dfrac{1}{83}+\dfrac{1}{65}}\times 1.96,\ 7.02-6.55+1.7197\times\sqrt{\dfrac{1}{83}+\dfrac{1}{65}}\times 1.7197\right),$$

即 $(-0.09,1.03)$.

基于 Python 的求解方法如下.

```
import numpy as np
from scipy.stats import t
# 假设的样本数据(这里需要替换成实际的调查数据)
sample_mean_female = 7.02          # 女生样本均值
sample_mean_male = 6.55            # 男生样本均值
sample_var_female = 1.75           # 女生样本方差
sample_var_male = 1.68             # 男生样本方差
sample_size_female = 83            # 女生样本量
sample_size_male = 65              # 男生样本量
# 计算合并方差
pooled_var = ((sample_size_female - 1) * sample_var_female ** 2 +
              (sample_size_male - 1) * sample_var_male ** 2) / (sample_size_female +
              sample_size_male - 2)
# 计算合并标准差
pooled_std = np.sqrt(pooled_var).round(4)
# 计算t统计量的自由度
degrees_of_freedom = sample_size_female + sample_size_male - 2
# 计算t分布的临界值,置信水平为0.95
t_critical = t.ppf(0.975, degrees_of_freedom)
# 计算标准误差
standard_error = pooled_std * np.sqrt(1 / sample_size_female + 1 / sample_size_male)
# 计算置信区间
confidence_interval = (sample_mean_female - sample_mean_male - t_critical * standard_error,
                       sample_mean_female - sample_mean_male + t_critical * standard_error)
print(f"男女睡眠时间均值差的0.95置信水平的置信区间为：({confidence_interval[0]:.2f},
{confidence_interval[1]:.2f}) 小时")
Out:
    男女睡眠时间均值差的0.95置信水平的置信区间为：(-0.09,1.03) 小时
```

2) 两个正态总体方差比 σ_1^2/σ_2^2 的区间估计

由于当 σ_1^2,σ_2^2 都未知时，$\dfrac{S_1^2/S_2^2}{\sigma_1^2/\sigma_2^2} \sim F(n_1-1,n_2-1)$，故选用样本函数 $F=\dfrac{S_1^2/S_2^2}{\sigma_1^2/\sigma_2^2}$。

对于给定的 α，可查附表 4 得 $b=F_{\alpha/2}(n_1-1,n_2-1)$，$a=F_{1-\alpha/2}(n_1-1,n_2-1)$ 使得 $P\{a<F<b\}=1-\alpha$，即

$$P\left\{F_{1-\alpha/2}(n_1-1,n_2-1) < \dfrac{S_1^2/S_2^2}{\sigma_1^2/\sigma_2^2} < F_{\alpha/2}(n_1-1,n_2-1)\right\} = 1-\alpha.$$

由上式解出 σ_1^2/σ_2^2 的置信水平为 $1-\alpha$ 的置信区间为

$$\left(\dfrac{S_1^2}{S_2^2} \cdot \dfrac{1}{F_{\alpha/2}(n_1-1,n_2-1)}, \dfrac{S_1^2}{S_2^2} \cdot \dfrac{1}{F_{1-\alpha/2}(n_1-1,n_2-1)}\right).$$

例 3.35 研究由机器 A 和机器 B 生产的钢管的内径（单位：mm），随机抽取机器 A 生产的钢管 18 支，测得样本方差 $s_1^2=0.34$，随机抽取机器 B 生产的钢管 13 支，测得样本方差 $s_2^2=0.29$。设两样本独立，且机器 A 和机器 B 生产的钢管的内径分别服从正态分布 $N(\mu_1,\sigma_1^2)$，$N(\mu_2,\sigma_2^2)$，这里 $\mu_1,\sigma_1^2,\mu_2,\sigma_2^2$ 均未知，试求 σ_1^2/σ_2^2 的置信水平为 0.90 的置信区间。

解 因为 $1-\alpha=0.90$，所以 α 为 0.10，查附表 4 可得 $F_{0.05}(17,12)=2.59$。

$F_{0.95}(17,12)=\dfrac{1}{F_{0.05}(12,17)}=\dfrac{1}{2.38}$，于是可得 σ_1^2/σ_2^2 的置信水平为 0.90 的置信区间为

$$\left(\dfrac{0.34}{0.29} \times \dfrac{1}{2.59}, \dfrac{0.34}{0.29} \times 2.38\right), \text{即}(0.45,2.79).$$

3.5.3 非正态总体均值的区间估计

当总体为非正态分布时，在大样本（通常 $n \geq 50$）的情形下，可以利用中心极限定理，对有关参数进行估计。

1) 一般总体均值的区间估计

设总体均值 μ，方差 σ^2 均存在，$X_1,X_2,\cdots,X_n$ 为其样本，由中心极限定理知 $\overline{X}=\dfrac{1}{n}\sum_{i=1}^{n}X_i$ 近似地服从正态分布，且 $E(\overline{X})=\mu$，$D(\overline{X})=\dfrac{\sigma^2}{n}$，

$$U=\dfrac{\overline{X}-\mu}{\sigma/\sqrt{n}} \sim N(0,1) \quad (\text{近似服从}).$$

因此，当 σ^2 已知时，μ 的置信度为 $1-\alpha$ 的置信区间为 $\left[\overline{X}-\dfrac{\sigma}{\sqrt{n}}u_{\alpha/2}, \overline{X}+\dfrac{\sigma}{\sqrt{n}}u_{\alpha/2}\right]$；当 σ^2 为未知时，可用样本方差 s^2 代替 σ^2，从而得 μ 的置信度为 $1-\alpha$ 的置信区间为

$$\left[\overline{X}-\dfrac{s}{\sqrt{n}}u_{\alpha/2}, \overline{X}+\dfrac{s}{\sqrt{n}}u_{\alpha/2}\right].$$

2) 0-1 分布参数的置信区间

考虑 0-1 分布的情形，设其总体 X 的分布率为

$$P\{X=1\}=p, \quad P\{X=0\}=1-p, \quad 0<p<1.$$

现求 p 的置信度为 $1-\alpha$ 的置信区间.

已知 0-1 分布的均值和方差分别为

$$E(X)=p, \quad D(X)=p(1-p).$$

设 $X_1,X_2,\cdots,X_n$ 是总体 X 的一个样本,由中心极限定理知,当 n 充分大时,

$$U=\frac{\overline{X}-E(X)}{\sqrt{D(X)/n}}=\frac{\overline{X}-p}{\sqrt{p(1-p)/n}}=\frac{n\overline{X}-np}{\sqrt{np(1-p)}}$$

近似服从 $N(0,1)$ 分布. 对给定的置信度 $1-\alpha$,则有

$$P\left\{\left|\frac{\overline{X}-p}{\sqrt{p(1-p)/n}}\right|<u_{\frac{\alpha}{2}}\right\}\approx 1-\alpha, \quad 即 P\left\{-u_{\frac{\alpha}{2}}<\frac{n\overline{X}-np}{\sqrt{np(1-p)}}<u_{\frac{\alpha}{2}}\right\}\approx 1-\alpha,$$

$$-u_{\frac{\alpha}{2}}<\frac{n\overline{X}-np}{\sqrt{np(1-p)}}<u_{\frac{\alpha}{2}} \Leftrightarrow \frac{(n\overline{X}-np)^2}{np(1-p)}<u_{\frac{\alpha}{2}}^2,$$

即 $(n+u_{\frac{\alpha}{2}}^2)p^2-(2n\overline{X}+u_{\frac{\alpha}{2}}^2)p+n\overline{X}^2<0$.

令 $a=n+u_{\frac{\alpha}{2}}^2, b=-(2n\overline{X}+u_{\frac{\alpha}{2}}^2), c=n\overline{X}^2$,上式等价于 $p_1<p<p_2$,其中

$$p_1=\frac{-b-\sqrt{b^2-4ac}}{2a}, \quad p_2=\frac{-b+\sqrt{b^2-4ac}}{2a},$$

则参数 p 的置信度为 $1-\alpha$ 的置信区间为 $[p_1,p_2]$.

例 3.36 在一大批货物的容量为 100 的样本中,经检验发现有 16 件次品,试求这些货物的次品率 p 的置信度为 0.95 的置信区间.

解 本题是 0-1 分布总体的次品率 p 的参数的区间估计问题.

$1-\alpha=0.95, \quad \alpha=0.05, \quad \frac{\alpha}{2}=0.025, \quad u_{\frac{\alpha}{2}}=u_{0.025}=1.96, \quad u_{\frac{\alpha}{2}}^2=3.84, \quad n=100,$

$\overline{x}=0.16, \quad a=n+u_{\frac{\alpha}{2}}^2=103.84, \quad b=-(2n\overline{x}+u_{\frac{\alpha}{2}}^2)=-35.84, \quad c=n\overline{x}^2=2.56,$

所以次品率 p 的置信度为 0.95 的置信区间为

$$[p_1,p_2]=\left[\frac{-b-\sqrt{b^2-4ac}}{2a}, \frac{-b+\sqrt{b^2-4ac}}{2a}\right]=[0.101,0.244].$$

3.5.4 单侧置信区间

在许多实际问题中,有时我们只对参数 θ 的一端界限感兴趣. 例如,θ 是一种物质中某种杂质的百分率,则我们只关心杂质百分率的最大值,即其上界,就是要找到这样一个统计量 $\hat{\theta}_2=\hat{\theta}_2(X_1,X_2,\cdots,X_n)$,使 $\{\theta\leqslant\hat{\theta}_2\}$ 的概率很大,$\hat{\theta}_2$ 称为 θ 的置信上限. 又如某品牌的冰箱,我们当然希望它的平均寿命越长越好,因此我们只关心这个品牌冰箱的平均寿命最低是多少,即关心平均寿命的下限.

定义 3.11 设 $X_1,X_2,\cdots,X_n$ 为从总体 X 中抽取的样本,θ 为总体中的未知参数. 若存在 $\hat{\theta}_1=\hat{\theta}_1(X_1,X_2,\cdots,X_n)$,对给定的 $\alpha(0<\alpha<1)$ 有

$$P\{\theta>\hat{\theta}_1\}=1-\alpha,$$

则称 $\hat{\theta}_1$ 为参数 θ 的置信水平为 $1-\alpha$ 的**单侧置信下限**. 若存在 $\hat{\theta}_2 = \hat{\theta}_2(X_1, X_2, \cdots, X_n)$, 对给定的 $\alpha(0<\alpha<1)$ 有

$$P\{\theta < \hat{\theta}_2\} = 1-\alpha,$$

则称 $\hat{\theta}_2$ 为参数 θ 的置信水平为 $1-\alpha$ 的**单侧置信上限**.

例 3.37 假设轮胎的寿命服从正态分布 $N(\mu, \sigma^2)$. 为了估计某种轮胎的平均寿命, 现随机地抽取 12 只轮胎试用, 测得它们的寿命(单位: 万公里)如下:

4.68 4.85 4.32 4.85 4.61 5.02 5.20 4.60 4.58 4.72 4.38 4.70

试求平均寿命的置信水平为 0.95 的单侧置信下限.

解 在实际问题中, 由于轮胎的寿命越长越好, 因此我们只关心这种轮胎的平均寿命最低是多少, 即关心平均寿命的下限.

选用样本函数 $t = \dfrac{\overline{X}-\mu}{S/\sqrt{n}} \sim t(n-1)$. 为使 $P\{t < t_\alpha(n-1)\} = 1-\alpha$, 得单侧置信下限为 $\overline{X} - \dfrac{S}{\sqrt{n}} t_\alpha(n-1)$.

因为 $1-\alpha = 0.95$, 所以 α 为 0.05, 查附表 3 可得 $t_{0.05}(11) = 1.7959$.

又根据已知可求得 $\overline{x} = 4.709$, $s^2 = 0.0615$, 所以均值 μ 的置信水平为 95% 的单侧置信下限为

$$4.709 - \sqrt{\frac{0.0615}{12}} \times 1.7959 = 4.5806 (万公里).$$

为了方便掌握区间估计问题, 把正态总体均值、方差的检验归纳成下面的两个表.

表 3.1　一个正态总体均值、方差的置信区间与单侧置信限

待估参数	其他参数	W 的分布	置信区间	单侧置信限
μ	σ^2 已知	$U = \dfrac{\overline{X}-\mu}{\sigma/\sqrt{n}} \sim N(0,1)$	$\left(\overline{X} \pm \dfrac{\sigma}{\sqrt{n}} u_{\frac{\alpha}{2}}\right)$	$\overline{\mu} = \overline{X} + \dfrac{\sigma}{\sqrt{n}} u_\alpha$ $\underline{\mu} = \overline{X} - \dfrac{\sigma}{\sqrt{n}} u_\alpha$
μ	σ^2 未知	$t = \dfrac{\overline{X}-\mu}{S/\sqrt{n}} \sim t(n-1)$	$\left(\overline{X} \pm \dfrac{S}{\sqrt{n}} t_{\frac{\alpha}{2}}(n-1)\right)$	$\overline{\mu} = \overline{X} + \dfrac{S}{\sqrt{n}} t_\alpha(n-1)$ $\underline{\mu} = \overline{X} - \dfrac{S}{\sqrt{n}} t_\alpha(n-1)$
σ^2	μ 未知	$\chi^2 = \dfrac{(n-1)S^2}{\sigma^2} \sim \chi^2(n-1)$	$\left(\dfrac{(n-1)S^2}{\chi^2_{\frac{\alpha}{2}}(n-1)}, \dfrac{(n-1)S^2}{\chi^2_{1-\frac{\alpha}{2}}(n-1)}\right)$	$\overline{\sigma^2} = \dfrac{(n-1)S^2}{\chi^2_{1-\alpha}(n-1)}$ $\underline{\sigma^2} = \dfrac{(n-1)S^2}{\chi^2_\alpha(n-1)}$

表 3.2 两个正态总体均值、方差的置信区间与单侧置信限

待估参数	其他参数	W 的分布	置 信 区 间	单侧置信限
$\mu_1-\mu_2$	σ_1^2, σ_2^2 已知	$U=\dfrac{\overline{X}-\overline{Y}-(\mu_1-\mu_2)}{\sqrt{\dfrac{\sigma_1^2}{n_1}+\dfrac{\sigma_2^2}{n_2}}}$ $\sim N(0,1)$	$\left(\overline{X}-\overline{Y}\pm u_{\frac{\alpha}{2}}\sqrt{\dfrac{\sigma_1^2}{n_1}+\dfrac{\sigma_2^2}{n_2}}\right)$	$\overline{\mu_1-\mu_2}=\overline{X}-\overline{Y}+$ $u_\alpha\sqrt{\dfrac{\sigma_1^2}{n_1}+\dfrac{\sigma_2^2}{n_2}}$ $\underline{\mu_1-\mu_2}=\overline{X}-\overline{Y}-$ $u_\alpha\sqrt{\dfrac{\sigma_1^2}{n_1}+\dfrac{\sigma_2^2}{n_2}}$
$\mu_1-\mu_2$	$\sigma_1^2=\sigma_2^2=\sigma^2$ σ^2 未知	$t=\dfrac{\overline{X}-\overline{Y}-(\mu_1-\mu_2)}{S_w\sqrt{\dfrac{1}{n_1}+\dfrac{1}{n_2}}}\sim$ $t(n_1+n_2-2)$, 其中 $S_w=$ $\sqrt{\dfrac{(n_1-1)S_1^2+(n_2-1)S_2^2}{n_1+n_2-2}}$	$\left(\overline{X}-\overline{Y}\pm t_{\frac{\alpha}{2}}(n_1+n_2-2)\right.$ $\left. S_w\sqrt{\dfrac{1}{n_1}+\dfrac{1}{n_2}}\right)$	$\overline{\mu_1-\mu_2}=\overline{X}-\overline{Y}+$ $t_\alpha(n_1+n_2-2)S_w\sqrt{\dfrac{1}{n_1}+\dfrac{1}{n_2}}$ $\underline{\mu_1-\mu_2}=\overline{X}-\overline{Y}-$ $t_\alpha(n_1+n_2-2)S_w\sqrt{\dfrac{1}{n_1}+\dfrac{1}{n_2}}$
$\dfrac{\sigma_1^2}{\sigma_2^2}$	μ_1,μ_2 未知	$F=\dfrac{S_1^2/S_2^2}{\sigma_1^2/\sigma_2^2}\sim$ $F(n_1-1,n_2-1)$	$\left(\dfrac{S_1^2}{S_2^2}\cdot\dfrac{1}{F_{\frac{\alpha}{2}}(n_1-1,n_2-1)},\right.$ $\left.\dfrac{S_1^2}{S_2^2}\cdot\dfrac{1}{F_{1-\frac{\alpha}{2}}(n_1-1,n_2-1)}\right)$	$\overline{\left(\dfrac{\sigma_1^2}{\sigma_2^2}\right)}=\dfrac{S_1^2}{S_2^2}\cdot$ $\dfrac{1}{F_{1-\alpha}(n_1-1,n_2-1)}$ $\underline{\left(\dfrac{\sigma_1^2}{\sigma_2^2}\right)}=\dfrac{S_1^2}{S_2^2}\cdot$ $\dfrac{1}{F_\alpha(n_1-1,n_2-1)}$

习题 3.5

1. 已知某炼铁厂的铁水含碳量在正常生产情况下服从正态分布,其方差 $\sigma^2=0.108^2$. 现在测定了 9 炉铁水,其平均含碳量为 4.484,按此资料计算该厂铁水平均含碳量的置信水平为 0.95 的置信区间.

2. 一个车间生产滚珠,从某天的产品里随机抽取 5 粒,量得直径如下(单位:mm):

    14.6 15.1 14.9 15.2 15.1

如果知道该天产品直径的方差是 0.05,试找出平均直径的置信区间($\alpha=0.05$).

3. 设某种电子管的使用寿命服从正态分布. 从中随机抽取 15 个进行检验,得平均使用寿命为 1950 小时,标准差 s 为 300 小时. 求这批电子管平均寿命的置信水平为 0.95 的置信区间.

4. 人的身高服从正态分布,从初一女生中随机抽取 6 名,测得身高如下(单位:cm)

    149 158.5 152.5 165 157 142

求初一女生平均身高的置信区间($\alpha=0.05$).

5. 随机地取某种炮弹 9 发做试验,得炮口速度的样本标准差 s 为 11(m/s). 设炮口速度服从正态分布 $N(\mu,\sigma^2)$. 求这种炮弹的炮口速度的标准差 σ 的置信水平为 0.95 的置信区间.

6. 有一批糖果,现从中随机地取 16 袋,称得重量(单位:g)如下:
506 508 499 503 504 510 497 512 514 505 493 496 506 502 509 496
设袋装糖果的重量近似地服从正态分布 $N(\mu,\sigma^2)$.

(1) 若 $\sigma^2=1$,试求总体均值 μ 的置信水平为 0.95 的置信区间.

(2) 若 σ^2 未知,试求总体均值 μ 的置信水平为 0.95 的置信区间.

(3) 求总体标准差 σ 的置信水平为 0.95 的置信区间.

7. 从一批灯泡中随机地取 5 只做寿命测试,测得寿命为(单位:小时)
$$1050 \quad 1100 \quad 1120 \quad 1250 \quad 1280$$
设灯泡寿命服从正态分布,求灯泡寿命平均值的置信水平为 0.95 的单侧置信下限.

8. 2003 年在某地区分行业调查职工平均工资情况(单位:元). 已知体育、卫生、社会福利事业工资 $X\sim N(\mu_1,218^2)$;文教、艺术、广播事业职工工资 $Y\sim N(\mu_2,227^2)$. 从总体 X 中调查 25 人,平均工资为 1286 元,从总体 Y 中调查 30 人,平均工资为 1272 元. 求这两行业职工平均工资之差的置信水平为 99% 的置信区间.

9. 为比较甲、乙两种型号子弹的枪口速度(单位:cm/s),随机地抽取甲型子弹 10 发,得到枪口速度的平均值为 $\bar{x}_1=500$,标准差 $s_1=1.10$,随机抽取乙型子弹 20 发,得到枪口速度的平均值为 $\bar{x}_2=496$,标准差 $s_2=1.20$. 假设两总体可认为分别近似服从正态分布 $X\sim N(\mu_1,\sigma_1^2)$,$Y\sim N(\mu_2,\sigma_2^2)$,且由生产过程可认为方差相等,求两总体均值差 $\mu_1-\mu_2$ 的置信水平为 0.95 的置信区间.

10. 某自动机床加工同类型套筒,假设套筒的直径服从正态分布(单位:mm),从两个班次的产品中各抽验 5 个套筒,测得它们的直径,得如下数据:
A 班:2.066 2.063 2.068 2.060 2.067
B 班:2.058 2.057 2.063 2.059 2.060

试求两班所加工的套筒直径的方差比 σ_1^2/σ_2^2 的置信水平为 0.90 的置信区间和均值差 $\mu_1-\mu_2$ 的置信水平为 0.95 的置信区间.

第 4 章

假设检验

统计推断的另一类重要问题是假设检验.在总体分布未知或虽知其类型但含有未知参数的时候,为推断总体的某些未知特性,提出某些关于总体的假设.我们要根据样本所提供的信息以及运用适当的统计量,对提出的假设作出接受或拒绝的决策,假设检验是作出这一决策的过程.

$$\text{假设检验}\begin{cases}\text{参数假设检验}\\\text{非参数假设检验}\end{cases}$$

参数假设检验是针对总体分布函数中的未知参数提出的假设进行检验,非参数假设检验是针对总体分布函数形式或类型的假设进行检验,本章主要讨论单参数假设检验问题.

假设检验是由卡尔·皮尔逊于 20 世纪初提出的,之后由费希尔进行了细化,并最终由奈曼和埃贡·皮尔逊提出了较完整的假设检验理论.

卡尔·皮尔逊 1857 年 3 月 27 日出生于伦敦,1866 年进入学校学习;1873 年因病退学,接下来的一年里由家庭教师教育;1875 年获得剑桥大学国王学院奖学金入学学习,1879 年获得学士学位,在剑桥数学荣誉学位考试中获得第三名.在他从国王学院毕业后的几年里他尝试了很多事情,是他人生发展的重要阶段.1889 年,高尔顿出版了著作《自然遗传》,书中概括了作者关于遗传的相关和回归概念以及技巧方面的工作,明确思考了它们在研究生命形式中的可用性和价值.皮尔逊对高尔顿的"相关"这个概念十分着迷,认为这是一个比因果性更为广泛的范畴.皮尔逊立即决定全力为统计学这一新学科奠定基础,他在接下来的 15 年内几乎是单枪匹马地奋战在这一前沿领域.他结合准备格雷沙姆讲座和大学学院统计理论的两门课程,对来自生物学、物理学和社会科学的统计资料作了图示的、综合性的处理,讨论了概率理论和相关概念,并用掷硬币、抽纸牌和观察自然现象来证明它们.他引入"标准离差"术语代替麻烦的均方根误差,并论述了法曲线、斜曲线、复合曲线.皮尔逊在高尔顿、韦尔登等人关于相关和回归统计概念和技巧的基础上,建立了后来所称的极大似然法,把一个二元正态分布的相关系数最佳值 p 用样本积矩相关系数 r 表示,可以恰当地称其为"皮尔逊相关系数".在 1901 年,皮尔逊与韦尔登、高尔顿一起创办了《生物统计》杂志,从而使数理统计学有了自己的一席之地,同时也给这门学科的发展完善以强大的推动力.

4.1 假设检验的基本概念

4.1.1 问题的提出

先从一个实例来考察假设检验的基本思想.

引例 1（女士品茶试验） 一种奶茶由牛奶与茶按一定比例混合而成,可以先倒茶后倒奶（记为 TM）,也可以反过来（记为 MT）.某女士声称她可以鉴别是 TM 还是 MT,周围品茶的人对此产生了议论,"这怎么可能呢?""她在胡言乱语.""不可想象."在场的费希尔也在思索这个问题,他提议做一项试验来检验如下假设（命题）是否可以接受：

假设 H：该女士无此种鉴别能力.

他准备了 10 杯调制好的奶茶,TM 与 MT 都有.服务员一杯一杯地奉上,让该女士品尝,说出是 TM 还是 MT,结果那位女士竟然正确地分辨出 10 杯奶茶中的每一杯.这时该如何对此作出判断呢?

费希尔的想法是：假如假设 H 是正确的,即该女士无此种鉴别能力,她只能猜,每次猜对的概率为 $1/2$,10 次都猜对的概率为 $2^{-10} < 0.001$,这是一个很小的概率,在一次试验中几乎不会发生,如今该事件竟然发生了,这只能说明原假设 H 不当,应予以拒绝,而认为该女士确有辨别奶茶中 TM 与 MT 的能力.费希尔用试验结果对假设 H 的对错进行判断的思维方式可归纳如下：

假如试验结果与假设 H 发生矛盾就拒绝原假设 H,否则就接受原假设.

当然,实际操作远非这么简单,假如该女士说对了 9 杯（或 8 杯等）,又该如何对 H 作出判断呢? 判断会发生错误吗? 发生错误的概率是多少? 能被控制吗? 这里还有很多细节需要研究,费希尔对这些细节作了周密的研究,提出一些新的概念,建立一套可行的方法,形成假设检验理论,为进一步发展假设检验理论与方法打下了牢固基础.

引例 2 设一箱中有红白两种颜色的球共 100 个,甲说这里有 98 个白球,乙从箱中任取一个,发现是红球,问甲的说法是否正确?

先做假设 H_0：箱中的确有 98 个白球.

如果假设 H_0 正确,则从箱中任取一个球是红球的概率只有 0.02,是小概率事件.通常认为在一次随机试验中,概率小的事件不易发生,因此,若乙从箱中任取一个,发现是白球,则没有理由怀疑假设 H_0 的正确性.今乙从箱中任取一个球,发现是红球,即"小概率事件"竟然在一次试验中发生了,故有理由怀疑假设 H_0 的正确性,即甲的说法不正确.

例 4.1 某食品厂用自动装罐机装罐头食品,每罐的标准重量为 500g,设罐重是服从正态分布的随机变量,根据多年的观测结果,其标准差 $\sigma = 10$g,每隔一段时间要检测机器工作是否正常,现从中抽取 10 罐,测得平均重量为 507g,问这段时间机器工作是否正常?

以 X 表示罐头的重量,则 $X \sim N(\mu, \sigma^2)$,这里 $\sigma = \sigma_0 = 10$g 已知,μ 未知,根据样本均值 $\bar{x} = 507$g 来判断 $\mu = 500$ 还是 $\mu \neq 500$.为此,我们提出假设

$$H_0: \mu = \mu_0 = 500; \quad H_1: \mu \neq \mu_0.$$

这是两个对立的假设.我们要给出一个合理的法则,根据这一法则,利用已知样本作出判断是接受假设 H_0,还是拒绝假设 H_0.如果作出判断是接受 H_0,则认为 $\mu = \mu_0$,即认为机

器工作是正常的,否则认为机器工作是不正常的.

这里称假设 H_0 为原假设或零假设,对原假设 H_0 作出拒绝或接受的判断,称为对 H_0 作出显著性检验,而备选的假设 H_1 称为备择假设.有备择假设的假设检验问题就是在原假设 H_0 和备择假设 H_1 中作出拒绝哪一个、接受哪一个的判断.

4.1.2 假设检验的基本思想

例 4.1 中的问题化为检验问题 $H_0: \mu = \mu_0$;$H_1: \mu \neq \mu_0$,其中 $\mu_0 = 500$.设 $X_1, X_2, \cdots, X_n$ 为总体的一个样本,若 H_0 成立,它就是来自总体 $N(\mu_0, \sigma_0^2)$ 的一个样本,此时,样本均值 $\overline{X} \sim N\left(\mu_0, \dfrac{\sigma_0^2}{n}\right)$,从而统计量 $U = \dfrac{\overline{X} - \mu_0}{\sigma_0/\sqrt{n}} \sim N(0,1)$.

对很小的正数 α,有 $P\{|U| > u_{\alpha/2}\} = \alpha$.这里我们构造了一个小概率事件 $\{|U| > u_{\alpha/2}\}$,这意味着当 H_0 成立时,对一次抽样的结果,事件 $\{|U| > u_{\alpha/2}\}$ 发生的概率只有 α.如果经过一次抽样,这个小概率事件发生了,根据"小概率事件在一次试验中是几乎不可能发生的"小概率事件原理,我们就有理由怀疑原来所做出的假设 H_0 的正确性,因而否定原假设 H_0.反之,如果经过一次抽样,小概率事件没有发生,我们就没有理由拒绝 H_0,只能接受 H_0.这里称由 $|U| > u_{\alpha/2}$ 确定的区域为拒绝域,记为 W,即 $W = \{|U| > u_{\alpha/2}\}$.拒绝域的边界点称为临界点.

在例 4.1 中,若取 $\alpha = 0.05$,则 $u_{\alpha/2} = 1.96$,样本均值 $\bar{x} = 507$,此时 U 的取值 $u = \dfrac{|507 - 500|}{10/\sqrt{10}} = 2.2136 > 1.96$,即小概率事件发生了,于是我们拒绝 H_0,认为机器工作不正常.

如上所述,假设检验中所谓"不合理",并非逻辑中的绝对矛盾,而是基于人们在实践中广泛采用的原则,即小概率事件在一次试验中是几乎不发生的.但概率小到什么程度才能算作"小概率事件",显然,"小概率事件"的概率越小,否定原假设 H_0 就越有说服力.因此在假设检验中要给定一个很小的数 $\alpha (0 < \alpha < 1)$,把概率不超过 α 的小概率事件认为是实际不可能事件,这个 α 称为显著性水平.对于不同的问题,显著性水平可以选取不一样的值.为方便起见,常取的值是 $0.1, 0.05, 0.01$ 等.

注 假设检验的基本思想实质上是带有某种概率性质的反证法.为了检验一个假设 H_0 是否正确,首先假定该假设 H_0 正确,然后根据样本对假设 H_0 作出接受或拒绝的决策.如果样本观察值导致了不合理的现象的发生,就应拒绝假设 H_0,否则应接受假设 H_0.

4.1.3 假设检验的两类错误

第一类错误是"弃真"的错误:当假设 H_0 正确时,小概率事件也有可能发生,此时我们会拒绝假设 H_0,因而犯了"弃真"的错误,称此为第一类错误.犯第一类错误的概率恰好就是"小概率事件"发生的概率 α,即 $P\{拒绝 H_0 | H_0 为真\} = \alpha$.在例 4.1 中,犯第一类错误的概率为 α.

第二类错误是"取伪"的错误:若假设 H_0 不正确,但一次抽样检验结果,未发生不合理结果,这时我们会接受 H_0,因而犯了"取伪"的错误,称此为第二类错误.记 β 为犯第二类错

误的概率,即 $P\{接受 H_0 | H_0 不真\} = \beta$.

上述内容可以列成表 4.1.

表 4.1 假设检验的两类错误

观测数据情况	总体情况	
	H_0 为真	H_1 为真
$(x_1, x_2, \cdots, x_n) \in W$	犯第一类错误	正确
$(x_1, x_2, \cdots, x_n) \in \overline{W}$	正确	犯第二类错误

理论上,自然希望犯这两类错误的概率都很小. 当样本容量 n 固定时,α, β 不能同时都小,即 α 变小时,β 就变大;而 β 变小时,α 就变大. 一般只有当样本容量 n 增大时,才有可能使两者变小. 在实际应用中,一般原则是:控制犯第一类错误的概率,即给定 α,然后通过增大样本容量 n 来减小 β.

下面通过一个案例全面地熟悉一下假设检验及两类错误.

案例(新药上市) 新冠疫情暴发以来,许多新冠肺炎治疗药物研发都在进展当中. 开发出安全有效的新药并投入使用当然是一件有益于人类的大好事,但如果还没有确认药物的安全性和有效性就贸然使用,就可能造成灾难. 因此,新药在正式投入使用前,需要进行一系列试验,其中包括大量的动物试验以及至少三期临床试验. 最终的试验结果,还需要得到药监局的认可与批准才能上市. 假如有一款针对新冠肺炎的新药正在申请上市,药监局就面临着二选其一的决策问题:让新药上市还是不让新药上市? 让新药上市背后隐含的假设是,新药能满足必要的安全性和最低的有效性要求(假设 A). 而不让新药上市背后隐含的假设是,新药要么不够安全,要么不够有效(假设 B). 药监局无论做哪种选择,都有可能犯错误. 犯错误的情况有两种. 第一种错误是:让劣药上市. 药监局相信新药满足安全性和有效性等基本要求(假设 A),并因此批准了新药上市,但最终发现该药物很不安全,而且无效(假设 B). 第二种错误是:错过良药. 药监局认为新药不满足安全性和有效性等基本要求(假设 B),未批准新药上市,但其实新药的安全性和有效性都是有保障的(假设 A). 这两种错误哪种损失更大? 第一种错误带来的后果是劣药上市,大量无辜病人因此付出健康甚至生命的代价. 第二种错误带来的后果是延缓了一款优质药品的及时上市,因此很多病人得不到及时救治,并付出健康甚至生命的代价. 请问哪一种错误带来的代价更大? 其实都很大. 但是在咱们的一般社会伦理规范中,哪一种相对更能接受? 答:第二种. 因为与现状相比,第二种错误带来的后果没有比现状更好也没有比现状更差. 但是第一种错误带来的后果比现状更差. 因此,药监局的决策规则永远是首先假设该新药不安全且无效,因为这样的假设更保守. 你看这是不是一种你已经习以为常的决策方法?

到此为止,相信你已经了解了一个道理,那就是,面对带有不确定性的二选其一的决策问题,我们常常会面临两种可能的错误. 这两种错误带来的损失很可能差别巨大. 其中一种很难承受,而另一种似乎还可以忍受. 在这种情况下,我们应该如何决策呢? 通过上面的案例讨论,你会看到一个特别简单的决策规则,那就是:尽量避免带来更惨重损失的那种错误,而置另外一种错误发生的可能性于不管不顾的状态. 这样的决策规则貌似非常奇葩,但是通过上面的案例讨论,你会发现,这其实就是我们最常见的决策方式. 统计学的假设检验理论,正是将该决策规则规范为一个可以通过严格的数学方法研究的科学问题. 这是统计学做出的重要贡献.将决策规则进行规范化的过程要从对两类可能的错误进行严格区分开始.按照统计学假设检验理论的严格定义,哪种错误损失更严重、更难以接受、更应该规避,哪种错误就被称为第一类错误(type Ⅰ error).而另一类可接受性要好很多的错误就是第二类错误(type Ⅱ error).为了优先规避第一种错误,决策者一定要优先默认某个假设成立,除非有充分证据证明该假设不成立.这个被优先默认的假设称为原假设(null hypothesis),记作 H_0.当有充分证据证明原假设不成立时,决策者才会选择相信另一个与原假设相对立的假设,它称为对立假设或者备择假设(alternative hypothesis),记作 H_1.接下来,结合前面的案例,我们对什么是原假设,什么是备择假设,再做进一步讨论.

药监局是否批准某种新药上市是一个二选其一的决策问题.药监局可能犯的两类错误是让劣药上市和错过良药.让劣药上市的损失(危害病人生命安全)比错过良药(市场上少了一种良药)的损失更难以接受.因此第一类错误应该是让劣药上市,而第二类错误是错过良药.为了优先规避第一类错误,药监局会默认新药不符合上市标准,除非有充分的证据证明新药符合上市标准.因此原假设 H_0 应该是:新药不符合上市标准;而备择假设 H_1 是:新药符合上市标准.

通过该案例讨论,你应该已经对两种不同类型的错误有了充分的了解.第一类错误是损失更大、更不可接受、应优先规避的错误,而第二类错误是相对来说更能够接受的错误.为了优先规避第一类错误,决策者必须优先默认原假设 H_0 成立.虽然原假设 H_0 是默认的假设,但是绝不意味着我们永远不会接受备择假设.以新药上市为例,虽然药监局会优先假设新药不安全且无效,但是如果有足够的证据证明新药安全且有效,那不是一个更好的结果吗?因此,人们虽然优先假设原假设 H_0 成立,但总是希望能够采集到充分的证据证明 H_0 是错的,进而可以接受备择假设 H_1.而如何才能接受备择假设呢?接下来我们继续学习下面内容.

4.1.4 假设检验的一般步骤

(1) 提出假设.即要写明检验的原假设 H_0 和备择假设 H_1 的具体内容.

如在例 4.1 中 $H_0: \mu = \mu_0$;$H_1: \mu \neq \mu_0$.

这里备择假设 H_1 下的 μ 可能大于 μ_0,也有可能小于 μ_0,这类假设检验为双边检验.

类似地,形如 $H_0: \mu = \mu_0$;$H_1: \mu > \mu_0$(或 $\mu < \mu_0$)的假设检验为单边检验.

(2) 建立检验统计量.根据 H_0 的内容,构造适当的检验统计量,确定统计量的分布.注意检验统计量是样本的函数,在 H_0 成立时不带有任何未知参数.如在例 4.1 中,检验统计量为 $U = \dfrac{\overline{X} - \mu_0}{\sigma_0/\sqrt{n}}$,它服从 $N(0,1)$.

(3) 确定 H_0 的拒绝域.给定显著性水平 α,查统计量服从的分布表,确定临界值,从而确定拒绝域.如在例 4.1 中,给定显著性水平 α,查标准正态分布表,确定临界值 $u_{\alpha/2}$,满足 $P\{|U| > u_{\alpha/2}\} = \alpha$,得拒绝域 $W = \{|U| > u_{\alpha/2}\}$.

(4) 计算及判断.由样本观察值计算检验统计量的值,若统计量的值落在拒绝域内,则在显著性水平 α 下拒绝 H_0,否则接受 H_0.

4.1.5 双侧检验与单侧检验

在例 4.1 中原假设 $H_0: \mu = \mu_0 = 500$,而备择假设 $H_1: \mu \neq \mu_0 = 500$ 表示只要有 $\mu > \mu_0$

与 $\mu<\mu_0$ 一个成立就可以拒绝 H_0，拒绝域为 $w=\{|u|\geqslant u_{\alpha/2}\}$. 由于 H_0 的拒绝域在概率密度函数曲线的两端，故称为**双侧检验**.

若 $H_0: \mu\geqslant\mu_0$，$H_1: \mu<\mu_0$，则备择假设只有 $\mu<\mu_0$ 成立，称此检验为**左侧检验**；

若 $H_0: \mu\leqslant\mu_0$，$H_1: \mu>\mu_0$，则备择假设只有 $\mu>\mu_0$ 成立，称此检验为**右侧检验**.

左侧检验和右侧检验统称为**单侧检验**. 在对具体问题的假设检验中，是采用双侧检验还是单侧检验，应根据实际情况决定.

4.1.6 检验的 p 值

假设检验的结论通常是简单的. 在给定的显著性水平下，不是拒绝原假设就是接受原假设. 然而有时也会出现这样的情况：在一个较大的显著性水平（比如 $\alpha=0.05$）下得到拒绝原假设的结论，而在一个较小的显著性水平（比如 $\alpha=0.01$）下却会得到相反的结论. 这种情况在理论上很容易解释：因为显著性水平变小后会导致检验的拒绝域变小，于是原来落在拒绝域中的观测值就可能落入接受域，但这种情况在应用中会带来一些麻烦：假如这时一个人主张选择显著性水平 $\alpha=0.05$，而另一个人主张选择显著性水平 $\alpha=0.01$，则第一个人的结论是拒绝 H_0，而后一个人的结论是接受 H_0，我们该如何处理这一问题呢？下面用例 4.2 来讨论这个问题.

例 4.2 某厂生产的合金强度服从正态分布 $N(\theta,16)$，其中 θ 的设计值为不低于 110Pa. 为保证质量，该厂每天都要对生产情况做例行检查，以判断生产是否正常进行，即该合金的平均强度不低于 110Pa. 某天从生产的产品中随机抽取 25 块合金，测得其强度值为 $x_1,x_2,\cdots,x_{25}$，均值为 $\bar{x}=108.2$Pa，问当日生产是否正常？

由于合金平均强度不低于 110Pa 仅涉及参数 θ 范围，因此该命题是否正确将涉及如下两个参数集合：

$$\Theta_0=\{\theta:\theta\geqslant 110\}, \quad \Theta_1=\{\theta:\theta<110\}.$$

命题成立对应于"$\theta\in\Theta_0$"，命题不成立则对应"$\theta\in\Theta_1$".

我们的任务是利用所给总体 $N(\theta,16)$ 和样本均值 $\bar{x}=108.2$Pa 去判断假设（命题）"$\theta\in\Theta_0$"是否成立. 通过样本对一个假设作出"对"或"不对"的具体判断规则就称为该假设的一个检验或检验法则. 检验的结果若是肯定该命题，则称接受这个假设，否则就称为拒绝该假设. 我们注意到，这里的"接受"或"拒绝"一个假设的行为，只是反映了当事者在给定样本之下对该命题所采取的一种态度、一种行为，而不是从逻辑上或理论上"证明"该命题正确与否. 这是由于我们所采用的样本是随机的，故我们所作的判断也有可能是错误的.

例 4.2 的检验统计量及拒绝域是 $W=\{\bar{x}\leqslant 110+0.8u_{1-\alpha}\}$，或表示为 $W=\{u\leqslant u_{1-\alpha}\}$，其中 $u_0=1.25(\bar{x}-110)=-2.25$. 对一些显著性水平，表 4.2 列出了相应的拒绝域和检验结论.

表 4.2　例 4.2 中的拒绝域

显著性水平	拒绝域	对应的结论（$u_0=-2.25$）
$\alpha=0.1$	$u\leqslant -1.282$	拒绝 H_0
$\alpha=0.05$	$u\leqslant -1.645$	拒绝 H_0
$\alpha=0.025$	$u\leqslant -1.96$	拒绝 H_0

续表

显著性水平	拒绝域	对应的结论($u_0=-2.25$)
$\alpha=0.01$	$u\leqslant-2.326$	接受 H_0
$\alpha=0.005$	$u\leqslant-2.576$	接受 H_0

我们看到,不同的 α 有不同的结论.

现在换一个角度来看,在 $\mu=110$ 时,检验统计量 u 的分布是 $N(0,1)$. 此时由样本可算得 u 的值 $u_0=-2.25$,据此可算得一个概率

$$p=P\{u\leqslant u_{1-\alpha}\}=P\{u\leqslant-2.25\}=\Phi(-2.25)=0.0122,$$

若以此为基准来看上述检验问题,亦可作出判断,具体如下:

- 当 $\alpha<0.0122$ 时,$u_{1-\alpha}<-2.25$,由于拒绝域为 $W=\{u\leqslant u_{1-\alpha}\}$,于是观测值 $u_0=-2.25$ 不在拒绝域里,应接受原假设.
- 当 $\alpha\geqslant0.0122$ 时,$u_{1-\alpha}\geqslant-2.25$,由于拒绝域为 $W=\{u\leqslant u_{1-\alpha}\}$,于是观测值 $u_0=-2.25$ 落在拒绝域里,应拒绝原假设.

由此可以看出,0.0122 是能用观测值 $u_0=-2.25$ 作出"拒绝 H_0"的最小的显著性水平,这就是 p 值.

定义 4.1 在一个假设检验问题中,利用样本观测值能够作出拒绝原假设的最小显著性水平称为检验的 **p 值**.

由检验的 p 值与人们心目中的显著性水平 α 进行比较可以很容易作出检验的结论:

- 如果 $p\leqslant\alpha$,则在显著性水平 α 下拒绝 H_0.
- 如果 $p>\alpha$,则在显著性水平 α 下接受 H_0.

p 值在实际中很有用,如今的统计软件中对检验问题一般都会给出检验的 p 值.

我们后面的检验可从两方面进行,其一是建立拒绝域,考察样本观测值是否落入拒绝域而加以判断;其二是根据样本观测值计算检验的 p 值,通过将 p 值与事先设定的显著性水平 α 比较大小而作出判断,两者是等价的,哪个方便用哪个.

实际中,p 很小时(如 $p\leqslant0.001$)即可拒绝原假设,p 很大时(如 $p>0.5$)即可接受原假设. 只有当 p 与 α 接近时才需比较,这样至少可减少部分争论.

习题 4.1

1. 假设检验的统计思想是小概率事件在一次试验中可以认为基本上是不会发生的,该原理称为_____.

2. 在作假设检验时容易犯的两类错误是_____.

3. 假设检验中,显著性水平 α 表示( ).
   A. H_0 为假,但接受 H_0 的假设的概率 B. H_0 为真,但拒绝 H_0 的假设的概率
   C. H_0 为假,但拒绝 H_0 的假设的概率 D. 可信度

4. 假设检验时,若增大样本容量,则犯两类错误的概率( ).
   A. 都增大 B. 都减少 C. 都不变 D. 一个增大一个减少

5. 设 $x_1,x_2,\cdots,x_n$ 是来自 $N(\mu,1)$ 的样本观测值,考虑如下假设检验问题:

$$H_0: \mu = 2; \quad H_1: \mu = 3,$$

若检验由拒绝域 $W = \{\bar{x} \geqslant 2.6\}$ 确定.

(1) 当 $n = 20$ 时求检验犯两类错误的概率;

(2) 如果要使得检验犯第二类错误的概率 $\beta \leqslant 0.01$, n 最小应取多少?

(3) 证明:当 $n \to \infty$ 时, $\alpha \to 0, \beta \to 0$.

4.2 单个正态总体参数的假设检验

本节对正态总体参数 μ 和 σ^2 的各种检验分别进行讨论. 在介绍本节课内容之前我们先来了解一下统计学家罗纳德·费希尔.

罗纳德·费希尔(Ronald Fisher,1890—1962),全名 Ronald Aylmer Fisher,生于伦敦,卒于澳洲. 英国统计与遗传学家,现代统计科学的奠基人之一,并对达尔文进化论作了基础澄清的工作. 丹麦统计学家安德斯·哈尔德(Anders Hald)称他是"一位几乎独自建立现代统计科学的天才",英国进化生物学家理查德·道金斯(Richard Dawkins)则认为他是"达尔文最伟大的继承者."1909 年,费希尔赢得了前往剑桥大学冈维尔与凯斯学院就读的奖学金,并主修农业. 在剑桥的期间,费希尔学习到了孟德尔遗传学. 这个在 19 世纪 60 年代发表的理论,原本早已被人们忽略了数十年,直到 20 世纪初,才重新被科学家们发现. 费希尔感受到生物统计与发展中的各种统计方法,具有一种潜力,能够结合"不连续"的孟德尔定律(例如 ABO 血型)、"连续"的多基因遗传(例如人类的肤色),以及"渐进式"的达尔文演化论. 此外由于对统计学的兴趣,费希尔研读了当时两位著名的统计学家,卡尔·皮尔逊与戈塞(William Gosset,笔名"student")所发表的论文. 他负责的主要工作是植物播殖实验的设计,希望透过尽量少的时间、成本与工作量,得到尽量多的有用资讯;另外是要整理该实验场 60 年来累积的实验资料. 费希尔在这里发展他的变异数分析理论,研究假说测试,并且提出实验设计的随机化原则,使得科学试验可以同时进行多参数的检测,并减少样本偏差. 他在 1925 年所著《研究工作者的统计方法》(Statistical Methods for Research Workers)的影响力超过半个世纪,遍及全世界. 而他的工作结晶,同时也表现在为达尔文演化论澄清迷雾的巨著《自然选择的遗传理论》(The Genetical Theory of Natural Selection)(1930)中,说明孟德尔的遗传定律与达尔文的理论并不像当时部分学者认为的互相矛盾,而是相辅相成的,并且认为演化的驱力主要来自选择的因素远重于突变的因素. 这本著作将统计分析的方法带入演化论的研究. 为解释现代生物学的核心理论打下坚实的基础. 也因这本著作,费希尔 1933 年获得伦敦大学的职位,从事 RH 血型的研究. 1943—1957 年他回剑桥大学任教,1952 年受封爵士,1956 年出版《统计方法与科学推断》(Statistical methods and scientific inference).

4.2.1 正态总体均值的检验

设 $X_1, X_2, \cdots, X_n$ 为总体 $N(\mu, \sigma^2)$ 的一个容量为 n 的样本.

1. 方差 σ^2 已知, μ 的检验——u 检验法

(1) 检验假设

$$H_0: \mu = \mu_0; \quad H_1: \mu \neq \mu_0. \tag{4.1}$$

4.1节已经讨论过当 H_0 为真,且 σ^2 已知时,选择检验统计量 $U = \dfrac{\overline{X} - \mu_0}{\sigma/\sqrt{n}} \sim N(0,1)$.

对于给定的显著性水平 α,根据 $P\{|U| \geq u_{\alpha/2}\} = \alpha$,查附表1得临界值 $u_{\alpha/2}$.计算统计量 U 的观测值 u.若 $|u| \geq u_{\alpha/2}$,则拒绝 H_0;否则,接受 H_0,从而确定拒绝域:$|u| \geq u_{\alpha/2}$.参见图4.1.

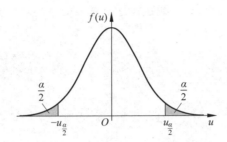

图 4.1 双侧检验的拒绝域

类似地,对于单侧检验有下面的表述.

(2) 检验假设

$$H_0: \mu \leq \mu_0; \quad H_1: \mu > \mu_0. \tag{4.2}$$

在假设(4.2)中,当 H_0 为真,对于给定的显著性水平 α,根据 $P\{U \geq u_\alpha\} = \alpha$,查附表1得临界值 u_α,从而确定拒绝域 $u \geq u_\alpha$.参见图4.2(a).

(3) 检验假设

$$H_0: \mu \geq \mu_0; \quad H_1: \mu < \mu_0. \tag{4.3}$$

在假设(4.3)中,当 H_0 为真,对于给定的显著性水平 α,根据 $P\{U \leq -u_\alpha\} = \alpha$,查附表1得临界值 $-u_\alpha$,从而确定拒绝域 $u \leq -u_\alpha$.参见图4.2(b).

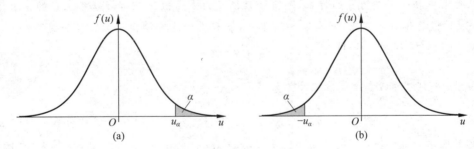

图 4.2 单侧检验的拒绝域

例 4.3 根据长期经验和资料的分析,某砖瓦厂所生产砖的"抗断强度"服从正态分布,方差 $\sigma^2 = 1.21$,从该厂产品中随机抽取6块,测得抗断强度为(单位:kg/cm²):

  32.56 29.66 31.64 30.00 31.87 31.03

检验这批砖的平均抗断强度是否为 32.50kg/cm²?($\alpha = 0.05$)

解 这是一个双侧的假设检验.

检验假设:$H_0: \mu = \mu_0 = 32.50$;$H_1: \mu \neq 32.50$.

当 H_0 为真,选择检验统计量 $U=\dfrac{\overline{X}-\mu_0}{\sigma/\sqrt{n}}\sim N(0,1)$.

对于给定的显著性水平 $\alpha=0.05$,查附表 1 得临界值 $u_{0.025}=1.96$ 使得 $P\{|U|\geqslant 1.96\}=0.05$,从而确定拒绝域为 $|u|\geqslant 1.96$.

由于 $\overline{x}=31.13$,所以 $|u|=\left|\dfrac{31.13-32.50}{1.1/\sqrt{6}}\right|=3.05>u_{0.025}=1.96$,故统计量 U 的观测值 u 落入拒绝域. 于是拒绝 H_0,即不能认为这批产品的平均抗断强度为 32.50kg/cm^2.

基于 Python 的求解方法如下:

```
from math import sqrt
from scipy.stats import norm
import numpy as np
X= np.array([32.56,29.66,31.64,30.00,31.87,31.03])    #样本的numpy数组形式
sigma0 = sqrt(1.21)    #根据已知方差求得标准差
mu0=32.50  #需要检验的总体均值
alpha=0.05  #给定的显著水平
u=abs((np.mean(X)-mu0)/sigma0 * np.sqrt(len(X)))    # 正态u检验统计量的计算
print('检验统计量:u={:.3f}'.format(u))    # 打印u值
print('分位数为:{:.3f}'.format(norm.isf(alpha/2)))    # 打印分位数的值
print('u>{:.3f},拒绝原假,即不能认为这批产品的平均抗断强度为32.50kg/cm^2'.format(norm.isf(alpha/2)))    # 打印决策
Out:
检验统计量:u=3.058
分位数为:1.960
```

$u>1.960$,拒绝原假,即不能认为这批产品的平均抗断强度为 32.50kg/cm^2.

例 4.4 某厂生产的某种钢索的断裂强度 X 服从 $N(\mu,\sigma^2)$,其中 $\sigma=40(\text{kg/cm}^2)$,现从这批钢索中抽取容量为 9 的样本,测得断裂强度的平均值 $\overline{x}$ 较以往正常生产的 μ 大了 20 (kg/cm^2),设总体方差不变,问在 $\alpha=0.01$ 下,能否认为这批钢索质量有显著提高?

解 依题意,检验假设 $H_0:\mu\leqslant\mu_0$;$H_1:\mu>\mu_0$.

由于 $\sigma=40$ 已知,选择检验统计量 $U=\dfrac{\overline{X}-\mu}{\sigma/\sqrt{n}}\sim N(0,1)$.

因为 $H_0:\mu\leqslant\mu_0$;$H_1:\mu>\mu_0$ 和 $H_0:\mu=\mu_0$;$H_1:\mu>\mu_0$ 的拒绝域都为 $W=\{U>u_\alpha\}$,故在显著性水平 $\alpha=0.01$. 由于 $n=9,\sigma=40,\overline{x}-\mu_0=20,u_{0.01}=2.33$,计算 U 的值 $u=\dfrac{\overline{x}-\mu_0}{\sigma/\sqrt{n}}=1.5<2.33$. 因此在显著性水平 $\alpha=0.01$ 下不能拒绝 H_0,即认为这批钢索质量没有显著提高.

2. 方差 σ^2 未知,μ 的检验——t 检验法

(1) 检验假设

$$H_0:\mu=\mu_0;\quad H_1:\mu\neq\mu_0. \tag{4.4}$$

当 H_0 为真,且 σ^2 未知时,样本方差 S^2 是总体方差 σ^2 的无偏估计量,用 S 代替 σ. 选择

检验统计量 $T=\dfrac{\overline{X}-\mu_0}{S/\sqrt{n}}\sim t(n-1)$.

对于假设(4.4),给定的显著性水平 α,根据 $P\{|T|\geqslant t_{\alpha/2}(n-1)\}=\alpha$,查附表 3 得临界值 $t_{\alpha/2}(n-1)$.计算统计量 T 的观测值 t.

若 $|t|\geqslant t_{\alpha/2}(n-1)$,则拒绝 H_0;否则接受 H_0,从而确定拒绝域为(参见图 4.3)
$$W=\{|T|>t_{\alpha/2}(n-1)\}=\{T<-t_{\alpha/2}(n-1)\}\cup\{T>t_{\alpha/2}(n-1)\}.$$

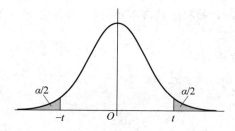

图 4.3 双侧检验的拒绝域

类似地,对于单侧检验,有下面两种检验假设.

(2) 检验假设
$$H_0:\mu\geqslant\mu_0;\quad H_1:\mu<\mu_0.$$

可得拒绝域 $t=\dfrac{\overline{x}-\mu_0}{s/\sqrt{n}}>-t_\alpha(n-1)$.参见图 4.4(a).

(3) 检验假设
$$H_0:\mu\leqslant\mu_0;\quad H_1:\mu>\mu_0.$$

可得拒绝域 $t=\dfrac{\overline{x}-\mu_0}{s/\sqrt{n}}<t_\alpha(n-1)$.参见图 4.4(b).

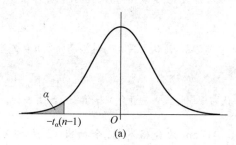 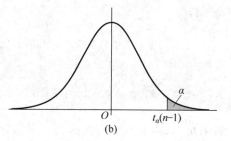

图 4.4 单侧检验的拒绝域

例 4.5 从某年的新生儿(女)中随机地抽取 20 名儿童,测得其平均体重为 3160g,样本标准差为 300g.而根据过去统计资料,新生儿体重可看成服从正态分布,且平均体重为 3140g,若给定 $\alpha=0.01$,问现在与过去的新生儿总体有无显著差异?

解 用 X 表示该年所有新生儿体重,则 $X\sim N(\mu,\sigma^2)$.本题所提出的问题就是一个方差未知时正态总体均值的假设检验问题.

检验假设:$H_0:\mu=\mu_0=3140$;$H_1:\mu\neq 3140$.

当 H_0 为真时,选择检验统计量 $T = \dfrac{\overline{X} - \mu_0}{S/\sqrt{n}} \sim t(19)$.

对于给定的显著性水平 $\alpha = 0.01$,查附表 3 得临界值 $t_{0.005}(19) = 2.8609$,使得 $P\{|T| \geqslant 2.8609\} = 0.01$,从而确定拒绝域为 $|t| \geqslant 2.8609$.

由题已知,$\bar{x} = 3160, s = 300$,计算 T 的观测值 $|t| = \left| \dfrac{3160 - 3140}{300/\sqrt{20}} \right| \approx 0.298$. 由于 $|t| < t_{0.005}(19) = 2.8609$,统计量 T 的观测值落入接受域,则接受 H_0,即认为现在与过去的新生儿体重没有显著差异.

基于 Python 的求解方法如下:

```
import numpy as np
from scipy.stats import t
# 已知数据
sample_mean = 3160                # 样本均值
population_mean = 3140            # 总体均值
sample_std_dev = 300              # 样本标准差
sample_size = 20                  # 样本量
# 计算 t 统计量
t_statistic = (sample_mean - population_mean) / (sample_std_dev / np.sqrt(sample_size))
# 计算自由度
degrees_of_freedom = sample_size - 1
# 计算双尾检验的 p 值
p_value = 2 * (1 - t.cdf(abs(t_statistic), degrees_of_freedom))
# 判断是否显著
alpha = 0.005                     # 显著性水平
if p_value < alpha:
    print(f"p 值小于显著性水平 {alpha},因此拒绝零假设,认为现在与过去的新生儿体重存在显著差异.")
else:
    print(f"p 值大于显著性水平 {alpha},因此不拒绝零假设,认为现在与过去的新生儿体重没有显著差异.")
Out:
p 值大于显著性水平 0.005,因此不拒绝零假设,认为现在与过去的新生儿体重没有显著差异.
```

例 4.6 设木材的小头直径 $X \sim N(\mu, \sigma^2)$,$\mu \geqslant 12 \text{cm}$ 为合格木材. 今抽出 12 根,测得小头直径的样本均值为 $\bar{x} = 11.2 \text{cm}$,样本方差为 $s^2 = 1.44 \text{cm}^2$,问该批木材是否合格($\alpha = 0.05$)?

解 依题意,检验假设 $H_0: \mu \geqslant \mu_0 = 12$;$H_1: \mu < \mu_0$.

选择检验统计量 $T = \dfrac{\overline{X} - \mu_0}{S/\sqrt{n}} \sim t(n-1)$.

在假设 $H_0: \mu = \mu_0$;$H_1: \mu < \mu_0$ 下,$T \sim t(n-1), n = 12$. 对于给定显著性水平 $\alpha = 0.05$,查 t 分布表,得临界值 $t_{1-\alpha}(n-1) = -t_\alpha(n-1) = -t_{0.05}(11) = -1.7959$,故拒绝域 $W = \{T < -t_\alpha(n-1)\}$,也是假设 $H_0: \mu \geqslant \mu_0 = 12$;$H_1: \mu < \mu_0$ 的拒绝域.

由于 $\bar{x}=11.2, s^2=1.44$,计算统计量的值 $t=\dfrac{\bar{x}-\mu_0}{s/\sqrt{n}}=\dfrac{11.2-12}{\sqrt{1.44/12}}=-2.3094$,

因为 $t<-t_\alpha(n-1)$,故拒绝 H_0,认为该批木材是不合格的.

4.2.2 单个正态总体方差的检验——χ^2 检验法

设 $X_1, X_2, \cdots, X_n$ 为来自总体 $N(\mu,\sigma^2)$ 的一个样本,检验假设
$$H_0: \sigma^2=\sigma_0^2; \quad H_1: \sigma^2\neq\sigma_0^2.$$

1. 均值 μ 已知

因为 $\dfrac{X_i-\mu}{\sigma}\sim N(0,1), i=1,2,\cdots,n$,则选取检验统计量
$$\chi^2=\sum_{i=1}^n\left(\dfrac{X_i-\mu}{\sigma_0}\right)^2=\dfrac{1}{\sigma_0^2}\sum_{i=1}^n(X_i-\mu)^2.$$

当 H_0 成立时,$\chi^2\sim\chi^2(n)$,给定显著性水平 α,由 χ^2 分布表分位点的定义有
$$P\{(\chi^2<\chi^2_{1-\alpha/2}(n))\cup(\chi^2>\chi^2_{\alpha/2}(n))\}=\alpha,$$
故得拒绝域 $W=\{\chi^2<\chi^2_{1-\alpha/2}(n)\}\cup\{\chi^2>\chi^2_{\alpha/2}(n)\}$.

类似地,在 μ 已知时,可以求出检验假设
$$H_0: \sigma^2\leqslant\sigma_0^2; \quad H_1: \sigma^2>\sigma_0^2 \quad \text{和} \quad H_0: \sigma^2\geqslant\sigma_0^2; \quad H_1: \sigma^2<\sigma_0^2$$
的拒绝域.

例如,检验假设 $H_0: \sigma^2\leqslant\sigma_0^2$ 的拒绝域为 $W=\{\chi^2>\chi^2_\alpha(n)\}$;检验假设 $H_0: \sigma^2\geqslant\sigma_0^2$ 的拒绝域为 $W=\{\chi^2<\chi^2_{1-\alpha}(n)\}$.

2. 均值 μ 未知

因为 $\overline{X}$ 是总体均值 μ 的无偏估计量,用 $\overline{X}$ 代替 μ.选择检验统计量
$$\chi^2=\dfrac{(n-1)S^2}{\sigma_0^2}.$$

当 H_0 成立时,$\chi^2\sim\chi^2(n-1)$,给定显著性水平 α,由 χ^2 分布表分位点的定义,有 $P\{(\chi^2<\chi^2_{1-\alpha/2}(n-1))\cup(\chi^2>\chi^2_{\alpha/2}(n-1))\}=\alpha$,故得拒绝域
$$W=\{\chi^2<\chi^2_{1-\alpha/2}(n-1)\}\cup\{\chi^2>\chi^2_{\alpha/2}(n-1)\},$$
如图 4.5 所示.

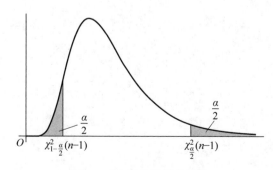

图 4.5 双侧检验的拒绝域

类似地，在 μ 未知时，可以求出检验假设

$$H_0: \sigma^2 \leqslant \sigma_0^2; \quad H_1: \sigma^2 > \sigma_0^2 \quad \text{和} \quad H_0: \sigma^2 \geqslant \sigma_0^2; \quad H_1: \sigma^2 < \sigma_0^2$$

的拒绝域.

例如，在 μ 未知时，检验假设 $H_0: \sigma^2 \leqslant \sigma_0^2$ 的拒绝域为 $W = \{\chi^2 > \chi_\alpha^2(n-1)\}$（参见图 4.6(a)）；检验假设 $H_0: \sigma^2 \geqslant \sigma_0^2$ 的拒绝域为 $W = \{\chi^2 < \chi_{1-\alpha}^2(n-1)\}$（参见图 4.6(b)）.

上述检验所用的检验统计量均服从 χ^2 分布，称这种检验方法为 χ^2 检验法.

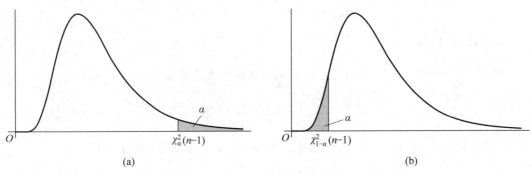

图 4.6 单侧检验的拒绝域

例 4.7 某无线电厂生产的一种高频管，其中一指标服从正态分布 $N(\mu,\sigma^2)$，今从一批产品中抽取 8 只管子，测得指标数据：

$$68 \quad 43 \quad 70 \quad 65 \quad 55 \quad 56 \quad 60 \quad 72$$

(1) 总体均值 $\mu = 60$ 时，检验 $\sigma^2 = 8^2$（取 $\alpha = 0.05$）；

(2) 总体均值 μ 未知时，检验 $\sigma^2 = 8^2$（取 $\alpha = 0.05$）.

解 本题是在显著性水平 $\alpha = 0.05$ 下，检验假设

$$H_0: \sigma^2 = \sigma_0^2 = 8^2; \quad H_1: \sigma^2 \neq \sigma_0^2,$$

这里 $n = 8$.

(1) $\mu = 60$ 已知时　临界值

$$\chi_{\alpha/2}^2(n) = \chi_{0.025}^2(8) = 17.535, \quad \chi_{1-\alpha/2}^2(n) = \chi_{0.975}^2(8) = 2.180.$$

而检验统计量的值 $\chi^2 = \dfrac{1}{8^2}\sum_{i=1}^{n}(x_i - \mu)^2 = \dfrac{1}{64} \times 663 = 10.359$. 由于 $\chi_{1-\alpha/2}^2(n) < \chi^2 < \chi_{\alpha/2}^2(n)$，故接受 H_0.

(2) μ 未知时　临界值

$$\chi_{\alpha/2}^2(n-1) = \chi_{0.025}^2(7) = 16.013, \quad \chi_{1-\alpha/2}^2(n-1) = \chi_{0.975}^2(7) = 1.690.$$

而 $\bar{x} = \dfrac{1}{n}\sum_{i=1}^{n}x_i = \dfrac{1}{8} \times 489 = 61.125, (n-1)s^2 = \sum_{i=1}^{n}(x_i - \bar{x})^2 = 652.875.$

检验统计量的值 $\chi^2 = \dfrac{1}{64} \times 652.875 = 10.2012.$ 由于 $\chi_{1-\alpha/2}^2(n-1) < \chi^2 < \chi_{\alpha/2}^2(n-1)$，故接受 H_0.

基于 Python 的求解方法如下：

(1)
```
import numpy as np
from scipy.stats import chi2
X=np.array([68,43,70,65,55,56,60,72])
sigma0=8                              #检验对象已知标准差
alpha =0.05                           #显著性水平
mu=60
Chisq=np.sum((X-mu)**2)/sigma0**2     #计算卡方检验统计量
print('Chisq={:.3F}'.format(Chisq))   #打印计算结果
print('分位数大:{:3f}'.format(chi2.isf(alpha/2,len(X))))
print('分位数小:{:3f}'.format(chi2.isf(1-alpha/2,len(X))))
if chi2.isf(1-alpha/2,len(X))< Chisq and Chisq< chi2.isf(alpha/2,len(X)):
    print('不能拒绝原假设,方差没变')   #依据条件做出决策
else:
    print('拒绝原假设,方差已经发生变化')
```
Out:
Chisq=10.359
分位数大:17.534546
分位数小:2.179731
不能拒绝原假设,方差没变

(2)
```
import numpy as np
from scipy.stats import chi2
X=np.array([68,43,70,65,55,56,60,72])
sigma0=8                              #检验对象已知标准差
alpha =0.05                           #显著性水平
s=np.sqrt(len(X)/(len(X)-1))*np.std(X)   #计算样本标准差
Chisq=s**2*(len(X)-1)/sigma0**2       #计算卡方检验统计量
print('Chisq={:.3F}'.format(Chisq))   #打印计算结果
print('分位数大:{:3f}'.format(chi2.isf(alpha/2,len(X)-1)))
print('分位数小:{:3f}'.format(chi2.isf(1-alpha/2,len(X)-1)))
if chi2.isf(1-alpha/2,len(X)-1)< Chisq and Chisq< chi2.isf(alpha/2,len(X)-1):
    print('不能拒绝原假设,方差没变')   #依据条件做出决策
else:
    print('拒绝原假设,方差已经发生变化')
```
Out:
Chisq=10.201
分位数大:16.012764
分位数小:1.689869
不能拒绝原假设,方差没变

习题 4.2

1. 已知某炼铁厂的铁水含碳量服从正态分布 $N(4.55, 0.108^2)$. 现在测定了 9 炉铁水, 其平均含碳量为 4.484, 如果估计方差没有变化, 可否认为现在生产的铁水含碳量仍为 4.55? ($\alpha=0.05$).

2. 某零件的尺寸方差为 $\sigma^2=1.21$. 对一批这类零件检查 6 件得尺寸数据(单位: mm):
32.56 29.66 31.64 30.00 21.87 31.03.
设零件尺寸服从正态分布, 问这批零件的平均尺寸能否认为是 32.50? ($\alpha=0.05$)

3. 设某次考试的考生成绩服从正态分布, 从中随机地抽取 36 位考生的成绩, 得平均成

绩为 66.5 分,样本标准差为 15 分.问在显著性水平 0.05 下,是否可认为这次考试成绩的平均为 70 分?

4. 正常人的脉搏平均为 72 次/分,某医生测得 10 例慢性四乙基铅中毒患者的脉搏(次/分)依次为

$$54,\ 67,\ 68,\ 78,\ 70,\ 66,\ 67,\ 70,\ 65,\ 69.$$

已知脉搏服从正态分布,问在显著性水平 $\alpha=0.05$ 条件下,慢性四乙基铅中毒者和正常人的脉搏有无显著差异?

5. 某元件的寿命 X(单位:小时)服从正态分布 $N(\mu,\sigma^2)$, μ,σ^2 均未知.现测 16 只该元件的寿命,算得样本均值为 241.50,样本方差为 98.73,问 $\alpha=0.05$ 时是否有理由认为元件的寿命大于 225?

6. 某电工器材厂生产一种保险丝,测量其熔化时间,假定熔化时间服从正态分布,依通常情况方差为 $\sigma^2=400$,今从某天产品中抽取容量为 25 的样本,测量其熔化时间并计算得 $\bar{x}=62.24, s^2=404.77$,问这天保险丝熔化时间分散度与通常有无显著差异?($\alpha=0.05$)

7. 美国民政部门对某种住宅区住户的消费情况进行的调查报告中抽出 9 户样本,其每年开支除去税款和住宅费用外,依次为(单位:千元)

$$4.9,\ 5.3,\ 6.5,\ 5.2,\ 7.4,\ 5.4,\ 6.8,\ 5.4,\ 6.3.$$

假设所有住户消费数据的总体服从正态分布.若给定 $\alpha=0.05$,试问:所有住户消费数据的总体方差 $\sigma^2=0.3$ 是否可信?

4.3 两个正态总体参数的假设检验

4.2 节我们讨论了单个正态总体的均值或方差的假设检问题.实际问题中,我们常常需要对两个正态总体的参数进行比较,本节介绍两个正态总体参数的假设检验.

设 $X_1,X_2,\cdots,X_{n_1}$ 为总体 $X \sim N(\mu_1,\sigma_1^2)$ 的一个样本,$Y_1,Y_2,\cdots,Y_{n_2}$ 为总体 $Y \sim N(\mu_2,\sigma_2^2)$ 的一个样本. $\bar{X}=\dfrac{1}{n_1}\sum_{i=1}^{n_1}X_i$ 和 $\bar{Y}=\dfrac{1}{n_2}\sum_{i=1}^{n_2}Y_i$ 分别是两个样本的样本均值,$S_1^2=\dfrac{1}{n_1-1}\sum_{i=1}^{n_1}(X_i-\bar{X})^2$ 和 $S_2^2=\dfrac{1}{n_2-1}\sum_{i=1}^{n_2}(Y_i-\bar{Y})^2$ 是相应的两个样本的样本方差.设这两个样本相互独立.

4.3.1 两个正态总体均值的检验

考虑检验假设 $H_0: \mu_1=\mu_2$; $H_1: \mu_1 \neq \mu_2$.

1. 方差 σ_1^2 与 σ_2^2 已知 —— u 检验法

选取检验统计量 $U=\dfrac{(\bar{X}-\bar{Y})-(\mu_1-\mu_2)}{\sqrt{\dfrac{\sigma_1^2}{n_1}+\dfrac{\sigma_2^2}{n_2}}}$,则当 H_0 成立时,$U=\dfrac{\bar{X}-\bar{Y}}{\sqrt{\dfrac{\sigma_1^2}{n_1}+\dfrac{\sigma_2^2}{n_2}}} \sim N(0,1)$.

给定显著性水平 α,由标准正态分布表分位点的定义,有 $P\{|U|>u_{\alpha/2}\}=\alpha$,故拒绝域

$$W = \{|U| > u_{\alpha/2}\} = \{U < -u_{\alpha/2}\} \cup \{U > u_{\alpha/2}\} = \{U < u_{1-\alpha/2}\} \cup \{U > u_{\alpha/2}\}.$$

例 4.8 从两个教学班各随机选取 14 名学生进行数学测验，第一个教学班与第二个教学班的测验结果分别如下：

第一个教学班：91　80　76　98　95　92　90　91　80　92　98　92　98　100

第二个教学班：90　91　80　92　92　94　96　93　95　69　90　92　94　96

已知两个教学班数学成绩服从正态分布，且方差分别为 57 和 53. 问在显著性水平 $\alpha = 0.05$ 下可否认为这两个教学班数学测验成绩有差异？

解 假设第一个教学班的数学成绩 $X \sim N(\mu_1, \sigma_1^2)$，第二个教学班的数学成绩 $Y \sim N(\mu_2, \sigma_2^2)$. 根据题意提出检验假设

$$H_0: \mu_1 = \mu_2; \quad H_1: \mu_1 \neq \mu_2.$$

当 H_0 为真时，选择检验统计量 $U = \dfrac{\overline{X} - \overline{Y}}{\sqrt{\dfrac{\sigma_1^2}{n_1} + \dfrac{\sigma_2^2}{n_2}}} \sim N(0,1)$，

对于给定的显著性水平 $\alpha = 0.05$，我们查附表 1 得临界值 $u_{\alpha/2} = u_{0.025} = 1.96$.

已知 $\sigma_1^2 = 57, \sigma_2^2 = 53$. 计算得

$$|u| = \left| \frac{90.929 - 90.286}{\sqrt{\dfrac{57}{14} + \dfrac{53}{14}}} \right| = 0.2293 < u_{0.025} = 1.96,$$

故统计量的值未落入拒绝域，则接受 H_0，可以认为这两个教学班数学测验的成绩没有差异.

以上是当两个正态总体方差 σ_1^2 与 σ_2^2 已知时，关于两个正态总体均值差的双侧假设检验，对于单侧的假设检验，使用的假设检验统计量是一样的，类似可得：

检验假设 $H_0: \mu_1 \leq \mu_2; H_1: \mu_1 > \mu_2$. 得拒绝域为 $u > u_\alpha$.

检验假设 $H_0: \mu_1 \geq \mu_2; H_1: \mu_1 < \mu_2$. 得拒绝域为 $u < -u_\alpha$.

2. 方差 σ_1^2 与 σ_2^2 未知，但 $\sigma_1^2 = \sigma_2^2$ —— t 检验法

选取 $T = \dfrac{(\overline{X} - \overline{Y}) - (\mu_1 - \mu_2)}{S_w \sqrt{\dfrac{1}{n_1} + \dfrac{1}{n_2}}}$. 这里 $S_w = \sqrt{\dfrac{(n_1-1)S_1^2 + (n_2-1)S_2^2}{n_1 + n_2 - 2}}$.

当 H_0 成立时，检验统计量 $T = \dfrac{\overline{X} - \overline{Y}}{S_w \sqrt{\dfrac{1}{n_1} + \dfrac{1}{n_2}}} \sim t(n_1 + n_2 - 2)$.

给定显著性水平 α，由 t 分布表分位点的定义，有 $P\{|T| > t_{\alpha/2}(n_1 + n_2 - 2)\} = \alpha$，故拒绝域

$$W = \{T < -t_{\alpha/2}(n_1 + n_2 - 2)\} \cup \{T > t_{\frac{\alpha}{2}}(n_1 + n_2 - 2)\}$$
$$= \{T < t_{1-\alpha/2}(n_1 + n_2 - 2)\} \cup \{T > t_{\frac{\alpha}{2}}(n_1 + n_2 - 2)\}.$$

例 4.9 杜鹃总是把蛋生在其他鸟的鸟巢中，现有从两种鸟巢中得到的蛋共 22 枚，其中 9 枚来自同一种鸟巢，13 枚来自另一种鸟巢. 测得杜鹃蛋的长度(单位：mm)如下：

第一种：21.2　21.6　21.9　22.0　22.0　22.2　22.8　22.9　23.2

第二种：19.8　20.0　20.3　20.8　20.9　20.9　21.0　21.0　21.0　21.2　21.5
　　　　 22.0　22.0

假设两个样本来自同方差正态总体，问当显著性水平 $\alpha=0.1$ 时，杜鹃蛋的长度与被发现的鸟巢不同是否有关？

解　设两种鸟巢中杜鹃蛋的长度分别为 X,Y，则
$$X \sim N(\mu_1,\sigma_1^2),\quad Y \sim N(\mu_2,\sigma_2^2),\quad \text{且}\ \sigma_1^2=\sigma_2^2.$$
根据题意提出假设 $H_0: \mu_1=\mu_2, H_1: \mu_1 \neq \mu_2$.

当 H_0 为真时，选择检验统计量 $T=\dfrac{\overline{X}-\overline{Y}}{S_w\sqrt{\dfrac{1}{n_1}+\dfrac{1}{n_2}}} \sim t(n_1+n_2-2)$.

经计算 $\overline{x}=22.20, \overline{y}=20.9539, s_1^2=0.4225, s_2^2=0.4377, s_w=0.6756$，计算检验统计量 T 的观测值 $|t|=\left|\dfrac{22.20-20.9539}{0.6756\sqrt{\dfrac{1}{9}+\dfrac{1}{13}}}\right|=4.0413$.

对于给定的显著性水平 $\alpha=0.1$，我们查附表 3 得临界值 $t_{0.05}(20)=1.7247$.

由于 $|t|=4.0413>t_{0.05}(20)=1.7247$，统计量 T 的观测值落入拒绝域，则拒绝 H_0，即认为杜鹃蛋的长度与被发现的鸟巢不同有关.

以上是当两个总体方差 $\sigma_1^2=\sigma_2^2$ 未知时，关于两个正态总体均值是否相等的双侧假设检验. 如果是单侧的假设检验，与双侧假设检验使用的假设检验统计量是一样的.

若检验假设 $H_0: \mu_1 \leqslant \mu_2; H_1: \mu_1 > \mu_2$，在显著性水平 α 下，根据
$$P\{T>t_\alpha(n_1+n_2-2)\}=\alpha$$
得拒绝域为 $t>t_\alpha(n_1+n_2-2)$.

若检验假设 $H_0: \mu_1 \geqslant \mu_2; H_1: \mu_1 < \mu_2$，在显著性水平 α 下，根据
$$P\{T<-t_\alpha(n_1+n_2-2)\}=\alpha$$
得拒绝域为 $t<-t_\alpha(n_1+n_2-2)$.

例 4.10　为了考察某种添加剂对混凝土预制板抗压强度（单位：N/m^2）的影响，进行如下的对比试验：甲车间在原有配料的基础上加入添加剂组织生产，乙车间按原有配料生产，抽样并由样本数据计算得到：

$$\text{加入添加剂：}n=17, \overline{x}=216, s_1^2=5259;$$
$$\text{未加添加剂：}m=10, \overline{y}=210, s_2^2=8750.$$

设两总体均服从正态分布，$X \sim N(\mu_1,\sigma_1^2), Y \sim N(\mu_2,\sigma_2^2)$ 且 $\sigma_1^2=\sigma_2^2$. 在显著性水平 $\alpha=0.05$ 下，试问加入添加剂后混凝土预制板的抗压强度是否高于原有配料下预制板的抗压强度？

解　根据题意提出假设 $H_0: \mu_1 \geqslant \mu_2; H_1: \mu_1 < \mu_2$.

当 H_0 为真时，选择检验统计量
$$T=\dfrac{\overline{X}-\overline{Y}}{\sqrt{\dfrac{(n_1-1)S_1^2+(n_2-1)S_2^2}{n_1+n_2-2}}\sqrt{\dfrac{1}{n_1}+\dfrac{1}{n_2}}} \sim t(n_1+n_2-2).$$

已知 $n_1=17, \overline{x}=216, s_1^2=5259; n_2=10, \overline{y}=210, s_2^2=8750$. 计算检验统计量的观测值

$$t = \frac{216-210}{\sqrt{\dfrac{(17-1)\times 5295 + (10-1)\times 8750}{17+10-2}}\sqrt{\dfrac{1}{17}+\dfrac{1}{10}}} = 0.1865.$$

对于给定的显著性水平 $\alpha=0.05$，我们查附表 3 得上临界点 $t_{0.05}(25)=1.7081$，由于 $t=0.1865 > -t_{0.05}(25) = -1.7081$，统计量 T 的观测值未落入拒绝域，则接受 H_0，认为加入添加剂后混凝土预制板的抗压强度高于原有配料下预制板的抗压强度.

4.3.2 两个正态总体方差的检验——F 检验法

考虑检验假设 $H_0 : \sigma_1^2 = \sigma_2^2$；$H_1 : \sigma_1^2 \neq \sigma_2^2$.

1. 均值 μ_1 与 μ_2 已知

因为 $\chi_1^2 = \dfrac{1}{\sigma_1^2}\sum\limits_{i=1}^{n_1}(X_i-\mu_1)^2 \sim \chi^2(n_1)$，$\chi_2^2 = \dfrac{1}{\sigma_2^2}\sum\limits_{i=1}^{n_2}(Y_i-\mu_2)^2 \sim \chi^2(n_2)$，

选取 $F = \dfrac{\chi_1^2/n_1}{\chi_2^2/n_2} = \dfrac{\dfrac{1}{n_1}\sum\limits_{i=1}^{n_1}(X_i-\mu_1)^2/\sigma_1^2}{\dfrac{1}{n_2}\sum\limits_{i=1}^{n_2}(Y_i-\mu_2)^2/\sigma_2^2}.$

当 H_0 成立时，检验统计量 $F = \dfrac{\dfrac{1}{n_1}\sum\limits_{i=1}^{n_1}(X_i-\mu_1)^2}{\dfrac{1}{n_2}\sum\limits_{i=1}^{n_2}(Y_i-\mu_2)^2} \sim F(n_1, n_2).$

给定显著性水平 α，由 F 分布分位点的定义，有

$$P\{(F < F_{1-\alpha/2}(n_1, n_2)) \cup (F > F_{\alpha/2}(n_1, n_2))\} = \alpha,$$

故得拒绝域 $W = \{F < F_{1-\alpha/2}(n_1, n_2)\} \cup \{F > F_{\alpha/2}(n_1, n_2)\}$.

关于两个正态总体方差的单侧假设检验，与上述双侧假设检验使用的假设检验统计量是一样的.

若检验假设，$H_0 : \sigma_1^2 \leq \sigma_2^2$，$H_1 : \sigma_1^2 > \sigma_2^2$，在显著性水平 α 下，根据 $P\{F > F_\alpha(n_1, n_2)\} = \alpha$ 得拒绝域为 $F > F_\alpha(n_1, n_2)$.

若检验假设，$H_0 : \sigma_1^2 \geq \sigma_2^2$，$H_1 : \sigma_1^2 < \sigma_2^2$，在显著性水平 α 下，根据 $P\{F < F_{1-\alpha}(n_1, n_2)\} = \alpha$ 得拒绝域为 $F < F_{1-\alpha}(n_1, n_2)$.

2. 均值 μ_1 与 μ_2 未知

这里仅讨论 $\mu_1, \mu_2, \sigma_1^2, \sigma_2^2$ 都未知时，对两个正态总体方差的检验.

检验假设 $H_0 : \sigma_1^2 = \sigma_2^2$，$H_1 : \sigma_1^2 \neq \sigma_2^2$

当 H_0 为真时，因为 $\chi_1^2 = \dfrac{(n_1-1)S_1^2}{\sigma_1^2} \sim \chi^2(n_1-1)$，$\chi_2^2 = \dfrac{(n_2-1)S_2^2}{\sigma_2^2} \sim \chi^2(n_2-1)$，

选取 $F = \dfrac{\chi_1^2/(n_1-1)}{\chi_2^2/(n_2-1)} = \dfrac{S_1^2/\sigma_1^2}{S_2^2/\sigma_2^2}.$

当 H_0 成立时，检验统计量 $F = \dfrac{S_1^2}{S_2^2} \sim F(n_1-1, n_2-1).$

给定显著性水平 α，由 F 分布分位点的定义，有
$$P\{(F < F_{1-\alpha/2}(n_1-1, n_2-1)) \cup (F > F_{\alpha/2}(n_1-1, n_2-1))\} = \alpha,$$
如图 4.7 所示.

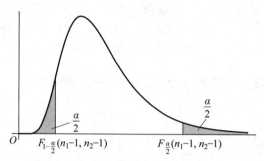

图 4.7 双侧检验的拒绝域

计算检验统计量 F 的观测值，并与临界点作比较. 若
$$F \geqslant F_{\alpha/2}(n_1-1, n_2-1) \quad \text{或} \quad F \leqslant F_{1-\alpha/2}(n_1-1, n_2-1),$$
统计量的观测值落入拒绝域，则拒绝 H_0；否则接受 H_0.

关于两个正态总体方差的单侧假设检验，与上述双侧假设检验使用的假设检验统计量是一样的.

若检验假设，$H_0: \sigma_1^2 \leqslant \sigma_2^2$；$H_1: \sigma_1^2 > \sigma_2^2$，在显著性水平 α 下，根据
$$P\{F > F_\alpha(n_1-1, n_2-1)\} = \alpha$$
得拒绝域为 $F > F_\alpha(n_1-1, n_2-1)$（参见图 4.8(a)）.

若检验假设，$H_0: \sigma_1^2 \geqslant \sigma_2^2$；$H_1: \sigma_1^2 < \sigma_2^2$，在显著性水平 α 下，根据
$$P\{F < F_{1-\alpha}(n_1-1, n_2-1)\} = \alpha$$
得拒绝域为 $F < F_{1-\alpha}(n_1-1, n_2-1)$（参见图 4.8(b)）.

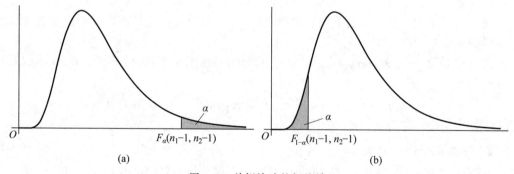

图 4.8 单侧检验的拒绝域

例 4.11 某烟厂生产两种香烟，独立地随机抽取样本容量相同的烟叶标本，测其尼古丁含量的毫克数，分别测得

甲种香烟：25　28　23　26　29　22
乙种香烟：28　23　30　25　21　27

假定两种香烟尼古丁含量都服从正态分布，在显著性水平 $\alpha = 0.05$ 下，判断两种香烟的尼古丁含量的方差是否相等？

解 考虑检验假设 $H_0: \sigma_1^2 = \sigma_2^2$；$H_1: \sigma_1^2 \neq \sigma_2^2$.

由于两个正态总体的均值都未知,选取检验统计量 $F = \dfrac{S_1^2}{S_2^2} \sim F(n_1-1, n_2-1)$.

给定显著性水平 α,查 F 分布表,得两个临界值：

$$F_{\alpha/2}(n_1-1, n_2-1) = F_{0.025}(5,5) = 7.15,$$

$$F_{1-\alpha/2}(n_1-1, n_2-1) = F_{0.975}(5,5) = \dfrac{1}{F_{0.025}(5,5)} = \dfrac{1}{7.15} = 0.1399,$$

故得拒绝域 $W = \{F < 0.1399\} \cup \{F > 7.15\}$.

计算统计量的值 $F = \dfrac{s_1^2}{s_2^2} = \dfrac{2.7386^2}{3.3267^2} = 0.6777$. 由于 $0.1399 < F < 7.15$,故接受 H_0,认为两种香烟的尼古丁含量的方差无显著差异.

基于 Python 的求解方法如下：

```
import numpy as np
from scipy.stats import f
X = np.array([25,28,23,26,29,22])          # 样本的 numpy 数组表示
Y = np.array([28,23,30,25,21,27])          # 样本的 numpy 数组表示
alpha = 0.05                                # 显著性水平
s1 = np.sqrt(len(X)/(len(X)-1)) * np.std(X) # 计算样本 X 的标准差
s2 = np.sqrt(len(Y)/(len(Y)-1)) * np.std(Y) # 计算样本 Y 的标准差
F = s1**2/s2**2                             # 计算 F 检验统计量
print('F={:3F}'.format(F))                  # 打印计算结果
print('分位数大:{:3f}'.format(f(len(X)-1,len(Y)-1).isf(alpha/2)))
print('分位数小:{:3f}'.format(f(len(X)-1,len(Y)-1).isf(1-alpha/2)))
if f.isf(1-alpha/2,len(X)-1,len(Y)-1)< F and F < f.isf(alpha/2,len(X)-1,len(Y)-1):
    print('不能拒绝原假设,可以认为方差相等')   # 依据条件做出决策
else:
    print('拒绝原假设,不能认为方差相等')
Out:
F=0.677711
分位数大:7.146382
分位数小:0.139931
```

不能拒绝原假设,可以认为方差相等.

例 4.12 有两台机器生产同一种零件,分别在两台机器所生产的部件中各取一容量为 $n=14$ 和 $m=12$ 的样本,测得部件质量的样本方差分别为 $s_1^2 = 15.46$ 和 $s_2^2 = 9.66$,设两样本相互独立,在显著性水平 $\alpha = 0.05$ 下检验假设 $H_0: \sigma_1^2 \leq \sigma_2^2, H_1: \sigma_1^2 > \sigma_2^2$.

解 这是一个关于两正态总体方差的单侧假设检验问题.

当 H_0 为真时,选用检验统计量 $F = \dfrac{s_1^2}{s_2^2} \sim F(n_1-1, n_2-1)$.

对于给定的 $\alpha = 0.05$,可查附表 4 得临界值 $F_{0.05}(13,11) = 2.7614$. 计算检验统计量的观测值 $\dfrac{s_1^2}{s_2^2} = 1.6004 < 2.7614$,即统计量的观测值未落入拒绝域,则接受 H_0.

例 4.13 为了考察甲、乙两种安眠药的药效,现独立观察 20 位病人,其中两种药各有 10 人服用,以 X, Y 分别表示病人服甲、乙药时延长的睡眠时数,具体数据如下：

X: 1.9 0.8 1.1 0.1 -0.1 4.4 5.5 1.6 4.6 3.4

Y: 0.7　−0.6　−0.2　−1.2　−0.1　3.4　3.7　0.8　0.0　2.0

假设 X,Y 都近似地服从正态分布,问在显著性水平 $\alpha=0.05$ 下,这两种药物疗效有无显著差异?

解 设 $X \sim N(\mu_1,\sigma_1^2),Y \sim N(\mu_2,\sigma_2^2)$,经计算 $\bar{x}=2.33, \bar{y}=0.75, s_1^2=4.01, s_2^2=3.20$.

这是两正态总体方差未知的情况下,检验 μ_1 与 μ_2 是否相等的问题.首先要检验两总体的方差是否相等.

假设 $H_0: \sigma_1^2=\sigma_2^2$;$H_1: \sigma_1^2 \neq \sigma_2^2$.

当 H_0 为真时,选用检验统计量 $F=\dfrac{s_1^2}{s_2^2} \sim F(n_1-1,n_2-1)=F(9,9)$.

对于给定的 $\alpha=0.05$,可查附表 4 得到临界值

$$F_{0.025}(9,9)=4.03,\quad F_{0.975}(9,9)=\dfrac{1}{F_{0.025}(9,9)}=\dfrac{1}{4.03}=0.25.$$

计算检验统计量的观测值 $\dfrac{s_1^2}{s_2^2}=1.25$,由于 $0.25<\dfrac{s_1^2}{s_2^2}=1.25<4.03$,统计量未落入拒绝域,则接受 H_0,即认为两总体方差相等.

当 $\sigma_1^2=\sigma_2^2$ 时,检验假设:$H_0': \mu_1=\mu_2, H_1': \mu_1 \neq \mu_2$.

当 H_0' 为真时,选择检验统计量 $T=\dfrac{\bar{X}-\bar{Y}}{S_w\sqrt{\dfrac{1}{n_1}+\dfrac{1}{n_2}}} \sim t(n_1+n_2-2)$,其中 $S_w=\sqrt{\dfrac{(n_1-1)S_1^2+(n_2-1)S_2^2}{n_1+n_2-2}}$,经计算 $s_w=\sqrt{\dfrac{9(4.01+3.20)}{18}}=1.9009$.

对于给定的显著性水平 $\alpha=0.05$,我们查附表 3 得临界值 $t_{0.025}(18)=2.1009$,$t_{0.975}(18)=-t_{0.025}(18)=-2.1009$.

计算检验统计量 T 的观测值 $|t|=\left|\dfrac{2.33-0.75}{1.90\sqrt{\dfrac{1}{10}+\dfrac{1}{10}}}\right|=1.86<2.1009$.由于统计量的观测值未落入拒绝域,则接受 H_0',即认为这两种药物疗效无显著差异.

为了使用方便学习假设检验问题,把正态总体均值、方差的检验归纳成表 4.3 和表 4.4.

表 4.3　一个正态总体的假设检验一览表(显著性水平为 α)

原假设 H_0	备择假设 H_1	检验统计量	H_0 为真时检验统计量的分布	拒绝域
1. $\mu \leqslant \mu_0$ 2. $\mu \geqslant \mu_0$ 3. $\mu = \mu_0$	1. $\mu > \mu_0$ 2. $\mu < \mu_0$ 3. $\mu \neq \mu_0$	$U=\dfrac{\bar{X}-\mu_0}{\sigma/\sqrt{n}}$ (σ^2 已知)	$N(0,1)$	1. $u>u_\alpha$ 2. $u<-u_\alpha$ 3. $|u|>u_{\alpha/2}$
1. $\mu \leqslant \mu_0$ 2. $\mu \geqslant \mu_0$ 3. $\mu = \mu_0$	1. $\mu > \mu_0$ 2. $\mu < \mu_0$ 3. $\mu \neq \mu_0$	$T=\dfrac{\bar{X}-\mu_0}{S/\sqrt{n}}$ (σ^2 未知)	$t(n-1)$	1. $t>t_\alpha(n-1)$ 2. $t<-t_\alpha(n-1)$ 3. $|t|>t_{\alpha/2}(n-1)$

续表

原假设 H_0	备择假设 H_1	检验统计量	H_0 为真时检验统计量的分布	拒绝域
1. $\sigma^2 \leq \sigma_0^2$ 2. $\sigma^2 \geq \sigma_0^2$ 3. $\sigma^2 = \sigma_0^2$	1. $\sigma^2 > \sigma_0^2$ 2. $\sigma^2 < \sigma_0^2$ 3. $\sigma^2 \neq \sigma_0^2$	$\chi^2 = \dfrac{1}{\sigma_0^2}\sum_{i=1}^{n}(X_i-\mu)^2$ (μ 已知)	$\chi^2(n)$	1. $\chi^2 > \chi_\alpha^2(n)$ 2. $\chi^2 < \chi_{1-\alpha}^2(n)$ 3. $\chi^2 > \chi_{\alpha/2}^2(n)$ 或 $\chi^2 < \chi_{1-\frac{\alpha}{2}}^2(n)$
1. $\sigma^2 \leq \sigma_0^2$ 2. $\sigma^2 \geq \sigma_0^2$ 3. $\sigma^2 = \sigma_0^2$	1. $\sigma^2 > \sigma_0^2$ 2. $\sigma^2 < \sigma_0^2$ 3. $\sigma^2 \neq \sigma_0^2$	$\chi^2 = \dfrac{(n-1)S^2}{\sigma_0^2}$ (μ 未知)	$\chi^2(n-1)$	1. $\chi^2 > \chi_\alpha^2(n-1)$ 2. $\chi^2 < \chi_{1-\alpha}^2(n-1)$ 3. $\chi^2 > \chi_{\alpha/2}^2(n-1)$ 或 $\chi^2 < \chi_{1-\frac{\alpha}{2}}^2(n-1)$

表 4.4　两个正态总体的假设检验一览表(显著性水平为 α)

原假设 H_0	备择假设 H_1	检验统计量	H_0 为真时检验统计量的分布	拒绝域
1. $\mu_1 \leq \mu_2$ 2. $\mu_1 \geq \mu_2$ 3. $\mu_1 = \mu_2$	1. $\mu_1 > \mu_2$ 2. $\mu_1 < \mu_2$ 3. $\mu_1 \neq \mu_2$	$U = \dfrac{\overline{X}-\overline{Y}-\delta}{\sqrt{\dfrac{\sigma_1^2}{n_1}+\dfrac{\sigma_2^2}{n_2}}}$ (σ_1^2, σ_2^2 已知)	$N(0,1)$	1. $u > u_\alpha$ 2. $u < -u_\alpha$ 3. $\|u\| > u_{\alpha/2}$
1. $\mu_1 \leq \mu_2$ 2. $\mu_1 \geq \mu_2$ 3. $\mu_1 = \mu_2$	1. $\mu_1 > \mu_2$ 2. $\mu_1 < \mu_2$ 3. $\mu_1 \neq \mu_2$	$T = \dfrac{\overline{X}-\overline{Y}-(\mu_1-\mu_2)}{S_w\sqrt{\dfrac{1}{n_1}+\dfrac{1}{n_2}}}$ $S_w^2 = \dfrac{(n_1-1)S_1^2+(n_2-1)S_2^2}{n_1+n_2-2}$ ($\sigma_1^2 = \sigma_2^2 = \sigma^2$ 未知)	$t(n_1+n_2-2)$	1. $t > t_\alpha(n_1+n_2-2)$ 2. $t < -t_\alpha(n_1+n_2-2)$ 3. $\|t\| > t_{\alpha/2}(n_1+n_2-2)$
1. $\sigma_1^2 \leq \sigma_2^2$ 2. $\sigma_1^2 \geq \sigma_2^2$ 3. $\sigma_1^2 = \sigma_2^2$	1. $\sigma_1^2 > \sigma_2^2$ 2. $\sigma_1^2 < \sigma_2^2$ 3. $\sigma_1^2 \neq \sigma_2^2$	$F = \dfrac{\dfrac{1}{n_1}\sum\limits_{i=1}^{n_1}(X_i-\mu_1)^2}{\dfrac{1}{n_2}\sum\limits_{i=1}^{n_2}(Y_i-\mu_2)^2}$ (μ_1, μ_2 已知)	$F(n_1, n_2)$	1. $F > F_\alpha(n_1, n_2)$ 2. $F < F_{1-\alpha}(n_1, n_2)$ 3. $F > F_{\frac{\alpha}{2}}(n_1, n_2)$ 或 $F < F_{1-\frac{\alpha}{2}}(n_1, n_2)$
1. $\sigma_1^2 \leq \sigma_2^2$ 2. $\sigma_1^2 \geq \sigma_2^2$ 3. $\sigma_1^2 = \sigma_2^2$	1. $\sigma_1^2 > \sigma_2^2$ 2. $\sigma_1^2 < \sigma_2^2$ 3. $\sigma_1^2 \neq \sigma_2^2$	$F = \dfrac{S_1^2}{S_2^2}$ (μ_1, μ_2 未知)	$F(n_1-1, n_2-1)$	1. $F > F_\alpha(n_1-1, n_2-1)$ 2. $F < F_{1-\alpha}(n_1-1, n_2-1)$ 3. $F > F_{\frac{\alpha}{2}}(n_1-1, n_2-1)$ 或 $F < F_{1-\frac{\alpha}{2}}(n_1-1, n_2-1)$

习题 4.3

1. 根据以往资料,已知某品种小麦每 $4m^2$ 的产量(单位:kg)的方差为 $\sigma^2=0.2$.今在一块地上用 A,B 两种方法试验,A 方法设 12 个样点,得平均产量 1.5;B 方法设 8 个样点,得平均产量 1.6.试比较 A,B 两法的平均产量是否有显著差异?($\alpha=0.05$)

2. 从甲、乙两煤矿各取若干个样品,得其含灰率(%)为

甲:24.3   20.8   23.7   21.3   17.4
乙:18.2   16.9   20.2   16.7

假定含灰率均服从正态分布且 $\sigma_1^2=\sigma_2^2$,问甲、乙两煤矿的含灰率有无显著差异?($\alpha=0.05$)

3. 某种羊毛在处理前后,各抽取样本,测得含脂率(%)如下.

处理前:19   18   21   30   66   42   8   12   30   27
处理后:15   13   7   24   19   4   8   20

羊毛含脂率服从正态分布,问处理前后含脂率的标准差 σ 有无显著变化?($\alpha=0.05$)

4. 在炼钢平炉上进行一项试验以确定改变操作方法的建议是否会改变钢的得率,试验是在同一只平炉上进行的,每炼一炉钢时,除操作方法外,其他条件都尽可能地做到相同,先用标准方法炼一炉,然后用建议的新方法炼一炉,以后交替进行,各炼了 10 炉,其得率分别为

标准方法:78.1   72.4   76.2   74.3   77.4   78.4   76.0   75.5   76.7   77.3
建议方法:79.1   81.0   77.3   79.1   80.0   79.1   79.1   77.3   80.2   82.1

设两个样本相互独立,且分别来自正态总体 $N(\mu_1,\sigma^2)$ 和 $N(\mu_2,\sigma^2)$,μ_1,μ_2,σ^2 均未知,问建议的新操作方法是否能提高得率?($\alpha=0.05$)

4.4 其他分布参数的假设检验

4.4.1 指数分布参数的假设检验

指数分布是一类重要的分布,有着广泛的应用.设 $X_1,X_2,\cdots,X_n$ 是来自指数分布 $\text{Exp}(1/\theta)$ 的样本,θ 为其均值,现考虑关于 θ 的如下检验问题:

$$\text{I}:H_0:\theta\leqslant\theta_0;\quad H_1:\theta>\theta_0. \tag{4.5}$$

为寻找检验统计量,我们考察参数 θ 的充分统计量 $\bar{X}$.在 $\theta=\theta_0$ 时,因为 $\sum_{i=1}^{n}x_i\sim\text{Ga}(n,1/\theta_0)$,由伽马分布性质可知

$$\chi^2=\frac{2n\bar{x}}{\theta_0}\sim\chi^2(2n).$$

于是可用 χ^2 作为检验统计量并利用 $\chi^2(2n)$ 的分位数建立检验的拒绝域,对检验问题(4.5),拒绝域形式为 $W_1=\{\chi^2\geqslant c\}$,对给定的显著性水平 α,可由 $P(W_1)=\alpha$ 获得拒绝域

$$W_1=\{\chi^2\geqslant\chi_\alpha^2(2n)\}.$$

类似本章前面关于检验的 p 值的讨论,记 $\chi_0^2 = \dfrac{2n\bar{x}}{\theta_0}$ 为由样本算得的检验统计量值,χ^2 表示服从 $\chi^2(2n)$ 分布的随机变量,则检验的 p 值为 $p_{\mathrm{I}} = P\{\chi^2 \geqslant \chi_0^2\}$.

关于 θ 的另两种检验问题处理方法类似. 对检验问题

$$\mathrm{II}: \mathrm{H}_0: \theta \geqslant \theta_0; \quad \mathrm{H}_1: \theta < \theta_0 \quad \text{和} \quad \mathrm{III}: \mathrm{H}_0: \theta = \theta_0; \quad \mathrm{H}_1: \theta \neq \theta_0.$$

检验统计量不变,拒绝域以及检验的 p 值分别为

$$W_{\mathrm{II}} = \{\chi^2 \leqslant \chi_{1-\alpha}^2(2n)\}, \quad p_{\mathrm{II}} = P\{\chi^2 \leqslant \chi_0^2\},$$

$$W_{\mathrm{III}} = \{\chi^2 \leqslant \chi_{1-\alpha/2}^2(2n) \text{ 或 } \chi^2 \geqslant \chi_{\alpha/2}^2(2n)\}, \quad p_{\mathrm{III}} = 2\min\{P\{\chi^2 \geqslant \chi_0^2\}, P\{\chi^2 \leqslant \chi_0^2\}\}.$$

例 4.14 设我们要检验某种元件的平均寿命不低于 6000h,假定元件寿命为指数分布,现取 5 个元件投入试验,观测到如下 5 个失效时间(h):

$$395, 4094, 119, 11\,572, 6133.$$

这是一个假设检验问题,检验的假设为

$$\mathrm{H}_0: \theta \geqslant 6000; \quad \mathrm{H}_1: \theta < 6000.$$

经计算,$\bar{x} = 4462.6$,故检验统计量为

$$\chi_0^2 = \dfrac{10\bar{x}}{\theta_0} = \dfrac{10 \times 4462.6}{6000} = 7.4377.$$

若取 $\alpha = 0.05$,则查表知 $\chi_{0.05}^2(10) = 3.9403$. 由于 $7.4377 > 3.9403$,故接受原假设,可以认为平均寿命不低于 6000h. 检验的 p 值为 $P\{\chi^2 \leqslant 7.4377\} = 0.6836$.

4.4.2 比率 p 的检验

比率 p 可看作某事件发生的概率,即可看作二点分布 $b(1,p)$ 中的参数作 n 次独立试验,以 x 记该事件发生的次数,则 $x \sim b(n,p)$. 我们可以根据 x 来检验关于 p 的一些假设. 先考虑如下单边假设检验问题:

$$\mathrm{I}: \mathrm{H}_0: p \leqslant p_0; \quad \mathrm{H}_1: p > p_0.$$

直观上看,一个显然的检验方法是取如下的拒绝域 $W = \{x \geqslant c\}$,由于 x 只取整数值,故 c 可限制在非负整数中. 然而,一般情况下对给定的 α,不一定能正好取到一个 c,使得

$$P\{x \geqslant c; p_0\} = \sum_{i=c}^{n} C_n^i p_0^i (1-p_0)^{n-i}. \tag{4.6}$$

能恰巧使得(4.6)式成立的 c 值是罕见的. 这是在对离散总体作假设检验中普遍会遇到的问题,在这种情况下,较常见的是找一个 c_0,使得

$$\sum_{i=c_0}^{n} C_n^i p_0^i (1-p_0)^{n-i} > \alpha > \sum_{i=c_0+1}^{n} C_n^i p_0^i (1-p_0)^{n-i},$$

于是,可取 $c = c_0 + 1$,此时相当于把显著性水平由 α 降低到 $\sum_{i=c_0+1}^{n} C_n^i p_0^i (1-p_0)^{n-i}$,因为它可保证(4.6)式的左侧不大于 α,从而是显著性水平为 α 的检验.

事实上,在离散场合使用 p 值作检验较为简便,这时可以不用找 c,而只需根据观测值 $x = x_0$ 计算检验的 p 值,即

$$p = P\{x = x_0\},$$

并将之与事先给定的显著性水平比较大小即可,其中 x 为服从 $b(n,p_0)$ 分布的随机变量.譬如,$n=40,p_0=0.1,x_0=8$,则
$$p=1-0.9^{40}-C_{40}^1 0.1\times 0.9^{39}-\cdots-C_{40}^7 0.1^7\times 0.9^{33}=0.0419.$$
于是,若取 $\alpha=0.05$,由于 $p<\alpha$,则应拒绝原假设.

对另两个检验问题的处理是类似的. 检验问题 II:$H_0:p\geqslant p_0$;$H_1:p<p_0$ 以及检验问题 III:$H_0:p=p_0$;$H_1:p\neq p_0$ 的 p 值分别为
$$p_{II}=P\{x\leqslant x_0\},\quad p_{III}=2\min\{P\{x\leqslant x_0\},P\{x\geqslant x_0\}\}.$$

例 4.15 某厂生产的产品优质品率一直保持在 40%,近期对该厂生产的该类产品抽检 20 件,其中优质品 7 件,在 $\alpha=0.05$ 下能否认为优质品率仍保持在 40%?

解 这是一个假设检验问题,以 x 表示优质品率,T 表示 20 件产品中的优质品件数,则 $T\sim b(20,p)$,待检验的一对假设为
$$H_0:p=0.4;\quad H_1:p\neq 0.4.$$
这是一个双侧检验问题,$n=20,x=7$,可计算检验的 p 值为
$$p=2\min\{P\{T\leqslant 7\},P\{T\geqslant 7\}\}=2\min\{0.4159,0.7500\}=0.8318.$$
由于 p 远大于 α,故不能拒绝原假设,可以认优质品率仍保持在 40%.

习题 4.4

1. 从一批服从指数分布的产品中抽取 10 个进行寿命试验,观测值(单位:h)如下:
   1643 1629 426 132 1522 432 1759 1074 528 283
根据这批数据能否认为其平均寿命不低于 1100h(取 $\alpha=0.05$)?

2. 某厂一种元件平均使用寿命为 1200h(偏低),现厂里进行技术革新,革新后任选 8 个元件进行寿命试验,测得寿命数据如下:
   2686 2001 2082 792 1660 4105 1416 2089
假定元件寿命服从指数分布,取 $\alpha=0.05$,问革新后元件的平均寿命是否有明显提高?

3. 有人称某地成年人中大学毕业生比率不低于 30%. 为检验之,随机调查该地 15 名成年人,发现有 3 名大学毕业生,取 $\alpha=0.05$,问该人看法是否成立?并给出检验的 p 值.

4. 设某段高速公路上汽车限速为 104.6km/h,现检验 85 辆汽车的样本,测出的平均车速为 106.7km/h,已知总体标准差为 $\sigma=13.4$km/h,但不知总体是否服从正态分布. 在显著性水平 $\alpha=0.05$ 下,试检验高速公路上的汽车是否比限制速度 104.6km/h 显著地快?

5. 为比较甲乙两种小麦植株的高度(单位:cm),分别抽得甲、乙小麦各 100 穗,在相同条件下进行高度测定,算得甲乙小麦样本均值和样本方差分别为 $\bar x=28,s_1^2=35.8,\bar y=26,s_2^2=32.3$,问这两种小麦的株高有无显著差异($\alpha=0.05$)?

6. 某厂有一批产品须经检验后方可出厂. 按规定二级品率不得超过 10%,从中随机抽取 100 件产品进行检查,发现有二级品 14 件,问这批产品是否可以出厂($\alpha=0.05$)?

4.5 分布的拟合检验

前几节的检验都是参数的检验. 实际问题中,有时需要对分布作出假设,进行检验. 本节

只介绍一种分布的检验方法——皮尔逊 χ^2 检验法,它只适合于大样本的情形,一般要求样本容量 $n \geqslant 50$.

设总体 X 的分布函数为 $F(x)$,$F_0(x)$ 为一个已知的分布函数,$X_1, X_2, \cdots, X_n$ 为总体 X 的一个样本,我们来检验关于总体分布的假设

$$H_0: F(x) = F_0(x); \quad H_1: F(x) \neq F_0(x).$$

4.5.1 基本原理

χ^2 检验法的基本思想是:将随机试验的所有可能结果的全体分成 k 个两两互不相容的事件 $A_1, A_2, \cdots, A_k$,在 n 次试验中,将 A_i 发生的次数 f_i 称为 A_i 发生的频数,如果 H_0 为真,则由大数定律,在 n 次试验中 (n 足够大),$A_i (i=1,2,\cdots,k)$ 出现的实际频率 $\dfrac{f_i}{n}$ 与理论频率 $p_i = P(A_i)$ (可由分布函数 $F_0(x)$ 算出)不应相差很大. 基于这种想法,皮尔逊构造了统计量

$$\chi^2 = \sum_{i=1}^{k} \frac{(f_i - np_i)^2}{np_i} \quad \text{或} \quad \chi^2 = \sum_{i=1}^{k} \frac{(f_i - n\hat{p}_i)^2}{n\hat{p}_i},$$

其中 $\hat{p}_i$ 是由 $\hat{F}_0(x)$ 计算出来的理论频率,$\hat{F}_0(x)$ 是 $F_0(x)$ 中未知参数估计后的分布函数,并证明了如下定理.

定理 4.1 若 n 足够大,当 H_0 成立时,统计量 χ^2 总是近似地服从自由度为 $k-r-1$ 的 χ^2 分布,其中 r 是已知的分布函数 $F_0(x)$ 中未知参数的个数.

直观上看,χ^2 值表示实际观测结果与理论期望结果的相对差异的总和,当它的取值大于临界值时,应拒绝 H_0.

4.5.2 检验步骤

如果 $F_0(x)$ 为不带有未知参数的已知分布,皮尔逊 χ^2 检验法的具体步骤如下:

(1) 将总体 X 的值域划分成 k 个不交的区间 $A_i (i=1,2,\cdots,k)$,使得每个区间包含的理论频数满足 $np_i \geqslant 5$,否则将区间适当调整;

(2) 在 H_0 成立时,计算各理论频率即概率 p_i 的值:

$$p_i = P(A_i) = F_0(y_i) - F_0(y_{i-1}), \quad i=1,2,\cdots,k.$$

这里 y_{i-1} 与 y_i 为区间 A_i 的端点,即 $A_i = (y_{i-1}, y_i]$;

(3) 数出 A_i 中含有样本值的个数,即 A_i 的频数 f_i,并计算统计量

$$\chi^2 = \sum_{i=1}^{k} \frac{(f_i - np_i)^2}{np_i}$$

的值 χ^2;

(4) 由 χ^2 分布,对于给定的显著性水平 α,找出临界值 $\chi^2_\alpha(k-1)$;

(5) 判断:若 $\chi^2 > \chi^2_\alpha(k-1)$,则拒绝 H_0,否则可接受 H_0.

如果总体 X 是离散型的,则假设 H_0 相当于假设总体 X 的概率分布

$$H_0: P\{X = x_i\} = p_{i0}, \quad i=1,2,\cdots.$$

如果总体 X 是连续型的，则假设 H_0 相当于
$$H_0: f(x)=f_0(x),$$
这里 $f(x)$ 为总体的概率密度函数.

例 4.16 至 1984 年底，南京市开办有奖储蓄以来，13 期兑奖号码中诸数码的频数汇总如表 4.5 所示.

表 4.5　13 期兑奖号码频数汇总表

数码 i	0	1	2	3	4	5	6	7	8	9	总数
频数 f_i	21	28	37	36	31	45	30	37	33	52	350

试检验器械或操作方法是否有问题（$\alpha=0.05$）.

解 设抽取的数码为 X，它可能的取值为 $0\sim9$. 如果检验器械或操作方法没有问题，则 $0\sim9$ 出现是等可能的，即检验假设 $H_0: p_i=\dfrac{1}{10}, i=0,1,2,\cdots,9$，这里 $p_i=P\{X=i\}$.

依题意知 $k=10$，令 $A_i=\{i\}, i=0,1,2,\cdots,9, n=350$，则理论频数 $np_i=35$.

$$\chi^2=\sum_{i=0}^{9}\frac{(f_i-np_i)^2}{np_i}=\frac{688}{35}=19.657.$$

给定显著性水平 $\alpha=0.05$，查 χ^2 分布表，得临界值 $\chi_\alpha^2(k-1)=\chi_{0.05}^2(9)=16.9$. 由于 $19.675>16.9$，故拒绝 H_0，即认为器械或操作方法有问题.

如果 $F_0(x)$ 为带有未知参数的已知分布，未知参数为 $\hat{\theta}_1,\hat{\theta}_2,\cdots,\hat{\theta}_r$，这时用这 r 个未知参数的极大似然估计量 $\hat{\theta}_1,\hat{\theta}_2,\cdots,\hat{\theta}_r$ 来代替 $F_0(x)$ 中的参数 $\theta_1,\theta_2,\cdots,\theta_r$，得到分布函数 $\hat{F}_0(x)$，然后建立统计量 $\chi^2=\sum_{i=1}^{k}\dfrac{(f_i-n\hat{p}_i)^2}{n\hat{p}_i}$，这里 $\hat{p}_i$ 是由 $\hat{F}_0(x)$ 计算出来的理论频率. 再用以上检验步骤进行检验，但此时检验统计量 χ^2 近似服从 $\chi^2(k-r-1)$ 分布（这里 $k>r+1$）.

例 4.17 某高校对 100 名新生的身高(cm)做了检查，把测得的 100 个数据按由大到小的顺序排列，相同的数合并得表 4.6.

表 4.6　身高统计表

身高	153	156	157	159	160	161	162	163	164
人数	1	3	2	1	4	6	7	6	10
身高	165	166	167	168	169	170	171	172	173
人数	8	7	5	7	5	6	3	4	7
身高	174	176	178	180	181				
人数	3	2	1	1	1				

试问，在显著性水平 $\alpha=0.05$ 下是否可以认为学生身高 X 服从正态分布？

解 这里 $n=100$，我们来检验假设 $H_0: f(x)=\dfrac{1}{\sqrt{2\pi}\sigma}e^{-\frac{(x-\mu)^2}{2\sigma^2}}, -\infty<x<+\infty$，这里 $f(x)$ 为正态分布 $N(\mu,\sigma^2)$ 的概率密度. 设其分布函数为 $F(x)$，μ 与 $\sigma>0$ 为未知参数.

先求 μ 与 σ^2 的极大似然估计值 $\hat{\mu},\hat{\sigma}^2$：

$$\hat{\mu} = \frac{1}{n}\sum_{i=1}^{n} x_i = 166.33, \quad \hat{\sigma}^2 = \frac{1}{n}\sum_{i=1}^{n}(x_i - \hat{\mu})^2 = 28.06.$$

设服从正态分布 $N(\hat{\mu},\hat{\sigma}^2)$ 的随机变量为 Y，分布函数为 $\hat{F}(y)$。按照分组要求，每个小区间的理论频数 $n\hat{p}_i$ 不应小于 5，因此我们将数据分成了 7 个组，使得每组的实际频数不小于 5，各计算结果如表 4.7 所示。

表 4.7

分组	f_i	$\hat{p}_i$	$n\hat{p}_i$	$f_i - n\hat{p}_i$	$(f_i - n\hat{p}_i)^2/n\hat{p}_i$
$(-\infty, 158.5]$	6	0.0694	6.94	-0.94	0.1273
$(158.5, 161.5]$	11	0.1120	11.20	-0.20	0.0036
$(161.5, 164.5]$	23	0.1837	18.37	4.63	1.1670
$(164.5, 167.5]$	20	0.2220	22.20	-2.20	0.2180
$(167.5, 170.5]$	18	0.1972	19.72	-1.72	0.1500
$(170.5, 173.5]$	14	0.1270	12.70	1.30	0.1331
$(173.5, +\infty)$	8	0.0887	8.87	-0.87	0.0853
	100	1.0000	100		1.8843

表 4.7 中第 3 列 $\hat{p}_i$ 的计算如下：

$$\hat{p}_i = P\{y_{i-1} < Y \leqslant y_i\} = \hat{F}(y_i) - \hat{F}(y_{i-1}), \quad i = 0,1,2,\cdots,7.$$

例如，

$$\hat{p}_3 = P\{161.5 < Y \leqslant 164.5\} = P\left\{\frac{161.5 - 166.33}{\sqrt{28.06}} < \frac{Y - \hat{\mu}}{\hat{\sigma}} \leqslant \frac{164.5 - 166.33}{\sqrt{28.06}}\right\}$$

$$= \Phi(-0.345) - \Phi(-0.911) = 0.1837.$$

给定显著性水平 $\alpha = 0.05$，查 χ^2 分布表，得临界值

$$\chi^2_\alpha(k-r-1) = \chi^2_{0.05}(7-2-1) = \chi^2_{0.05}(4) = 9.488.$$

由于 $1.8843 < 9.488$，故接受 H_0，即认为学生身高服从正态分布。

基于 Python 的求解方法如下：

```
import numpy as np
from scipy import stats                                    #导入统计模块
X= np.array([153,156,156,156,157,157,159,160,160,160,160,161,161,161,161,161,161,
162,162,162,162,162,162,162,162,163,163,163,163,163,163,164,164,164,164,164,164,164,
164,164,164,165,165,165,165,165,165,165,165,166,166,166,166,166,166,166,167,167,167,
167,167,168,168,168,168,168,168,168,169,169,169,169,169,170,170,170,170,170,170,171,
171,171,172,172,172,172,173,173,173,173,173,173,174,174,174,176,176,178,180,181])
#样本 numpy 数组表示
stats.kstest(X,'norm',args=(X.mean(),X.std()))             #进行 ks 检验
Out:
KstestResult(statistic=0.08169936093845837, pvalue=0.48510348947177784, statistic_location
=165, statistic_sign=1)
```

根据 $p > 0.05$ 可以作出接受原假设的判断，即学生身高服从正态分布。

习题 4.5

1. 掷一枚骰子 60 次,结果如下:

点数	1	2	3	4	5	6
次数	7	8	12	11	9	13

试在显著性水平为 0.05 下检验这枚骰子是否均匀.

2. 检查了一本书的 100 页,记录各页中印刷错误的个数,其结果如下:

错误个数	0	1	2	3	4	5	≥ 6
页数	35	40	19	3	2	1	0

问能否认为一页的印刷错误个数服从泊松分布(取 $\alpha=0.05$)?

3. 在一批灯泡中抽取 300 只作寿命试验,其结果如下:

寿命(h)	<100	[100,200)	[200,300)	≥ 300
灯泡数	121	78	43	58

在显著性水平 $\alpha=0.05$ 下能否认为灯泡寿命服从指数分布 $\mathrm{Exp}(0.005)$?

第5章

方差分析

方差分析是数理统计中的重要内容,也是具有广泛应用的内容.方差分析是判断各因素效应的一种有效手段,本章只介绍方差分析最基本的部分.

5.1 单因素方差分析

方差分析是由英国统计学家费希尔在 20 世纪 20 年代首先应用到农业试验中的.经过几十年的发展,方差分析的内容已经十分丰富,并广泛地应用到农业、工业、生物、医学乃至经济学、社会学等方面的研究.

在科学试验和生产实践中,影响试验或生产的因素往往很多,我们通常分析哪种因素对事物有着显著的影响,并希望知道起决定性作用的因素在什么时候有着最有利的影响.如农业生产中,需要考虑品种、施肥量、种植密度等因素对农作物收获量的影响;又如某产品的销售量在不同地区、不同时期、不同的销售方式是否有差异.在诸影响因素中哪些因素是主要的,哪些因素是次要的,以及主要因素处于何种状态时,才能使农作物的产量和产品的销售量达到一个较高的水平,这就是**方差分析**(variance analysis)所要解决的问题.

为此,我们需要进行试验.方差分析就是根据试验结果进行分析,鉴别各个相关因素对试验结果影响的有效方法.

试验指标:在试验中,要考查的指标.

因素或因子:影响试验指标的条件,常用大写字母 $A,B,C,\cdots$ 表示.

因素的类型:可控因素和不可控因素,我们这里的因素都是可控因素.

水平:因素所处的状态,因素 A 的水平常记为 $A_1, A_2, \cdots$.

单因素试验:在一项试验中只有一个因素在改变.

多因素试验:如果有多于一个因素在改变.

方差分析就是根据试验的结果进行分析,鉴别各个有关因素对试验结果影响的一种有效的方法.

5.1.1 问题的提出

例5.1 用 4 种安眠药在兔子身上进行试验,特选 24 只健康的兔子,随机地把它们均分为 4 组,每组各服用一种安眠药,睡眠时间如表 5.1 所示.

表 5.1 试验数据表

安 眠 药	睡眠时间/h					
A_1	6.2	6.1	6.0	6.3	6.1	5.9
A_2	6.3	6.5	6.7	6.6	7.1	6.4
A_3	6.8	7.1	6.6	6.8	6.9	6.6
A_4	5.4	6.4	6.2	6.3	6.0	5.9

试判断 4 种安眠药对兔子的睡眠时间的影响有无显著的差异?

这里,试验的指标是睡眠时间.安眠药为因素,4 种不同的安眠药就是这个因素的 4 个不同的水平,我们假设除安眠药这一因素外,其他因素都相同.试验的目的是考察 4 种安眠药对兔子睡眠时间的影响是否相同.

从上面的分析我们可以看到,例 5.1 是研究一个因素(如安眠药)对试验指标(睡眠时间)是否产生影响.我们把这样的试验称为单因素试验.对试验所作的统计分析称为**单因素方差分析**(one-factor analysis of variance).研究两个因素对试验指标是否产生影响的统计分析,称为**双因素方差分析**.本节只讨论单因素方差分析问题.

就例 5.1 来说,我们在因素的每一个水平下进行独立的试验,其结果是一个随机变量.表 5.1 中的数据可以看成来自 4 个不同总体(每一个水平对应一个总体)的样本值,且各个总体的均值依次记为 μ_1,μ_2,μ_3,μ_4.本题要解决的问题是

检验假设 $H_0: \mu_1=\mu_2=\mu_3=\mu_4$;$H_1: \mu_1,\mu_2,\mu_3,\mu_4$ 不全相等.

为了完成上述假设的检验,假定各总体均为正态分布,且各总体的方差相等但未知.所以这是多个正态总体在方差相等且未知的情况下,判断均值是否全相等的假设检验问题.

5.1.2 单因素方差分析模型

一般地,设因素 A 有 r 个水平:$A_1,A_2,\cdots,A_r$,在水平 $A_i(i=1,2,\cdots,r)$ 下进行 $n_i(n_i \geqslant 2)$ 次独立试验,X_{ij} 表示第 i 个水平下进行的第 j 次试验的可能结果,如表 5.2 所示.

表 5.2 试验数据表

因素水平	试验数据			
A_1	X_{11}	X_{12}	$\cdots$	X_{1n_1}
A_2	X_{21}	X_{22}	$\cdots$	X_{2n_2}
$\vdots$	$\vdots$	$\vdots$	$\cdots$	$\vdots$
A_i	X_{i1}	X_{i2}	$\cdots$	X_{in_i}
$\vdots$	$\vdots$	$\vdots$	$\cdots$	$\vdots$
A_r	X_{r1}	X_{r2}	$\cdots$	X_{rn_r}

设 n 表示总试验次数,则 $n=\sum_{i=1}^{n} n_i$.

用 X_i 表示水平 A_i 所对应的总体,它是一个随机变量,而 $X_{i1},X_{i2},\cdots,X_{in_i}$ 是来自总体 X_i 的样本.并假设每个总体 X_i 服从正态分布 $N(\mu_i,\sigma^2)(i=1,2,\cdots,r)$,其中 μ_i 和 σ^2 未知,且从每个总体中抽取的样本 X_{ij} 相互独立$(i=1,2,\cdots,r,j=1,2,\cdots,n_i)$.

我们的任务是根据样本的观测值,来检验因素 A 对试验结果(试验指标)的影响是否显

著. 如果因素 A 对试验结果的影响不显著, 说明所有样本的观测值来自同一正态总体 $N(\mu, \sigma^2)$, 即要检验各个总体的均值 $\mu_i (i=1,2,\cdots,r)$ 是否相等. 因此需检验的假设为

$$H_0: \mu_1 = \mu_2 = \cdots = \mu_r; \quad H_1: \mu_1, \mu_2, \cdots, \mu_r \text{ 不全相等.} \tag{5.1}$$

由假设有 $X_{ij} \sim N(\mu_i, \sigma^2)$, 其中 μ_i 和 σ^2 未知, 所以 X_{ij} 可表示为 X_i 的均值 μ_i 与试验误差 ε_{ij} 的和, 再由前面的假设得到如下的数学模型:

$$\begin{cases} X_{ij} = \mu_i + \varepsilon_{ij}, & i=1,2,\cdots,r, j=1,2,\cdots,n_i, \\ \varepsilon_{ij} \sim N(0,\sigma^2), & \text{各 } \varepsilon_{ij} \text{ 相互独立}, \end{cases} \quad \text{其中 } \mu_i \text{ 和 } \sigma^2 \text{ 未知}$$

引入 $\mu = \dfrac{1}{n} \sum\limits_{i=1}^{r} n_i \mu_i, \alpha_i = \mu_i - \mu (i=1,2,\cdots,r)$, 其中 μ 表示各水平 A_i 下总体均值 μ_i 的加权平均, 称为**总均值**; α_i 表示在水平 A_i 下总体的均值 μ_i 与总均值 μ 的差异, 称为因素 A 的第 i 个水平 A_i 的**效应**.

易见, 效应间有如下关系式:

$$\sum_{i=1}^{r} n_i \alpha_i = \sum_{i=1}^{r} n_i (\mu_i - \mu) = 0,$$

则前述假设(5.1)等价于:

$$H_0: \alpha_1 = \alpha_2 = \cdots = \alpha_r = 0; \quad H_1: \alpha_1, \alpha_2, \cdots, \alpha_r \text{ 不全为零.}$$

5.1.3 平方和的分解

要检验上述 H_0 是否成立, 首先要构造一个合适的统计量. 注意到 n 个数据 X_{ij} 往往是参差不齐的, 其离散程度可用总的偏差平方和

$$S_T = \sum_{i=1}^{r} \sum_{j=1}^{n_i} (X_{ij} - \overline{X})^2$$

来描述, 其中 $\overline{X} = \dfrac{1}{n} \sum\limits_{i=1}^{r} \sum\limits_{j=1}^{n_i} X_{ij}$ 是总的样本均值. 如果 S_T 比较大, 则表明 n 个数据 X_{ij} 的离散(或波动)程度较大; 反之, 数据的波动程度较小.

下面, 我们来分析引起数据波动的原因.

(1) 如果因素 A 的各水平 $A_1, A_2, \cdots, A_r$ 有明显的差异, 即 $\mu_1, \mu_2, \cdots, \mu_r$ 之间有明显的差异, 可引起数据的波动.

(2) 在因素 A 的同一水平的内部, 例如对于 A_1 而言, 虽然样本 $X_{11}, X_{12}, \cdots, X_{1n_1}$ 来自同一总体 $X_1 \sim N(\mu_1, \sigma^2)$, 但由于随机试验中随机误差(包括观测中的随机误差)的存在, 诸 $X_{1j}(j=1,2,\cdots,n_1)$ 之间往往是参差不齐的. 即在水平 $A_i (i=1,2,\cdots,r)$ 的内部, 存在着由试验误差所引起的波动.

基于以上两种原因的分析, 我们将总的偏差平方和 S_T 分解成两部分, 其中一部分是由因素 A 的各水平之间的差异引起的, 另一部分是由随机误差所引起的.

为此引入在水平 A_i 对应的总体 X_i 下, 样本均值 $\overline{X}_{i\cdot} = \dfrac{1}{n_i} \sum\limits_{j=1}^{n_i} X_{ij}$, 于是

$$S_T = \sum_{i=1}^{r} \sum_{j=1}^{n_i} (X_{ij} - \overline{X})^2 = \sum_{i=1}^{r} \sum_{j=1}^{n_i} (X_{ij} - \overline{X}_{i\cdot} + \overline{X}_{i\cdot} - \overline{X})^2$$

$$= \sum_{i=1}^{r}\sum_{j=1}^{n_i}(X_{ij}-\overline{X}_{i\cdot})^2 + \sum_{i=1}^{r}\sum_{j=1}^{n_i}(\overline{X}_{i\cdot}-\overline{X})^2 + 2\sum_{i=1}^{r}\sum_{j=1}^{n_i}(X_{ij}-\overline{X}_{i\cdot})(\overline{X}_{i\cdot}-\overline{X}),$$

其中 $2\sum_{i=1}^{r}\sum_{j=1}^{n_i}(X_{ij}-\overline{X}_{i\cdot})(\overline{X}_{i\cdot}-\overline{X}) = 2\sum_{i=1}^{r}(\overline{X}_{i\cdot}-\overline{X})\sum_{j=1}^{n_i}(X_{ij}-\overline{X}_{i\cdot}) = 0.$

若令 $S_E = \sum_{i=1}^{r}\sum_{j=1}^{n_i}(X_{ij}-\overline{X}_{i\cdot})^2$，$S_A = \sum_{i=1}^{r}\sum_{j=1}^{n_i}(\overline{X}_{i\cdot}-\overline{X})^2 = \sum_{i=1}^{r}n_i(\overline{X}_{i\cdot}-\overline{X})^2$，

则**总偏差平方和** $S_T = S_E + S_A$.

S_E 的各项 $(X_{ij}-\overline{X}_{i\cdot})^2$ 表示在水平 A_i 下，样本观察值与样本均值的差异，是由随机误差所引起的，称 S_E 为**误差平方和**或**组内平方和**.

S_A 的各项 $n_i(\overline{X}_{i\cdot}-\overline{X})^2$ 表示在水平 A_i 下的样本均值与数据总平均的差异，这是由因素 A 的各水平之间的差异及随机误差引起的，称为 **S_A 因素平方和**或**组间平方和**.

5.1.4 F 检验

在讨论假设 H_0 的检验之前，先解释总偏差平方和的自由度及其分解.

假设 $H_0: \mu_1 = \mu_2 = \cdots = \mu_r$ 成立，即因素 A 的 r 个水平之间没有差异，由于全部的 n 个数据是来自同一正态总体的样本，若用 S^2 表示这个大样本的样本方差，则

$$S^2 = \frac{1}{n-1}S_T, \quad S_T = (n-1)S^2.$$

由定理 2.5(2) 可知，$\frac{(n-1)S^2}{\sigma^2} \sim \chi^2(n-1)$，即 $\frac{S_T}{\sigma^2} \sim \chi^2(n-1)$，故 S_T 的自由度为 $n-1$. 而

$$S_E = \sum_{i=1}^{r}\sum_{j=1}^{n_i}(X_{ij}-\overline{X}_{i\cdot})^2 = \sum_{i=1}^{r}S_i^2, \text{ 其中 } S_i^2 = \sum_{j=1}^{n_i}(X_{ij}-\overline{X}_{i\cdot})^2.$$

同理 $\frac{S_i^2}{\sigma^2} \sim \chi^2(n_i-1)$，故 S_i^2 的自由度为 n_i-1. 从而根据 χ^2 分布自由度的可加性知，$S_E = \sum_{i=1}^{r}S_i^2$ 的自由度是

$$(n_1-1)+(n_2-1)+\cdots+(n_r-1) = n-r \quad \text{且} \quad \frac{S_E}{\sigma^2} \sim \chi^2(n-r).$$

又因 S_T 的自由度等于 S_A 与 S_E 的自由度之和，从而 S_A 的自由度等于 $n-1-(n-r) = r-1$，且 $\frac{S_A}{\sigma^2} \sim \chi^2(r-1)$.

很容易理解，若比值 $\frac{S_A}{S_E}$ 过大，则因素 A 的各水平之间差异显著，即因素 A 对试验结果有显著影响，从而拒绝 H_0. 但为了确定拒绝域，必须寻找一个统计量并知道其确切分布.

前面已经指出 $\frac{S_E}{\sigma^2} \sim \chi^2(n-r), \frac{S_A}{\sigma^2} \sim \chi^2(r-1)$. 理论上可以证明 S_E 与 S_A 相互独立，且当假设 H_0 成立时，由 F 分布的定义可知

$$F=\frac{S_A/\sigma^2 \big/ (r-1)}{S_E/\sigma^2 \big/ (n-r)}=\frac{S_A/(r-1)}{S_E/(n-r)}\sim F(r-1,n-r).$$

如前述,如果统计量 F 的观测值过大,则应拒绝 H_0,故可按给定的显著水平 α 在附表 4 中查临界值 $F_\alpha(r-1,n-r)$,若满足 $P\{F\geqslant F_\alpha(r-1,n-r)\}=\alpha$,就拒绝 H_0,所以 H_0 的拒绝域为 $F\geqslant F_\alpha(r-1,n-r)$. 上述检验过程称为 F 检验.

为了一目了然,将 F 检验过程列成方差分析表 5.3.

表 5.3 单因素方差分析表

方差来源	平方和	自由度	均方和	F 值	临界值
因素 A	S_A	$r-1$	$MS_A=S_A/r-1$	$F=MS_A/MS_E$	$F_\alpha(r-1,n-r)$
误差	S_E	$n-r$	$MS_E=S_E/n-r$		
总和	S_T	$n-1$			

在实际中,我们可以按以下较简单的公式来计算 S_T,S_A 和 S_E.

$$T_{i\cdot}=\sum_{j=1}^{n_i}X_{ij},\quad \overline{X}_{i\cdot}=\frac{T_{i\cdot}}{n_i},\quad i=1,2,\cdots,r,$$

$$T=\sum_{i=1}^{r}T_{i\cdot},\quad \overline{X}=\frac{T}{n},$$

$$S_T=\sum_{i=1}^{r}\sum_{j=1}^{n_i}(X_{ij}-\overline{X})^2=\sum_{i=1}^{r}\sum_{j=1}^{n_i}X_{ij}^2-n\overline{X}^2=\sum_{i=1}^{r}\sum_{j=1}^{n_i}X_{ij}^2-\frac{T^2}{n},$$

$$S_A=\sum_{i=1}^{r}\sum_{j=1}^{n_i}(\overline{X}_{i\cdot}-\overline{X})^2=\sum_{i=1}^{r}n_i(\overline{X}_{i\cdot}-\overline{X})^2=\sum_{i=1}^{r}\frac{T_{i\cdot}^2}{n_i}-\frac{T^2}{n},$$

$$S_E=\sum_{i=1}^{r}\sum_{j=1}^{n_i}(X_{ij}-\overline{X}_{i\cdot})^2=S_T-S_A.$$

例 5.2 在例 5.1 中,假设兔子的睡眠时间服从正态分布,且服用不同安眠药时兔子睡眠时间的方差相等. 在显著性水平 $\alpha=0.05$ 下,判断四种安眠药对兔子的睡眠时间的影响有无显著差异?

解 用 X_i 表示安眠药水平 A_i 所对应的总体,$X_i\sim N(\mu_i,\sigma^2)(i=1,2,3,4)$,需要检验假设

$$H_0:\mu_1=\mu_2=\mu_3=\mu_4;\quad H_1:\mu_1,\mu_2,\mu_3,\mu_4 \text{ 不全相等}.$$

经计算得到下表:

安眠药	n_i	$T_{i\cdot}$	$T_{i\cdot}^2$	$\sum_{j=1}^{n_i}X_{ij}^2$
A_1	6	36.6	1339.56	223.36
A_2	6	39.6	1568.16	261.76
A_3	6	40.8	1664.64	277.62
A_4	6	36.2	1310.44	219.06
总和	24	153.2	5882.8	981.8

于是 $S_T = \sum_{i=1}^{4}\sum_{j=1}^{6} X_{ij}^2 - \dfrac{T^2}{24} = 981.8 - \dfrac{153.2^2}{24} = 3.87$,自由度为 23,

$S_A = \sum_{i=1}^{4} \dfrac{T_{i\cdot}^2}{n_i} - \dfrac{T^2}{24} = \dfrac{5882.8}{6} - \dfrac{153.2^2}{24} = 2.54$,自由度为 3,

$S_E = S_T - S_A = 1.33$,自由度为 20.

根据以上结果得方差分析表:

方差来源	平方和	自由度	均方和	F 值	临界值
因素 A	2.54	3	0.8476	12.73	$F_{0.05}(3,20)=3.10$
误差	1.33	20	0.0665		
总和	3.87	23			

在显著水平 $\alpha=0.05$ 下,查表得临界值 $F_{0.05}(3,20)=3.10$,由于 $F=12.73>3.10$ 落在拒绝域中,所以拒绝 H_0,认为因素 A(安眠药)是显著的,即四种安眠药对兔子睡眠时间的影响有明显的差异.

例 5.3 某厂用 A_1,A_2,A_3,A_4 四种不同的灯丝材料制成四批灯泡,除灯丝外其他条件都相同,而在每批灯泡中分别随机抽样,测得使用寿命数据列表如下.假设灯泡寿命服从正态分布,不同的灯丝材料制成四批灯泡寿命的方差相等且未知.在显著性水平 $\alpha=0.01$ 下,试判断不同灯丝对灯泡寿命是否有显著影响?

试验批号 灯丝材料水平	1	2	3	4	5	6	7	8
A_1	1600	1610	1650	1680	1700	1700	1780	
A_2	1500	1640	1400	1400	1700			
A_3	1640	1500	1600	1620	1640	1600	1740	1800
A_4	1510	1520	1530	1570	1640	1680		

解 用 X_i 表示灯丝材料水平 A_i 所对应的总体,$X_i \sim N(\mu_i,\sigma^2)(i=1,2,3,4)$,需要检验假设 $H_0: \mu_1=\mu_2=\mu_3=\mu_4$;$H_1: \mu_1,\mu_2,\mu_3,\mu_4$ 不全相等.

经计算得 $n=26,r=4,n_1=7,n_2=5,n_3=8,n_4=6$,于是 $S_T=259\,788.46$,其自由度为 25.

$S_A=78\,037.03$,其自由度为 3,$S_E=181\,751.43$,其自由度为 22.

根据以上结果得方差分析表:

方差来源	平方和	自由度	均方和	F 值	临界值
因素 A	78 037.03	3	26 012.34	3.15	$F_{0.01}(3,22)=4.82$
误差	181 751.43	22	8261.43		
总和	259 788.46	25			

在显著水平 $\alpha=0.01$ 下,查附表 5 得临界值 $F_{0.01}(3,22)=4.82$,拒绝域为 $F\geqslant 4.82$.由于样本观测值 $F=3.15<4.82$,所以在显著水平 $\alpha=0.01$ 下接受 H_0,也就是说,判断结果为四种灯丝材料对灯泡寿命影响并不显著.

以上运算步骤的 Python 实现如下：

```python
import numpy as np
from scipy.stats import chi2
data1 = np.array([1600, 1610, 1650, 1680, 1700, 1700, 1780])    # 灯丝 A 的灯泡寿命数据
data2 = np.array([1500, 1640, 1400, 1400, 1700])                # 灯丝 B 的灯泡寿命数据
data3 = np.array([1640, 1500, 1600, 1620, 1640, 1600, 1740, 1800])  # 灯丝 C 的灯泡寿命数据
data4 = np.array([1510, 1520, 1530, 1570, 1640, 1680])          # 灯丝 D 的灯泡寿命数
all_data = np.concatenate((data1, data2, data3, data4))
# 计算每个组的均值和总样本数
groups = [data1, data2, data3, data4]
means = [np.mean(group) for group in groups]
total_samples = sum(len(group) for group in groups)
# 计算总均值
grand_mean = np.mean(np.concatenate(groups))
# 计算组间平方和（SSA）
ssa = sum(len(group) * (mean - grand_mean) ** 2 for group, mean in zip(groups, means))
print("组间平方和（SSA）:", ssa)
# 计算组内平方和（SSE）
sse = sum(np.sum((group - mean) ** 2) for group, mean in zip(groups, means))
print("组内平方和（SSE）:", sse)
# 计算总离差平方和
sst = np.sum((all_data - grand_mean) ** 2)
print("总离差平方和（SST）:", sst)
# 计算自由度
df_between = len(groups) - 1
df_within = total_samples - len(groups)
# 计算组间均方差（MSA）
msa = ssa / df_between
print("组间均方差（MSA）:", msa)
# 计算组内均方差（MSE）
mse = sse / df_within
print("组内均方差（MSE）:", mse)
# 计算 F 值
F = msa / mse
print("F 值:", F)
# 计算 F 分布的分位数
alpha = 0.01
f_critical = f.isf(alpha, df_between, df_within)
print(f"在{alpha}的显著性水平下，F 分布的分位数为:{f_critical}")
if f_critical < F:
    print(f"在显著性水平{alpha}下，F 值为{F}，大于 F 分布的临界值，因此拒绝原假设.")
    print("认为不同灯丝材料对灯泡寿命有显著影响.")
else:
    print(f"在显著性水平{alpha}下，F 值为{F}，小于 F 分布的临界值，因此接受原假设.")
    print("认为不同灯丝材料对灯泡寿命没有显著影响.")
```

Out:
　　组间平方和（SSA）: 78037.03296703291
　　组内平方和（SSE）: 181751.42857142858
　　总离差平方和（SST）: 259788.46153846156
　　组间均方差（MSA）: 26012.344322344303
　　组内均方差（MSE）: 8261.428571428572
　　F 值: 3.148649667238632
　　在 0.01 的显著性水平下，F 分布的分位数为:4.816605777816056
　　在显著性水平 0.01 下，F 值为 3.148649667238632，小于 F 分布的临界值，因此接受原假设.
　　认为不同灯丝材料对灯泡寿命没有显著影响.

也可以基于 Python 直接调用命令进行方差分析,求解方法如下:

```python
import numpy as np
from scipy.stats import f_oneway
# 输入数据
data1 = np.array([1600, 1610, 1650, 1680, 1700, 1700, 1780])    # 灯丝 A 的灯泡寿命数据
data2 = np.array([1500, 1640, 1400, 1400, 1700])                 # 灯丝 B 的灯泡寿命数据
data3 = np.array([1640, 1500, 1600, 1620, 1640, 1600, 1740, 1800]) # 灯丝 C 的灯泡寿命数据
data4 = np.array([1510, 1520, 1530, 1570, 1640, 1680])           # 灯丝 D 的灯泡寿命数据
# 进行方差分析
f_value, p_value = f_oneway(data1, data2, data3, data4)
# 给出显著性水平
alpha = 0.01
# 判断是否拒绝原假设
if p_value < alpha:
    print(f"在显著性水平{alpha}下,p 值为{p_value},小于显著性水平,因此拒绝原假设.")
    print("认为不同灯丝材料对灯泡寿命有显著影响.")
else:
    print(f"在显著性水平{alpha}下,p 值为{p_value},大于显著性水平,因此接受原假设.")
    print("认为不同灯丝材料对灯泡寿命没有显著影响.")
```

Out:
在显著性水平 0.01 下,p 值为 0.6771699535988313,大于显著性水平,因此接受原假设.
认为不同灯丝材料对灯泡寿命没有显著影响.

习题 5.1

1. 三个车间逐日记录的次品率如下表:

车间	次品率					
A_1	16	10	12	13	11	12
A_2	10	11	9	6	7	
A_3	14	17	13	15	12	14	13

试计算总偏差平方和 S_T,因子平方和 S_A,误差平方和 S_E.

2. 在单因素方差分析中,因素 A 有三个水平,每个水平各做了四次重复独立的试验,请完成下列方差分析,并在显著性水平 $\alpha=0.05$ 下对因素 A 是否显著作出检验.

方差分析表

方差来源	平方和	自由度	均方和	F 值	临界值
因素 A	4.2				
误差	2.5				
总和	6.7				

3. 一批由同一种原料制成的布,用不同的印染工艺处理,然后进行缩水率试验.假设采用五种不同的工艺,每种工艺处理四块布样,测得缩水率的百分数如下表:

因素 A（印染工艺）	试验批号			
	1	2	3	4
A_1	4.3	7.8	3.2	6.5
A_2	6.1	7.3	4.2	4.1
A_3	4.3	8.7	7.2	10.1
A_4	6.5	8.3	8.6	8.2
A_5	9.5	8.8	11.4	7.8

若布的缩水率服从正态分布，不同工艺处理的布的缩水率方差相等．试考察不同工艺对布的缩水率的影响有无显著差异？

4．考虑温度对某一化工产品得率的影响，选了五种不同的温度，在同一温度下做了三次试验，测得数据如下：

温度/℃	60	65	70	75	80
得率/%	90	97	96	84	84
	92	93	96	83	86
	88	92	93	88	82

在显著性水平 $\alpha=0.05$ 下，试分析温度对得率有无显著影响．

5．为研究咖啡因对人体功能的影响，随机选择 30 名体质大致相同的健康男大学生进行手指叩击训练，此外咖啡因选三个水平：

$$A_1=0\,\text{mg}, \quad A_2=100\,\text{mg}, \quad A_3=200\,\text{mg}.$$

每个水平冲泡 10 杯水，外观无差别，并加以编号，然后让 30 名大学生每个人从中任选一杯服下，两小时后，请每个人做手指叩击，统计员记录其每分钟叩击次数，试验结果统计如下表：

咖啡因水平/mg	叩击次数									
A_1：0	242	245	244	248	247	248	242	244	246	242
A_2：100	248	246	245	247	248	250	247	246	243	244
A_3：200	246	248	250	252	248	250	246	248	245	250

请对上述数据进行方差分析，从中可以得到什么结论？

5.2 双因素方差分析

在实际问题中，有时要研究两个因素（或更多因素）对试验指标的影响，如考察几种土壤和几种施肥方案对某品种小麦产量的影响，土壤和施肥是两个因素；又如研究几种温度和几种催化剂对化学反应速度的影响，温度和催化剂就是两个因素．考察多个因素时不仅要考察各因素对指标的影响，还需要考察因素各个水平之间的组合对指标的影响，即交互作用的影响．交互作用的影响只有在重复试验中才能分析出来．对于双因素试验的方差分析，我们分为无重复试验和等重复试验两种情况来讨论．对无重复试验只需要检验两个因素对试验结果有无显著影响;而对等重复试验既要检验两个因素对试验结果有无显著影响,又要考察两个因素的交互作用对试验结果有无显著影响.

5.2.1 无重复试验的双因素方差分析

1. 无重复试验的双因素方差分析模型

设因素 A 有 r 个水平 $A_1, A_2, \cdots, A_r$,因素 B 有 s 个水平 $B_1, B_2, \cdots, B_s$. 如果不考虑因素 A 和因素 B 之间的交互作用,这时只需在因素 A 与 B 的各个水平的每一种搭配 (A_i, B_j) $(i=1,2,\cdots,r; j=1,2,\cdots,s)$ 下,进行一次试验,得到 rs 个试验结果,记为 X_{ij},如表 5.4 所列.

显然总试验次数 $n = rs$.

表 5.4

因素A \ 因素B	B_1	B_2	$\cdots$	B_j	$\cdots$	B_s
A_1	X_{11}	X_{12}	$\cdots$	X_{1j}	$\cdots$	X_{1s}
A_2	X_{21}	X_{22}	$\cdots$	X_{2j}	$\cdots$	X_{2s}
$\vdots$	$\vdots$	$\vdots$		$\vdots$		$\vdots$
A_i	X_{i1}	X_{i2}	$\cdots$	X_{ij}	$\cdots$	X_{is}
$\vdots$	$\vdots$	$\vdots$		$\vdots$		$\vdots$
A_r	X_{r1}	X_{r2}	$\cdots$	X_{rj}	$\cdots$	X_{rs}

假设在水平 (A_i, B_j) 下所对应的总体 $X_{ij} \sim N(\mu_{ij}, \sigma^2)$ $(i=1,2,\cdots,r; j=1,2,\cdots,s)$,其中 μ_{ij}, σ^2 未知,且各样本 X_{ij} 之间相互独立.

根据假设可知,要判断因素 A 的影响是否显著,就要检验假设

$$H_{0A}: \mu_{1j} = \mu_{2j} = \cdots = \mu_{rj} = \mu_j, \quad j=1,2,\cdots,s, \tag{5.2}$$

要判断因素 B 的影响是否显著,就要检验假设

$$H_{0B}: \mu_{i1} = \mu_{i2} = \cdots = \mu_{is} = \mu_i, \quad i=1,2,\cdots,r. \tag{5.3}$$

如果检验结果拒绝 H_{0A}(或 H_{0B}),则认为因素 A(或 B)的不同水平对试验结果有显著影响;如果两者都不拒绝,则说明 A 与 B 的不同水平组合对试验结果都无显著影响.

由前面的假设 $X_{ij} \sim N(\mu_{ij}, \sigma^2)$ $(i=1,2,\cdots,r; j=1,2,\cdots,s)$,$X_{ij}$ 可表示为总体 X_{ij} 的均值 μ_{ij} 与试验误差 ε_{ij} 的和,即 $X_{ij} = \mu_{ij} + \varepsilon_{ij}$,从而得到如下数学模型:

$$\begin{cases} X_{ij} = \mu_{ij} + \varepsilon_{ij}, & i=1,2,\cdots,r; j=1,2,\cdots,s, \\ \varepsilon_{ij} \sim N(0, \sigma^2), & \text{各 } \varepsilon_{ij} \text{ 相互独立}, \end{cases}$$

其中 μ_{ij} 和 σ^2 未知.

引入

总均值:$\mu = \dfrac{1}{rs} \sum\limits_{i=1}^{r} \sum\limits_{j=1}^{s} \mu_{ij}$,

A_i 下均值:$\mu_{i\cdot} = \dfrac{1}{s} \sum\limits_{j=1}^{s} \mu_{ij}, i=1,2,\cdots,r,$

B_j 下均值：$\mu_{\cdot j} = \dfrac{1}{r}\sum_{i=1}^{r}\mu_{ij}, j=1,2,\cdots,s$,

因素 A 的第 i 个水平 A_i 的效应：$\alpha_i = \mu_{i\cdot} - \mu, i=1,2,\cdots,r$,

因素 B 的第 j 个水平 B_j 的效应：$\beta_j = \mu_{\cdot j} - \mu, j=1,2,\cdots,s$.

易见，
$$\sum_{i=1}^{r}\alpha_i = 0, \quad \sum_{j=1}^{s}\beta_j = 0,$$

则前述检验假设(5.2)(5.3)等价于：
$$H_{0A}: \alpha_1 = \alpha_2 = \cdots = \alpha_r = 0;$$
$$H_{0B}: \beta_1 = \beta_2 = \cdots = \beta_r = 0.$$

2. 总偏差平方和的分解

为完成上述假设检验，与单因素方差分析一样，对总偏差平方和 S_T 进行分解.

$$\overline{X} = \frac{1}{rs}\sum_{i=1}^{r}\sum_{j=1}^{s}X_{ij}.$$

记
$$\overline{X}_{i\cdot} = \frac{1}{s}\sum_{j=1}^{s}X_{ij}, \quad i=1,2,\cdots,r,$$

$$\overline{X}_{\cdot j} = \frac{1}{r}\sum_{i=1}^{r}X_{ij}, \quad j=1,2,\cdots,s,$$

将总偏差平方和 S_T 进行分解：
$$S_T = \sum_{i=1}^{r}\sum_{j=1}^{s}(X_{ij}-\overline{X})^2 = \sum_{i=1}^{r}\sum_{j=1}^{s}[(\overline{X}_{i\cdot}-\overline{X})+(\overline{X}_{\cdot j}-\overline{X})+(X_{ij}-\overline{X}_{i\cdot}-\overline{X}_{\cdot j}+\overline{X})]^2.$$

由于在 S_T 的展开式中三个交叉项的乘积都等于零，故有如下定理.

定理 5.1 $S_T = S_E + S_A + S_B$，其中
$$S_T = \sum_{i=1}^{r}\sum_{j=1}^{s}(X_{ij}-\overline{X})^2, \quad S_A = \sum_{i=1}^{r}\sum_{j=1}^{s}(\overline{X}_{i\cdot}-\overline{X})^2 = s\sum_{i=1}^{r}(\overline{X}_{i\cdot}-\overline{X})^2,$$

$$S_B = \sum_{i=1}^{r}\sum_{j=1}^{s}(\overline{X}_{\cdot j}-\overline{X})^2 = r\sum_{j=1}^{s}(\overline{X}_{\cdot j}-\overline{X})^2, \quad S_E = \sum_{i=1}^{r}\sum_{j=1}^{s}(X_{ij}-\overline{X}_{i\cdot}-\overline{X}_{\cdot j}+\overline{X})^2.$$

称 S_A 为因素 A 的偏差平方和，它反映了因素 A 的不同水平引起的系统误差；

称 S_B 为因素 B 的偏差平方和，它反映了因素 B 的不同水平引起的系统误差；

称 S_E 为误差平方和，它反映了试验过程中各种随机因素所引起的随机误差.

3. F 检验

类似单因素方差分析，可以得到如下的定理.

定理 5.2 如果 H_{0A}, H_{0B} 成立，则有
$$\frac{S_A}{\sigma^2} \sim \chi^2(r-1), \quad \frac{S_B}{\sigma^2} \sim \chi^2(s-1), \quad \frac{S_E}{\sigma^2} \sim \chi^2((r-1)(s-1)),$$

并且 S_E, S_A, S_B 相互独立.

定理 5.3 如果 H_{0A}, H_{0B} 同时成立,则有

$$F_A = \frac{\dfrac{S_A}{\sigma^2}\Big/(r-1)}{\dfrac{S_E}{\sigma^2}\Big/(r-1)(s-1)} = \frac{(s-1)S_A}{S_E} \sim F(r-1, (r-1)(s-1)),$$

$$F_B = \frac{\dfrac{S_B}{\sigma^2}\Big/(s-1)}{\dfrac{S_E}{\sigma^2}\Big/(r-1)(s-1)} = \frac{(r-1)S_B}{S_E} \sim F(s-1, (r-1)(s-1)).$$

对于给定的 α,可以通过附表 4 查临界值

$$F_{A\alpha}(r-1, (r-1)(s-1)),$$
$$F_{B\alpha}(s-1, (r-1)(s-1)),$$

得 H_{0A} 的拒绝域为 $F_A \geqslant F_{A\alpha}(r-1, (r-1)(s-1))$;
H_{0B} 的拒绝域为 $F_B \geqslant F_{B\alpha}(s-1, (r-1)(s-1))$.

为了清晰起见,把上述检验过程可列成方差分析表 5.5.

表 5.5 无重复试验的双因素方差分析表

方差来源	平方和	自由度	均方和	F 值	临界值
因素 A	S_A	$r-1$	$MS_A = S_A/(r-1)$	$F_A = MS_A/MS_E$	$F_{A\alpha}(r-1, (r-1)(s-1))$
因素 B	S_B	$s-1$	$MS_B = S_B/(s-1)$	$F_B = MS_B/MS_E$	$F_{B\alpha}(s-1, (r-1)(s-1))$
误差	S_E	$(r-1)(s-1)$	$MS_E = S_E/[(r-1)(s-1)]$		
总和	S_T	$n-1$			

与单因素方差分析一样,在实际中我们可以按以下较简单的公式来计算, S_A, S_B, S_T, S_E.

$$T_{i\cdot} = \sum_{j=1}^{s} X_{ij} = s\overline{X}_{i\cdot}, \quad i=1,2,\cdots,r,$$

$$T_{\cdot j} = \sum_{i=1}^{r} X_{ij} = r\overline{X}_{\cdot j}, \quad j=1,2,\cdots,s,$$

$$T = \sum_{i=1}^{r}\sum_{j=1}^{s} X_{ij} = n\overline{X}, \quad S_T = \sum_{i=1}^{r}\sum_{j=1}^{s} X_{ij}^2 - \frac{T^2}{rs},$$

$$S_A = \frac{1}{s}\sum_{i=1}^{r} T_{i\cdot}^2 - \frac{T^2}{rs}, \quad S_B = \frac{1}{r}\sum_{j=1}^{s} T_{\cdot j}^2 - \frac{T^2}{rs}, \quad S_E = S_T - S_A - S_B.$$

例 5.4 设 4 个工人操作机器 A_1, A_2, A_3 各一天,其日产量如下表:

工人 日产量 机器	B_1	B_2	B_3	B_4
A_1	50	47	47	53
A_2	53	54	57	58
A_3	52	42	41	48

问是否真正存在机器或工人之间的差别($\alpha=0.05$)?

解 由已知 $r=3, s=4$,则本问题是在 $\alpha=0.05$ 下需检验

$$H_{0A}: \alpha_1=\alpha_2=\alpha_3=0; \quad H_{0B}: \beta_1=\beta_2=\beta_3=\beta_4=0.$$

经计算得

$$T=\sum_{i=1}^{3}\sum_{j=1}^{4}X_{ij}=602, \quad \sum_{i=1}^{3}\sum_{j=1}^{4}X_{ij}^2=30\,518,$$

$T_{1\cdot}=197, \quad T_{2\cdot}=222, \quad T_{3\cdot}=183,$

$T_{\cdot 1}=155, \quad T_{\cdot 2}=143, \quad T_{\cdot 3}=145, \quad T_{\cdot 4}=159,$

$$S_T=\sum_{i=1}^{3}\sum_{j=1}^{4}x_{ij}^2-\frac{1}{12}T^2=30\,581-\frac{1}{12}\times 602^2=317.667,$$

$$S_A=\frac{1}{4}\sum_{i=1}^{3}T_{i\cdot}^2-\frac{1}{12}T^2=\frac{1}{4}\times 121\,582-\frac{1}{12}\times 602^2=195.167,$$

$$S_B=\frac{1}{3}\sum_{j=1}^{4}T_{\cdot j}^2-\frac{T^2}{12}=\frac{1}{3}\times 90\,780-\frac{1}{12}\times 602^2=59.667,$$

$$S_E=S_T-S_A-S_B=317.667-195.167-59.667=62.833.$$

因此得方差分析表:

方差来源	平方和	自由度	均方和	F 值	临界值
因素 A	$S_A=195.16$	$r-1=2$	$MS_A=97.58$	$F_A=9.318$	$F_{0.05}(2,6)=5.14$
因素 B	$S_B=59.667$	$s-1=3$	$MS_B=19.89$	$F_B=1.899$	$F_{0.05}(3,6)=4.76$
误差	$S_E=62.833$	$(r-1)(s-1)=6$	$MS_E=10.47$		
总和	$S_T=317.66$	$n-1=11$			

由于 $F_A>F_{0.05}(2,6)$,F_A 落在拒绝域中,拒绝 H_{0A},即认为不同的机器之间有显著差异;又由于 $F_B<F_{0.05}(3,6)$,F_B 未落在拒绝域中,接受 H_{0B},即认为不同的工人之间无显著差异。

5.2.2 等重复试验的双因素方差分析

1. 等重复试验的双因素方差分析模型

设因素 A 有 r 个水平 $A_1, A_2, \cdots, A_r$,因素 B 有 s 个水平 $B_1, B_2, \cdots, B_s$。考虑因素 A 和因素 B 之间是否有交互作用的影响,需在两个因素各个水平的组合 (A_i, B_j) ($i=1,2,\cdots,r$; $j=1,2,\cdots,s$) 下分别进行 m 次($m\geq 2$)试验,称为**等重复试验**,记其试验结果为 X_{ijk},得

到数据如表 5.6 所示.

表 5.6

因素 A \ 因素 B	B_1	...	B_j	...	B_s
A_1	$X_{111},\cdots,X_{11m}$	...	$X_{1j1},\cdots,X_{1jm}$	...	$X_{1s1},\cdots,X_{1sm}$
A_2	$X_{211},\cdots,X_{21m}$	...	$X_{2j1},\cdots,X_{2jm}$	...	$X_{2s1},\cdots,X_{2sm}$
⋮	⋮	⋮	⋮	⋮	⋮
A_i	$X_{i11},\cdots,X_{i1m}$	...	$X_{ij1},\cdots,X_{ijm}$	...	$X_{is1},\cdots,X_{ism}$
⋮	⋮	⋮	⋮	⋮	⋮
A_r	$X_{r11},\cdots,X_{r1m}$	...	$X_{rj1},\cdots,X_{rjm}$	...	$X_{rs1},\cdots,X_{rsm}$

显然总试验次数 $n=mrs$.

假设在水平 (A_i,B_j) 下所对应的总体 $X_{ij}\sim N(\mu_{ij},\sigma^2)(i=1,2,\cdots,r;j=1,2,\cdots,s)$,其中 μ_{ij},σ^2 未知,且各样本 $X_{ijk}(i=1,2,\cdots,r;j=1,2,\cdots,s;k=1,2,\cdots,m)$ 之间相互独立. 等重复试验的双因素方差分析就是要判断因素 A,B 及 A 与 B 的交互反应的影响是否显著.

由前面的假设 $X_{ijk}\sim N(\mu_{ij},\sigma^2)(i=1,2,\cdots,r;j=1,2,\cdots,s;k=1,2,\cdots,m)$,所以 X_{ijk} 可表示为总体 X_{ij} 的均值 μ_{ij} 与试验误差 ε_{ijk} 的和,即 $X_{ij}=\mu_{ij}+\varepsilon_{ijk}$,从而得到如下数学模型:

$$\begin{cases} X_{ijk}=\mu_{ij}+\varepsilon_{ijk}, & i=1,2,\cdots,r;j=1,2,\cdots,s;k=1,2,\cdots,m, \\ \varepsilon_{ijk}\sim N(0,\sigma^2), & \text{各 } \varepsilon_{ijk} \text{ 相互独立,且 } \mu_{ij} \text{ 和 } \sigma^2 \text{ 求知}. \end{cases}$$

类似无重复试验的双因素方差中引入的 $\mu,\mu_i.,\mu._j,\alpha_i,\beta_j$,

$$\mu_{ij}=\mu+\alpha_i+\beta_j+\gamma_{ij}, \quad i=1,2,\cdots,r;j=1,2,\cdots,s,$$

易见 $\sum_{i=1}^{r}\alpha_i=0,\sum_{j=1}^{s}\beta_j=0$.

再引入 $\gamma_{ij}=\mu_{ij}-\mu_i.-\mu._j+\mu(i=1,2,\cdots,r;j=1,2,\cdots,s)$,称 γ_{ij} 为水平 A_i 和水平 B_j 的交互效应,这是由 A_i 与 B_j 联合作用引起的.

易见 $\sum_{j=1}^{s}\gamma_{ij}=0,i=1,2,\cdots,r;\sum_{i=1}^{r}\gamma_{ij}=0,j=1,2,\cdots,s$.

等重复试验的双因素方差分析要解决的问题,是判断因素 A 和因素 B 的差异影响及交互作用 A×B 的影响,它们分别等价于检验假设

$$H_{0A}:\alpha_1=\alpha_2=\cdots=\alpha_r=0;$$
$$H_{0B}:\beta_1=\beta_2=\cdots=\beta_s=0;$$
$$H_{0A\times B}:(\alpha\beta)_{ij}=0, \quad i=1,2,\cdots,r;j=1,2,\cdots,s.$$

2. 总偏差平方和的分解

引入记号

$$\overline{X}=\frac{1}{rsm}\sum_{i=1}^{r}\sum_{j=1}^{s}\sum_{k=1}^{m}X_{ijk}, \quad \overline{X}_{ij.}=\frac{1}{m}\sum_{k=1}^{m}X_{ijk},$$

$$\overline{X}_{i..} = \frac{1}{s}\sum_{j=1}^{s}\overline{X}_{ij.} = \frac{1}{sm}\sum_{j=1}^{s}\sum_{k=1}^{m}X_{ijk}, \quad \overline{X}_{.j.} = \frac{1}{r}\sum_{i=1}^{r}\overline{X}_{ij.} = \frac{1}{rm}\sum_{i=1}^{r}\sum_{k=1}^{m}X_{ijk},$$

对总偏差平方和 S_T 进行分解

$$S_T = \sum_{i=1}^{r}\sum_{j=1}^{s}\sum_{k=1}^{m}(X_{ijk} - \overline{X})^2$$

$$= \sum_{i=1}^{r}\sum_{j=1}^{s}\sum_{k=1}^{m}[(X_{ijk} - \overline{X}_{ij.}) + (\overline{X}_{i..} - \overline{X}) + (\overline{X}_{.j.} - \overline{X}) + (\overline{X}_{ij.} - \overline{X}_{i..} - \overline{X}_{.j.} + \overline{X})]^2.$$

由于在 S_T 的展开式中,四个交叉项都等于零,故有如下定理.

定理 5.4 $S_T = S_A + S_B + S_{A\times B} + S_E$,

其中
$$S_A = sm\sum_{i=1}^{r}(\overline{X}_{i..} - \overline{X})^2, \quad S_B = rm\sum_{j=1}^{s}(\overline{X}_{.j.} - \overline{X})^2,$$

$$S_{A\times B} = m\sum_{i=1}^{r}\sum_{j=1}^{s}(\overline{X}_{ij.} - \overline{X}_{i..} - \overline{X}_{.j.} + \overline{X})^2,$$

$$S_E = \sum_{i=1}^{r}\sum_{j=1}^{s}\sum_{k=1}^{m}(X_{ijk} - \overline{X}_{ij.})^2.$$

称 S_A 为因素 A 的**偏差平方和**,它反映了因素 A 的不同水平引起的系统误差;

称 S_B 为因素 B 的**偏差平方和**,它反映了因素 B 的不同水平引起的系统误差;

称 $S_{A\times B}$ 为 A,B **交互偏差平方和**,它反映了 A 与 B 的交互反应引起的系统误差;

称 S_E 为**误差平方和**,它反映了试验过程中各种随机因素所引起的随机误差.

关于自由度的分解,我们有

$$S_A: r-1,$$
$$S_B: s-1,$$
$$S_{A\times B}: (r-1)(s-1),$$
$$S_E: rs(m-1) = n-rs,$$
$$S_T: rsm-1 = n-1.$$

3. F 检验

类似于无重复双因素的方差分析,用的三个检验统计量分别是

$$F_A = \frac{S_A/(r-1)}{S_E/[rs(m-1)]} \sim F(r-1, rs(m-1)),$$

$$F_B = \frac{S_B/(s-1)}{S_E/[rs(m-1)]} \sim F(s-1, rs(m-1)),$$

$$F_{A\times B} = \frac{S_{A\times B}/[(r-1)(s-1)]}{S_E/[rs(m-1)]} \sim F((r-1)(s-1), rs(m-1)).$$

取显著水平为 α,得

H_{0A} 的拒绝域为 $F_A \geqslant F_{A\alpha}(r-1, rs(m-1))$,

H_{0B} 的拒绝域为 $F_B \geqslant F_{B\alpha}(s-1, rs(m-1))$,

$H_{0A \times B}$ 的拒绝域为 $F_{A \times B} \geqslant F_{(A \times B)\alpha}((r-1)(s-1), rs(m-1))$.

为了清晰起见,把上述检验过程列成方差分析表 5.7.

表 5.7 有重复试验的双因素方差分析表

方差来源	平方和	自由度	均方和	F 值	临界值
因素 A	S_A	$r-1$	$MS_A = S_A/(r-1)$	$F_A = MS_A/MS_E$	$F_{A\alpha}(r-1, (rs(m-1)))$
因素 B	S_B	$s-1$	$MS_B = S_B/(s-1)$	$F_B = MS_B/MS_E$	$F_{B\alpha}(s-1, (rs(m-1)))$
$A \times B$	$S_{A \times B}$	$(r-1)(s-1)$	$MS_{A \times B} = S_{A \times B}/[(r-1)(s-1)]$	$F_{A \times B} = MS_{A \times B}/MS_E$	$F_{A \times B\alpha}((r-1)(s-1), (rs(m-1)))$
误差	S_E	$(rs(m-1))$	$MS_E = S_E/[rs(m-1)]$		
总和	S_T	$n-1$			

在实际应用中,以上各项平方和的计算办法如下:

令

$$T = \sum_{i=1}^{r} \sum_{j=1}^{s} \sum_{k=1}^{m} X_{ijk} = rsm\bar{X},$$

$$T_{ij\cdot} = \sum_{k=1}^{m} X_{ijk} (i=1,2,\cdots,r; j=1,2,\cdots,s),$$

$$T_{i\cdot\cdot} = \sum_{j=1}^{s} \sum_{k=1}^{m} X_{ijk}, \quad T_{\cdot j\cdot} = \sum_{i=1}^{r} \sum_{k=1}^{m} X_{ijk}, \quad T_{\cdot\cdot k} = \sum_{i=1}^{r} \sum_{j=1}^{s} X_{ijk},$$

$$S_T = \sum_{i=1}^{r} \sum_{j=1}^{s} \sum_{k=1}^{m} X_{ijk}^2 - \frac{T^2}{rsm}, \quad S_A = \frac{1}{sm} \sum_{i=1}^{r} T_{i\cdot\cdot}^2 - \frac{T^2}{rsm},$$

$$S_B = \frac{1}{rm} \sum_{j=1}^{s} T_{\cdot j\cdot}^2 - \frac{T^2}{rsm}, \quad S_{A \times B} = \frac{1}{m} \sum_{i=1}^{r} \sum_{j=1}^{s} T_{ij\cdot}^2 - \frac{T^2}{rsm} - S_A - S_B,$$

$$S_E = S_T - S_A - S_B - S_{A \times B}.$$

例 5.5 在三种不同地块的土壤上,施四种不同的肥料,在每一地块上做三次重复独立的试验,得到小麦产量数据如下:

产量 土壤 A \ 肥料 B	B_1			B_2			B_3			B_4		
A_1	52	43	39	48	37	29	34	42	38	45	58	42
A_2	41	47	53	50	41	30	36	39	44	44	46	60
A_3	49	38	42	36	48	47	37	40	32	43	56	41

试判断土壤、肥料对小麦的产量有无显著的影响?(取 $\alpha = 0.05$)

解 这是一个等重复试验的方差分析问题,即检验假设

$$H_{0A}: \alpha_1 = \alpha_2 = \alpha_3 = 0;$$

$$H_{0B}: \beta_1 = \beta_2 = \beta_3 = \beta_4 = 0;$$

$$H_{0A \times B}: (\alpha\beta)_{ij} = 0, \quad i=1,2,3, j=1,2,3,4.$$

首先计算各平方和:

$$\sum_{i=1}^{3}\sum_{j=1}^{4}\sum_{k=1}^{3} X_{ijk}^2 = 52^2 + 43^2 + \cdots + 56^2 + 41^2 = 68\,367,$$

$$T = \sum_{i=1}^{3}\sum_{j=1}^{4}\sum_{k=1}^{3} X_{ijk} = 52 + 43 + \cdots + 56 + 41 = 1547,$$

$$S_T = \sum_{i=1}^{3}\sum_{j=1}^{4}\sum_{k=1}^{3} X_{ijk}^2 - \frac{T^2}{3\times 4\times 3} = 68\,367 - \frac{1}{3\times 4\times 3}\times 1547^2 = 1888.97,$$

$$S_A = \frac{1}{4\times 3}\sum_{i=1}^{3} T_{i\cdot\cdot}^2 - \frac{T^2}{3\times 4\times 3} = \frac{1}{4\times 3}\times 798\,081 - \frac{1}{3\times 4\times 3}\times 1547^2 = 28.72,$$

$$S_B = \frac{1}{3\times 3}\sum_{j=1}^{4} T_{\cdot j\cdot}^2 - \frac{T^2}{3\times 4\times 3} = \frac{1}{3\times 3}\times 603\,351 - \frac{1}{3\times 4\times 3}\times 1547^2 = 560.97,$$

$$S_{A\times B} = \frac{1}{3}\sum_{k=1}^{3} T_{ij\cdot}^2 - \frac{T^2}{3\times 4\times 3} - S_A - S_B = \frac{1}{3}\times 201\,469 -$$
$$\frac{1}{3\times 4\times 3}\times 1547^2 - 28.72 - 560.97 = 88.67,$$

$$S_E = S_T - S_A - S_B - S_{A\times B} = 1210.67.$$

得方差分析表如下：

来源	平方和	自由度	均方和	F 值
因素 A	$S_A = 28.72$	$r-1 = 2$	$MS_A = 14.36$	$F_A = 0.28$
因素 B	$S_B = 560.97$	$s-1 = 3$	$MS_B = 186.99$	$F_B = 3.71$
$A\times B$	$S_{A\times B} = 88.67$	$(r-1)(s-1) = 6$	$MS_{A\times B} = 14.78$	$F_{A\times B} = 0.29$
误差	$S_E = 1210.67$	$rs(m-1) = 24$	$MS_E = 50.44$	
总和	$S_T = 1888.97$	$n-1 = 35$		

查得临界值：$F_{0.05}(2,24) = 3.40$，　　$F_{0.05}(3,24) = 3.01$，　　$F_{0.05}(6,24) = 2.51$.
　　由于　　$F_A = 0.28 < F_{0.05}(2,24) = 3.40$，$F_B = 3.71 > F_{0.05}(3,24) = 3.01$，
　　　　　　$F_{A\times B} = 0.29 < F_{0.05}(6,24) = 2.51$，
故不应拒绝假设 H_{0A} 和 $H_{0A\times B}$，而应拒绝假设 H_{0B}，既可以认为土壤和肥料之间不存在交互效应，土壤对产量没有显著影响，而肥料对产量有显著影响.

基于 Python 的求解方法如下：

```
import numpy as np
import pandas as pd
d = np.array([
    [52,43,39,48,37,29,34,42,38,45,58,42],
    [41,47,53,50,41,30,36,39,44,44,46,60],
    [49,38,42,36,48,47,37,40,32,43,56,41]
])
df = pd.DataFrame(d)
```

```
df.index=pd.Index(['A1','A2','A3'],name='土壤')
df.columns=pd.Index(['B1','B1','B1','B2','B2','B2','B3','B3','B3','B4','B4','B4'],name=
'肥料')
df1 = df.stack().reset_index().rename(columns={0:'产量'})
from statsmodels.formula.api import ols
from statsmodels.stats.anova import anova_lm
model = ols('产量~C(土壤) + C(肥料)+C(土壤):C(肥料)', df1).fit()
anova_lm(model)

Out:
                df        sum_sq       mean_sq        F           PR(>F)
C(土壤)          2.0       29.555556     14.777778     0.290552     0.750444
C(肥料)          3.0       562.083333    187.361111    3.683779     0.025903
C(土壤):C(肥料)    6.0       76.666667     12.777778     0.251229     0.954004
Residual        24.0      1220.666667   50.861111     NaN          NaN
```

由于人工计算时保留到小数点后两位,而用 Python 计算时保留到小数点后六位,所以会与上面的计算结果存在一定差异,用 Python 的结果更精细.

从 p 值可以看出,土壤对产量没有显著影响,而肥料对产量有显著影响.

习题 5.2

1. 为了给 4 种产品鉴定评分,特请来 5 位有关专家(鉴定人),评分结果列于下表. 试用方差分析的方法检验产品的差异和鉴定人的差异. ($\alpha=0.05$)

产品(A)	鉴定人(B)					合计	平均
	①	②	③	④	⑤		
1	7	9	8	7	8	39	7.8
2	10	10	8	8	9	45	9.0
3	7	5	5	4	6	27	5.4
4	8	6	7	4	4	29	5.8
合计	32	30	28	23	27	140	

2. 在某种金属材料的生产过程中,对热处理时间(因素 A)与温度(因素 B)各取两个水平,产品强度的测定结果(相对值)如下表所示,在同一条件下每个试验重复两次. 设每个水平搭配强度的总体服从正态分布且方差相同,各样本独立,问热处理温度、时间以及这两者的相互作用对产品强度是否有显著的影响?(取 $\alpha=0.05$)

因素 A \ 因素 B	B_1		B_2	
A_1	38.0	38.6	47.0	44.8
A_2	45.0	43.8	42.4	40.8

附录 A

数理统计附表

附表 1 标准正态分布表

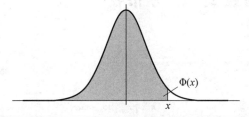

$$\Phi(x) = \frac{1}{\sqrt{2\pi}} \int_{-\infty}^{x} e^{-\frac{t^2}{2}} dt = P\{X \leqslant x\}$$

x	0	1	2	3	4	5	6	7	8	9
0.0	0.5000	0.5040	0.5080	0.5120	0.5160	0.5199	0.5239	0.5279	0.5319	0.5359
0.1	0.5398	0.5438	0.5478	0.5517	0.5557	0.5596	0.5636	0.5675	0.5714	0.5753
0.2	0.5793	0.5832	0.5871	0.5910	0.5948	0.5987	0.6026	0.6064	0.6103	0.6141
0.3	0.6179	0.6217	0.6255	0.6293	0.6331	0.6368	0.6406	0.6443	0.6480	0.6517
0.4	0.6554	0.6591	0.6628	0.6664	0.6700	0.6736	0.6772	0.6808	0.6844	0.6879
0.5	0.6915	0.6950	0.6985	0.7019	0.7054	0.7088	0.7123	0.7157	0.7190	0.7224
0.6	0.7257	0.7291	0.7324	0.7357	0.7389	0.7422	0.7454	0.7486	0.7517	0.7549
0.7	0.7580	0.7611	0.7642	0.7673	0.7703	0.7734	0.7764	0.7794	0.7823	0.7852
0.8	0.7881	0.7910	0.7939	0.7967	0.7995	0.8023	0.8051	0.8078	0.8106	0.8133
0.9	0.8159	0.8186	0.8212	0.8238	0.8264	0.8289	0.8315	0.8340	0.8365	0.8389
1.0	0.8413	0.8438	0.8461	0.8485	0.8508	0.8531	0.8554	0.8577	0.8599	0.8621
1.1	0.8643	0.8665	0.8686	0.8708	0.8729	0.8749	0.8770	0.8790	0.8810	0.8830
1.2	0.8849	0.8869	0.8888	0.8907	0.8925	0.8944	0.8962	0.8980	0.8997	0.9015
1.3	0.9032	0.9049	0.9066	0.9082	0.9099	0.9115	0.9131	0.9147	0.9162	0.9177
1.4	0.9192	0.9207	0.9222	0.9236	0.9251	0.9265	0.9278	0.9292	0.9306	0.9319
1.5	0.9332	0.9345	0.9357	0.9370	0.9382	0.9394	0.9406	0.9418	0.9430	0.9441
1.6	0.9452	0.9463	0.9474	0.9484	0.9495	0.9505	0.9515	0.9525	0.9535	0.9545
1.7	0.9554	0.9564	0.9573	0.9582	0.9591	0.9599	0.9608	0.9616	0.9625	0.9633
1.8	0.9641	0.9648	0.9656	0.9664	0.9671	0.9678	0.9686	0.9693	0.9700	0.9706
1.9	0.9713	0.9719	0.9726	0.9732	0.9738	0.9744	0.9750	0.9756	0.9762	0.9767

续表

x	0	1	2	3	4	5	6	7	8	9
2.0	0.9772	0.9778	0.9783	0.9788	0.9793	0.9798	0.9803	0.9808	0.9812	0.9817
2.1	0.9821	0.9826	0.9830	0.9834	0.9838	0.9842	0.9846	0.9850	0.9854	0.9857
2.2	0.9861	0.9864	0.9868	0.9871	0.9874	0.9878	0.9881	0.9884	0.9887	0.9890
2.3	0.9893	0.9896	0.9898	0.9901	0.9904	0.9906	0.9909	0.9911	0.9913	0.9916
2.4	0.9918	0.9920	0.9922	0.9925	0.9927	0.9929	0.9931	0.9932	0.9934	0.9936
2.5	0.9938	0.9940	0.9941	0.9943	0.9945	0.9946	0.9948	0.9949	0.9951	0.9952
2.6	0.9953	0.9955	0.9956	0.9957	0.9959	0.9960	0.9961	0.9962	0.9963	0.9964
2.7	0.9965	0.9966	0.9967	0.9968	0.9969	0.9970	0.9971	0.9972	0.9973	0.9974
2.8	0.9974	0.9975	0.9976	0.9977	0.9977	0.9978	0.9979	0.9979	0.9980	0.9981
2.9	0.9981	0.9982	0.9982	0.9983	0.9984	0.9984	0.9985	0.9985	0.9986	0.9986
3.0	0.9987	0.9990	0.9993	0.9995	0.9997	0.9998	0.9998	0.9999	0.9999	1.0000

附表2 χ^2 分布表

$P\{\chi^2(n) > \chi^2_\alpha(n)\} = \alpha$

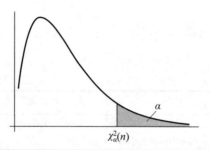

n	α=0.995	0.99	0.975	0.95	0.90	0.75	0.25	0.10	0.05	0.025	0.01	0.005
1	—	—	0.001	0.004	0.016	0.102	1.323	2.706	3.841	5.024	6.635	7.879
2	0.010	0.020	0.051	0.103	0.211	0.575	2.773	4.605	5.991	7.378	9.210	10.597
3	0.072	0.115	0.216	0.352	0.584	1.213	4.108	6.251	7.815	9.348	11.345	12.838
4	0.207	0.297	0.484	0.711	1.064	1.923	5.385	7.779	9.488	11.143	13.277	14.860
5	0.412	0.554	0.831	1.145	1.610	2.675	6.626	9.236	11.071	12.833	15.086	16.750
6	0.676	0.872	1.237	1.635	2.204	3.455	7.841	10.645	12.592	14.449	16.812	18.548
7	0.989	1.239	1.690	2.167	2.833	4.255	9.037	12.017	14.067	16.013	18.475	20.278
8	1.344	1.646	2.180	2.733	3.490	5.071	10.219	13.362	15.507	17.535	20.090	21.955
9	1.735	2.088	2.700	3.325	4.268	5.899	11.389	14.684	16.919	19.023	21.666	23.589
10	2.156	2.558	3.247	3.940	4.865	6.737	12.549	15.987	18.307	20.483	23.209	25.188
11	2.603	3.053	3.816	4.575	5.578	7.584	13.701	17.275	19.675	21.920	24.725	26.757
12	3.074	3.571	4.404	5.226	6.304	8.438	14.845	18.549	21.026	23.337	26.217	28.299
13	3.565	4.107	5.009	5.892	7.042	9.299	15.984	19.812	22.362	24.736	27.688	29.819
14	4.075	4.660	5.629	6.571	7.790	10.165	17.117	21.064	23.685	26.119	29.141	31.319
15	4.601	5.229	6.262	7.261	8.547	11.037	18.245	22.307	24.996	27.488	30.578	32.801
16	5.142	5.812	6.908	7.962	9.312	11.912	19.369	23.542	26.296	28.845	32.000	34.267

续表

n	α=0.995	0.99	0.975	0.95	0.90	0.75	0.25	0.10	0.05	0.025	0.01	0.005
17	5.697	6.408	7.564	8.672	10.085	12.792	20.489	24.769	27.587	30.191	33.409	35.718
18	6.265	7.015	8.231	9.390	10.865	13.675	21.605	25.989	28.869	31.526	34.805	37.156
19	6.844	7.633	8.907	10.117	11.651	14.562	22.718	27.204	30.144	32.852	36.191	38.582
20	7.434	8.260	9.591	10.851	12.443	15.452	23.828	28.412	31.410	34.170	37.566	39.997
21	8.034	8.897	10.283	11.591	13.240	16.344	24.935	29.615	32.671	35.479	38.932	41.401
22	8.643	9.542	10.982	12.338	14.042	17.240	26.039	30.813	33.924	36.781	40.289	42.796
23	9.260	10.196	11.689	13.091	14.848	18.137	27.141	32.007	35.172	38.076	41.638	44.181
24	9.886	10.856	12.401	13.848	15.659	19.037	28.241	33.196	36.415	39.364	42.980	45.559
25	10.520	11.524	13.120	14.611	16.473	19.939	29.339	34.382	37.652	40.646	44.314	46.928
26	11.160	12.198	13.844	15.379	17.292	20.843	30.435	35.563	38.885	41.923	45.642	48.290
27	11.808	12.879	14.573	16.151	18.114	21.749	31.528	36.741	40.113	43.194	46.963	49.645
28	12.461	13.565	15.308	16.928	18.939	22.657	32.620	37.916	41.337	44.461	48.278	50.993
29	13.121	14.257	16.047	17.708	19.768	23.567	33.711	39.087	42.557	45.772	49.588	52.336
30	13.787	14.954	16.791	18.493	20.599	24.478	34.800	40.256	43.773	46.979	50.892	53.672
31	14.458	15.655	17.539	19.281	21.434	25.390	35.887	41.422	44.985	48.232	52.191	55.003
32	15.134	16.362	18.291	20.072	22.271	26.304	36.973	42.585	46.194	49.480	53.486	56.328
33	15.815	17.074	19.047	20.867	23.110	27.219	38.058	43.745	47.400	50.725	54.776	57.648
34	16.501	17.789	19.806	21.664	23.952	28.136	39.141	44.903	48.602	51.966	56.061	58.964
35	17.192	18.509	20.569	22.465	24.797	29.054	40.223	46.059	49.802	53.203	57.342	60.275
36	17.887	19.233	21.386	23.269	25.643	29.973	41.304	47.212	50.998	54.437	58.619	61.581
37	18.586	19.960	22.100	24.075	26.492	30.893	42.383	48.363	52.192	55.668	59.892	62.883
38	19.289	20.691	22.878	24.884	27.343	31.815	43.462	49.513	53.384	56.896	61.162	64.181
39	19.996	21.426	23.654	25.695	28.196	32.737	44.539	50.660	54.572	58.120	62.428	65.476
40	20.707	22.164	24.433	26.509	29.051	33.660	45.616	51.805	55.758	59.342	63.691	66.766
41	21.421	22.906	25.215	27.326	29.907	34.585	46.692	52.949	56.942	60.561	64.950	68.053
42	22.188	23.650	25.999	28.144	30.765	35.510	47.766	54.090	58.124	61.777	66.206	69.336
43	22.859	24.398	26.785	28.965	31.625	36.436	48.840	55.230	59.304	62.990	67.459	70.616
44	23.584	25.148	27.575	29.787	32.487	37.363	49.913	56.369	60.481	64.201	68.710	71.893
45	24.311	25.901	28.366	30.613	33.350	38.291	50.985	57.505	61.656	65.410	69.957	73.166

附表3 t 分布表

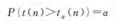
$P\{t(n) > t_\alpha(n)\} = \alpha$

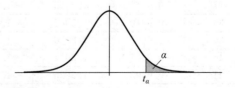

n	α=0.25	0.10	0.05	0.025	0.01	0.005
1	1.0000	3.0777	6.3138	12.7062	31.8207	63.6574
2	0.8165	1.8856	2.9200	4.3027	6.9646	9.9248

续表

n	α＝0.25	0.10	0.05	0.025	0.01	0.005
3	0.7649	1.6377	2.3534	3.1824	4.5407	5.8409
4	0.7407	1.5332	2.1318	2.7764	3.7469	4.6041
5	0.7267	1.4759	2.0150	2.5706	3.3649	4.0322
6	0.7176	1.4398	1.9432	2.4469	3.1427	3.7074
7	0.7111	1.4149	1.8946	2.3646	2.9980	3.4995
8	0.7064	1.3968	1.8595	2.3060	2.8965	3.3554
9	0.7027	1.3830	1.8331	2.2622	2.8214	3.2498
10	0.6998	1.3722	1.8125	2.2281	2.7638	3.1693
11	0.6974	1.3634	1.7959	2.2010	2.7181	3.1058
12	0.6955	1.3562	1.7823	2.1788	2.6810	3.0545
13	0.6938	1.3502	1.7709	2.1604	2.6503	3.0123
14	0.6924	1.3450	1.7613	2.1448	2.6245	2.9768
15	0.6912	1.3406	1.7531	2.1315	2.6025	2.9467
16	0.6901	1.3368	1.7459	2.1199	2.5835	2.9208
17	0.6892	1.3334	1.7396	2.1098	2.5669	2.8982
18	0.6884	1.3304	1.7341	2.1009	2.5524	2.8784
19	0.6876	1.3277	1.7291	2.0930	2.5395	2.8609
20	0.6870	1.3253	1.7247	2.0860	2.5280	2.8453
21	0.6864	1.3232	1.7207	2.0796	2.5177	2.8314
22	0.6858	1.3212	1.7171	2.0739	2.5083	2.8188
23	0.6853	1.3195	1.7139	2.0687	2.4999	2.8073
24	0.6848	1.3178	1.7109	2.0639	2.4922	2.7969
25	0.6844	1.3163	1.7081	2.0595	2.4851	2.7874
26	0.6840	1.3150	1.7056	2.0555	2.4786	2.7787
27	0.6837	1.3137	1.7033	2.0518	2.4727	2.7707
28	0.6834	1.3125	1.7011	2.0484	2.4671	2.7633
29	0.6830	1.3114	1.6991	2.0452	2.4620	2.7564
30	0.6828	1.3104	1.6973	2.0423	2.4573	2.7500
31	0.6825	1.3095	1.6955	2.0395	2.4528	2.7440
32	0.6822	1.3086	1.6939	2.0369	2.4487	2.7385
33	0.6820	1.3077	1.6924	2.0345	2.4448	2.7333
34	0.6818	1.3070	1.6909	2.0322	2.4411	2.7284
35	0.6816	1.3062	1.6896	2.0301	2.4377	2.7238
36	0.6814	1.3055	1.6883	2.0281	2.4345	2.7195
37	0.6812	1.3049	1.6871	2.0262	2.4314	2.7154
38	0.6810	1.3042	1.6860	2.0244	2.4286	2.7116
39	0.6808	1.3036	1.6849	2.0227	2.4258	2.7079
40	0.6807	1.3031	1.6839	2.0211	2.4233	2.7045
41	0.6805	1.3025	1.6829	2.0195	2.4208	2.7012
42	0.6804	1.3020	1.6820	2.0181	2.4185	2.6981
43	0.6802	1.3016	1.6811	2.0167	2.4163	2.6951
44	0.6801	1.3011	1.6802	2.0154	2.4141	2.6923
45	0.6800	1.3006	1.6794	2.0141	2.4121	2.6896

附表4 F分布表

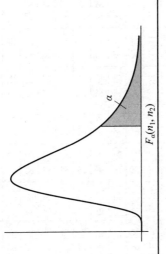

$$P\{F(n_1,n_2) > F_\alpha(n_1,n_2)\} = \alpha$$

($\alpha = 0.1$)

n_2 \ n_1	1	2	3	4	5	6	7	8	9	10	12	15	20	24	30	40	60	120	∞
1	39.86	49.50	53.59	55.83	57.24	58.20	58.91	59.44	59.86	60.19	60.71	61.22	61.74	62.00	62.26	62.53	62.79	63.06	63.33
2	8.53	9.00	9.16	9.24	9.29	9.33	9.35	9.37	9.38	9.39	9.41	9.42	9.44	9.45	9.46	9.47	9.47	9.48	9.49
3	5.54	5.46	5.39	5.34	5.31	5.28	5.27	5.25	5.24	5.23	5.22	5.20	5.18	5.18	5.17	5.16	5.15	5.14	5.13
4	4.54	4.32	4.19	4.11	4.05	4.01	3.98	3.95	3.94	3.92	3.90	3.87	3.84	3.83	3.82	3.80	3.79	3.78	3.76
5	4.06	3.78	3.62	3.52	3.45	3.40	3.37	3.34	3.32	3.30	3.27	3.24	3.21	3.19	3.17	3.16	3.14	3.12	3.10
6	3.78	3.46	3.29	3.18	3.11	3.05	3.01	2.98	2.96	2.94	2.90	2.87	2.84	2.82	2.80	2.78	2.76	2.74	2.72
7	3.59	3.26	3.07	2.96	2.88	2.83	2.78	2.75	2.72	2.70	2.67	2.63	2.59	2.58	2.56	2.54	2.51	2.49	2.47
8	3.46	3.11	2.92	2.81	2.73	2.67	2.62	2.59	2.56	2.54	2.50	2.46	2.42	2.40	2.38	2.36	2.34	2.32	2.29
9	3.36	3.01	2.81	2.69	2.61	2.55	2.51	2.47	2.44	2.42	2.38	2.34	2.30	2.28	2.25	2.23	2.21	2.18	2.16
10	3.29	2.92	2.73	2.61	2.52	2.46	2.41	2.38	2.35	2.32	2.28	2.24	2.20	2.18	2.16	2.13	2.11	2.08	2.06
11	3.23	2.86	2.66	2.54	2.45	2.39	2.34	2.30	2.27	2.25	2.21	2.17	2.12	2.10	2.08	2.05	2.03	2.00	1.97
12	3.18	2.81	2.61	2.48	2.39	2.33	2.28	2.24	2.21	2.19	2.15	2.10	2.06	2.04	2.01	1.99	1.96	1.93	1.90
13	3.14	2.76	2.56	2.43	2.35	2.28	2.23	2.20	2.16	2.14	2.10	2.05	2.01	1.98	1.96	1.93	1.90	1.88	1.85

续表

($\alpha = 0.1$)

n_2 \ n_1	1	2	3	4	5	6	7	8	9	10	12	15	20	24	30	40	60	120	∞
14	3.10	2.73	2.52	2.39	2.31	2.24	2.19	2.15	2.12	2.10	2.05	2.01	1.96	1.94	1.91	1.89	1.86	1.83	1.80
15	3.07	2.70	2.49	2.36	2.27	2.21	2.16	2.12	2.09	2.06	2.02	1.97	1.92	1.90	1.87	1.85	1.82	1.79	1.76
16	3.05	2.67	2.46	2.33	2.24	2.18	2.13	2.09	2.06	2.03	1.99	1.94	1.89	1.87	1.84	1.81	1.78	1.75	1.72

($\alpha = 0.05$)

n_2 \ n_1	1	2	3	4	5	6	7	8	9	10	12	15	20	24	30	40	60	120	∞
1	161.4	199.5	215.7	224.6	230.2	234.0	236.8	238.9	240.5	241.9	243.9	245.9	248.0	249.1	250.1	251.1	252.2	253.3	254.3
2	18.51	19.00	19.16	19.25	19.30	19.33	19.35	19.37	19.38	19.40	19.41	19.43	19.45	19.45	19.46	19.47	19.48	19.49	19.50
3	10.13	9.55	9.28	9.12	9.01	8.94	8.89	8.85	8.81	8.79	8.74	8.70	8.66	8.64	8.62	8.59	8.57	8.55	8.53
4	7.71	6.94	6.59	6.39	6.26	6.16	6.09	6.04	6.00	5.96	5.91	5.86	5.80	5.77	5.75	5.72	5.69	5.66	5.63
5	6.61	5.79	5.41	5.19	5.05	4.95	4.88	4.82	4.77	4.74	4.68	4.62	4.56	4.53	4.50	4.46	4.43	4.40	4.36
6	5.99	5.14	4.76	4.53	4.39	4.28	4.21	4.15	4.10	4.06	4.00	3.94	3.87	3.84	3.81	3.77	3.74	3.70	3.67
7	5.59	4.74	4.35	4.12	3.97	3.87	3.79	3.73	3.68	3.64	3.57	3.51	3.44	3.41	3.38	3.34	3.30	3.27	3.23
8	5.32	4.46	4.07	3.84	3.69	3.58	3.50	3.44	3.39	3.35	3.28	3.22	3.15	3.12	3.08	3.04	3.01	2.97	2.93
9	5.12	4.26	3.86	3.63	3.48	3.37	3.29	3.23	3.18	3.14	3.07	3.01	2.94	2.90	2.86	2.83	2.79	2.75	2.71
10	4.96	4.10	3.71	3.48	3.33	3.22	3.14	3.07	3.02	2.98	2.91	2.85	2.77	2.74	2.70	2.66	2.62	2.58	2.54
11	4.84	3.98	3.59	3.36	3.20	3.09	3.01	2.95	2.90	2.85	2.79	2.72	2.65	2.61	2.57	2.53	2.49	2.45	2.40
12	4.75	3.89	3.49	3.26	3.11	3.00	2.91	2.85	2.80	2.75	2.69	2.62	2.54	2.51	2.47	2.43	2.38	2.34	2.30
13	4.67	3.81	3.41	3.18	3.03	2.92	2.83	2.77	2.71	2.67	2.60	2.53	2.46	2.42	2.38	2.34	2.30	2.25	2.21
14	4.60	3.74	3.34	3.11	2.96	2.85	2.76	2.70	2.65	2.60	2.53	2.46	2.39	2.35	2.31	2.27	2.22	2.18	2.13
15	4.54	3.68	3.29	3.06	2.90	2.79	2.71	2.64	2.59	2.54	2.48	2.40	2.33	2.29	2.25	2.20	2.16	2.11	2.07
16	4.49	3.63	3.24	3.01	2.85	2.74	2.66	2.59	2.54	2.49	2.42	2.35	2.28	2.24	2.19	2.15	2.11	2.06	2.01
17	4.45	3.59	3.20	2.96	2.81	2.70	2.61	2.55	2.49	2.45	2.38	2.31	2.23	2.19	2.15	2.10	2.06	2.01	1.96
18	4.41	3.55	3.16	2.93	2.77	2.66	2.58	2.51	2.46	2.41	2.34	2.27	2.19	2.15	2.11	2.06	2.02	1.97	1.92

续表

($\alpha = 0.05$)

n_2 \ n_1	1	2	3	4	5	6	7	8	9	10	12	15	20	24	30	40	60	120	∞
19	4.38	3.52	3.13	2.90	2.74	2.63	2.54	2.48	2.42	2.38	2.31	2.23	2.16	2.11	2.07	2.03	1.98	1.93	1.88
20	4.35	3.49	3.10	2.87	2.71	2.60	2.51	2.45	2.39	2.35	2.28	2.20	2.12	2.08	2.04	1.99	1.95	1.90	1.84
21	4.32	3.47	3.07	2.84	2.68	2.57	2.49	2.42	2.37	2.32	2.25	2.18	2.10	2.05	2.01	1.96	1.92	1.87	1.81
22	4.30	3.44	3.05	2.82	2.66	2.55	2.46	2.40	2.34	2.30	2.23	2.15	2.07	2.03	1.98	1.94	1.89	1.84	1.78
23	4.28	3.42	3.03	2.80	2.64	2.53	2.44	2.37	2.32	2.27	2.20	2.13	2.05	2.01	1.96	1.91	1.86	1.81	1.76
24	4.26	3.40	3.01	2.78	2.62	2.51	2.42	2.36	2.30	2.25	2.18	2.11	2.03	1.98	1.94	1.89	1.84	1.79	1.73
25	4.24	3.39	2.99	2.76	2.60	2.49	2.40	2.34	2.28	2.24	2.16	2.09	2.01	1.96	1.92	1.87	1.82	1.77	1.71
26	4.23	3.37	2.98	2.74	2.59	2.47	2.39	2.32	2.27	2.22	2.15	2.07	1.99	1.95	1.90	1.85	1.80	1.75	1.69
27	4.21	3.35	2.96	2.73	2.57	2.46	2.37	2.31	2.25	2.20	2.13	2.06	1.97	1.93	1.88	1.84	1.79	1.73	1.67
28	4.20	3.34	2.95	2.71	2.56	2.45	2.36	2.29	2.24	2.19	2.12	2.04	1.96	1.91	1.87	1.82	1.77	1.71	1.65
29	4.18	3.33	2.93	2.70	2.55	2.43	2.35	2.28	2.22	2.18	2.10	2.03	1.94	1.90	1.85	1.81	1.75	1.70	1.64
30	4.17	3.32	2.92	2.69	2.53	2.42	2.33	2.27	2.21	2.16	2.09	2.01	1.93	1.89	1.84	1.79	1.74	1.68	1.62
40	4.08	3.23	2.84	2.61	2.45	2.34	2.25	2.18	2.12	2.08	2.00	1.92	1.84	1.79	1.74	1.69	1.64	1.58	1.51
60	4.00	3.15	2.76	2.53	2.37	2.25	2.17	2.10	2.04	1.99	1.92	1.84	1.75	1.70	1.65	1.59	1.53	1.47	1.39
120	3.92	3.07	2.68	2.45	2.29	2.17	2.09	2.02	1.96	1.91	1.83	1.75	1.66	1.61	1.55	1.50	1.43	1.35	1.25
∞	3.84	3.00	2.60	2.37	2.21	2.10	2.01	1.94	1.88	1.83	1.75	1.67	1.57	1.52	1.46	1.39	1.32	1.22	1.00

($\alpha = 0.025$)

n_2 \ n_1	1	2	3	4	5	6	7	8	9	10	12	15	20	24	30	40	60	120	∞
1	647.8	799.5	864.2	899.6	921.8	937.1	948.2	956.7	963.3	968.6	976.7	984.9	993.1	997.2	1001	1006	1010	1014	1018
2	38.51	39.00	39.17	39.25	39.30	39.33	39.36	39.37	39.39	39.40	39.41	39.43	39.45	39.46	39.46	39.47	39.48	39.49	39.50
3	17.44	16.04	15.44	15.10	14.88	14.73	14.62	14.54	14.47	14.42	14.34	14.25	14.17	14.12	14.08	14.04	13.99	13.95	13.90
4	12.22	10.65	9.98	9.60	9.36	9.20	9.07	8.98	8.90	8.84	8.75	8.66	8.56	8.51	8.46	8.41	8.36	8.31	8.26
5	10.01	8.43	7.76	7.39	7.15	6.98	6.85	6.76	6.68	6.62	6.52	6.43	6.33	6.28	6.23	6.18	6.12	6.07	6.02

续表

($\alpha = 0.025$)

n_1 \ n_2	1	2	3	4	5	6	7	8	9	10	12	15	20	24	30	40	60	120	∞
6	8.81	7.26	6.60	6.23	5.99	5.82	5.70	5.60	5.52	5.46	5.37	5.27	5.17	5.12	5.07	5.01	4.96	4.90	4.85
7	8.07	6.54	5.89	5.52	5.29	5.12	4.99	4.90	4.82	4.76	4.67	4.57	4.47	4.42	4.36	4.31	4.25	4.20	4.14
8	7.57	6.06	5.42	5.05	4.82	4.65	4.53	4.43	4.36	4.30	4.20	4.10	4.00	3.95	3.89	3.84	3.78	3.73	3.67
9	7.21	5.71	5.08	4.72	4.48	4.32	4.20	4.10	4.03	3.96	3.87	3.77	3.67	3.61	3.56	3.51	3.45	3.39	3.33
10	6.94	5.46	4.83	4.47	4.24	4.07	3.95	3.85	3.78	3.72	3.62	3.52	3.42	3.37	3.31	3.26	3.20	3.14	3.08
11	6.72	5.26	4.63	4.28	4.04	3.88	3.76	3.66	3.59	3.53	3.43	3.33	3.23	3.17	3.12	3.06	3.00	2.94	2.88
12	6.55	5.10	4.47	4.12	3.89	3.73	3.61	3.51	3.44	3.37	3.28	3.18	3.07	3.02	2.96	2.91	2.85	2.79	2.72
13	6.41	4.97	4.35	4.00	3.77	3.60	3.48	3.39	3.31	3.25	3.15	3.05	2.95	2.89	2.84	2.78	2.72	2.66	2.60
14	6.30	4.86	4.24	3.89	3.66	3.50	3.38	3.29	3.21	3.15	3.05	2.95	2.84	2.79	2.73	2.67	2.61	2.55	2.49
15	6.20	4.77	4.15	3.80	3.58	3.41	3.29	3.20	3.12	3.06	2.96	2.86	2.76	2.70	2.64	2.59	2.52	2.46	2.40
16	6.12	4.69	4.08	3.73	3.50	3.34	3.22	3.12	3.05	2.99	2.89	2.79	2.68	2.63	2.57	2.51	2.45	2.38	2.32
17	6.04	4.62	4.01	3.66	3.44	3.28	3.16	3.06	2.98	2.92	2.82	2.72	2.62	2.56	2.50	2.44	2.38	2.32	2.25
18	5.98	4.56	3.95	3.61	3.38	3.22	3.10	3.01	2.93	2.87	2.77	2.67	2.56	2.50	2.44	2.38	2.32	2.26	2.19
19	5.92	4.51	3.90	3.56	3.33	3.17	3.05	2.96	2.88	2.82	2.72	2.62	2.51	2.45	2.39	2.33	2.27	2.20	2.13
20	5.87	4.46	3.86	3.51	3.29	3.13	3.01	2.91	2.84	2.77	2.68	2.57	2.46	2.41	2.35	2.29	2.22	2.16	2.09
21	5.83	4.42	3.82	3.48	3.25	3.09	2.97	2.87	2.80	2.73	2.64	2.53	2.42	2.37	2.31	2.25	2.18	2.11	2.04
22	5.79	4.38	3.78	3.44	3.22	3.05	2.93	2.84	2.76	2.70	2.60	2.50	2.39	2.33	2.27	2.21	2.14	2.08	2.00
23	5.75	4.35	3.75	3.41	3.18	3.02	2.90	2.81	2.73	2.67	2.57	2.47	2.36	2.30	2.24	2.18	2.11	2.04	1.97
24	5.72	4.32	3.72	3.38	3.15	2.99	2.87	2.78	2.70	2.64	2.54	2.44	2.33	2.27	2.21	2.15	2.08	2.01	1.94
25	5.69	4.29	3.69	3.35	3.13	2.97	2.85	2.75	2.68	2.61	2.51	2.41	2.30	2.24	2.18	2.12	2.05	1.98	1.91
26	5.66	4.27	3.67	3.33	3.10	2.94	2.82	2.73	2.65	2.59	2.49	2.39	2.28	2.22	2.16	2.09	2.03	1.95	1.88
27	5.63	4.24	3.65	3.31	3.08	2.92	2.80	2.71	2.63	2.57	2.47	2.36	2.25	2.19	2.13	2.07	2.00	1.93	1.85
28	5.61	4.22	3.63	3.29	3.06	2.90	2.78	2.69	2.61	2.55	2.45	2.34	2.23	2.17	2.11	2.05	1.98	1.91	1.83
29	5.59	4.20	3.61	3.27	3.04	2.88	2.76	2.67	2.59	2.53	2.43	2.32	2.21	2.15	2.09	2.03	1.96	1.89	1.81
30	5.57	4.18	3.59	3.25	3.03	2.87	2.75	2.65	2.57	2.51	2.41	2.31	2.20	2.14	2.07	2.01	1.94	1.87	1.79

续表

($\alpha = 0.025$)

n_1 \ n_2	1	2	3	4	5	6	7	8	9	10	12	15	20	24	30	40	60	120	∞
40	5.42	4.05	3.46	3.13	2.90	2.74	2.62	2.53	2.45	2.39	2.29	2.18	2.07	2.01	1.94	1.88	1.80	1.72	1.64
60	5.29	3.93	3.34	3.01	2.79	2.63	2.51	2.41	2.33	2.27	2.17	2.06	1.94	1.88	1.82	1.74	1.67	1.58	1.48
120	5.15	3.80	3.23	2.89	2.67	2.52	2.39	2.30	2.22	2.16	2.05	1.94	1.82	1.76	1.69	1.61	1.53	1.43	1.31
∞	5.02	3.69	3.12	2.79	2.57	2.41	2.29	2.19	2.11	2.05	1.94	1.83	1.71	1.64	1.57	1.48	1.39	1.27	1.00

($\alpha = 0.01$)

n_1 \ n_2	1	2	3	4	5	6	7	8	9	10	12	15	20	24	30	40	60	120	∞
1	4052	4999.5	5403	5625	5764	5859	5928	5981	6022	6056	6106	6157	6209	6235	6261	6287	6313	6339	6366
2	98.50	99.00	99.17	99.25	99.30	99.33	99.36	99.37	99.39	99.40	99.42	99.43	99.45	99.46	99.47	99.47	99.48	99.49	99.50
3	34.12	30.82	29.46	28.71	28.24	27.91	27.67	27.49	27.35	27.23	27.05	26.87	26.69	26.60	26.50	26.41	26.32	26.22	26.13
4	21.20	18.00	16.69	15.98	15.52	15.21	14.98	14.80	14.66	14.55	14.37	14.20	14.02	13.93	13.84	13.75	13.65	13.56	13.46
5	16.26	13.27	12.06	11.39	10.97	10.57	10.46	10.29	10.16	10.05	9.89	9.72	9.55	9.47	9.38	9.29	9.20	9.11	9.02
6	13.75	10.92	9.78	9.15	8.75	8.47	8.26	8.10	7.98	7.87	7.72	7.56	7.40	7.31	7.23	7.14	7.06	6.97	6.88
7	12.25	9.55	8.45	7.85	7.46	7.19	6.99	6.84	6.72	6.62	6.47	6.31	6.16	6.07	5.99	5.91	5.82	5.74	5.65
8	11.26	8.65	7.59	7.01	6.63	6.37	6.18	6.03	5.91	5.81	5.67	5.52	5.36	5.28	5.20	5.12	5.03	4.95	4.86
9	10.56	8.02	6.99	6.42	6.06	5.80	5.61	5.47	5.35	5.26	5.11	4.96	4.81	4.73	4.65	4.57	4.48	4.40	4.31
10	10.04	7.56	6.55	5.99	5.64	5.39	5.20	5.06	4.94	4.85	4.71	4.56	4.41	4.33	4.25	4.17	4.08	4.00	3.91
11	9.65	7.21	6.22	5.67	5.32	5.07	4.89	4.74	4.63	4.54	4.40	4.25	4.10	4.02	3.94	3.86	3.78	3.69	3.60
12	9.33	6.93	5.95	5.41	5.06	4.82	4.64	4.50	4.39	4.30	4.16	4.01	3.86	3.78	3.70	3.62	3.54	3.45	3.36
13	9.07	6.70	5.74	5.21	4.86	4.62	4.44	4.30	4.19	4.10	3.96	3.82	3.66	3.59	3.51	3.43	3.34	3.25	3.17
14	8.86	6.51	5.56	5.04	4.69	4.46	4.28	4.14	4.03	3.94	3.80	3.66	3.51	3.43	3.35	3.27	3.18	3.09	3.00
15	8.68	6.36	5.42	4.89	4.56	4.32	4.14	4.00	3.89	3.80	3.67	3.52	3.37	3.29	3.21	3.13	3.05	2.96	2.87
16	8.53	6.23	5.29	4.77	4.44	4.20	4.03	3.89	3.78	3.69	3.55	3.41	3.26	3.18	3.10	3.02	2.93	2.84	2.75
17	8.40	6.11	5.18	4.67	4.34	4.10	3.93	3.79	3.68	3.59	3.46	3.31	3.16	3.08	3.00	2.92	2.83	2.75	2.65

续表

($\alpha=0.01$)

n_2 \ n_1	1	2	3	4	5	6	7	8	9	10	12	15	20	24	30	40	60	120	∞
18	8.29	6.01	5.09	4.58	4.25	4.01	3.84	3.71	3.60	3.51	3.37	3.23	3.08	3.00	2.92	2.84	2.75	2.66	2.57
19	8.18	5.93	5.01	4.50	4.17	3.94	3.77	3.63	3.52	3.43	3.30	3.15	3.00	2.92	2.84	2.76	2.67	2.58	2.49
20	8.10	5.85	4.94	4.43	4.10	3.87	3.70	3.56	3.46	3.37	3.23	3.09	2.94	2.86	2.78	2.69	2.61	2.52	2.42
21	8.02	5.78	4.87	4.37	4.04	3.81	3.64	3.51	3.40	3.31	3.17	3.03	2.88	2.80	2.72	2.64	2.55	2.46	2.36
22	7.95	5.72	4.82	4.31	3.99	3.76	3.59	3.45	3.35	3.26	3.12	2.98	2.83	2.75	2.67	2.58	2.50	2.40	2.31
23	7.88	5.66	4.76	4.26	3.94	3.71	3.54	3.41	3.30	3.21	3.07	2.93	2.78	2.70	2.62	2.54	2.45	2.35	2.26
24	7.82	5.61	4.72	4.22	3.90	3.67	3.50	3.36	3.26	3.17	3.03	2.89	2.74	2.66	2.58	2.49	2.40	2.31	2.21
25	7.77	5.57	4.68	4.18	3.85	3.63	3.46	3.32	3.22	3.13	2.99	2.85	2.70	2.62	2.54	2.45	2.36	2.27	2.17
26	7.72	5.53	4.64	4.14	3.82	3.59	3.42	3.29	3.18	3.09	2.96	2.81	2.66	2.58	2.50	2.42	2.33	2.23	2.13
27	7.68	5.49	4.60	4.11	3.78	3.56	3.39	3.26	3.15	3.06	2.93	2.78	2.63	2.55	2.47	2.38	2.29	2.20	2.10
28	7.64	5.45	4.57	4.07	3.75	3.53	3.36	3.23	3.12	3.03	2.90	2.75	2.60	2.52	2.44	2.35	2.26	2.17	2.06
29	7.60	5.42	4.54	4.04	3.73	3.50	3.33	3.20	3.09	3.00	2.87	2.73	2.57	2.49	2.41	2.33	2.23	2.14	2.03
30	7.56	5.39	4.51	4.02	3.70	3.47	3.30	3.17	3.07	2.98	2.84	2.70	2.55	2.47	2.39	2.30	2.21	2.11	2.01
40	7.31	5.18	4.31	3.83	3.51	3.29	3.12	2.99	2.89	2.80	2.66	2.52	2.37	2.29	2.20	2.11	2.02	1.92	1.80
60	7.08	4.98	4.13	3.65	3.34	3.12	2.95	2.82	2.72	2.63	2.50	2.35	2.20	2.12	2.03	1.94	1.84	1.73	1.60
120	6.85	4.79	4.95	3.48	3.17	2.96	2.79	2.66	2.56	2.47	2.34	2.19	2.03	1.95	1.86	1.76	1.66	1.53	1.38
∞	6.63	4.61	3.78	3.32	3.02	2.80	2.64	2.51	2.41	2.32	2.18	2.04	1.88	1.79	1.70	1.59	1.47	1.32	1.00

($\alpha=0.005$)

n_2 \ n_1	1	2	3	4	5	6	7	8	9	10	12	15	20	24	30	40	60	120	∞
1	16 211	20 000	21 615	22 500	23 056	23 437	23 715	23 925	24 091	24 224	24 426	24 630	24 836	24 940	25 044	25 148	25 253	25 359	25 465
2	198.5	199.0	199.2	199.2	199.3	199.3	199.4	199.4	199.4	199.4	199.4	199.4	199.4	199.5	199.5	199.5	199.5	199.5	199.5
3	55.55	49.80	47.47	46.19	45.39	44.84	44.43	44.13	43.88	43.69	43.39	43.08	42.78	42.62	42.47	42.31	42.15	41.99	41.83
4	31.33	26.28	24.26	23.15	22.46	21.97	21.62	21.35	21.14	20.97	20.70	20.44	20.17	20.03	19.89	19.75	19.61	19.47	19.32

续表

($\alpha = 0.005$)

n_1 \ n_2	1	2	3	4	5	6	7	8	9	10	12	15	20	24	30	40	60	120	∞
5	22.78	18.31	16.53	15.56	14.94	14.51	14.20	13.96	13.77	13.62	13.38	13.15	12.90	12.78	12.66	12.53	12.40	12.27	12.14
6	18.63	14.54	12.92	12.03	11.46	11.07	10.79	10.57	10.39	10.25	10.03	9.81	9.59	9.47	9.36	9.24	9.12	9.00	8.88
7	16.24	12.40	10.88	10.05	9.52	9.16	8.89	8.68	8.51	8.38	8.18	7.97	7.75	7.65	7.53	7.42	7.31	7.19	7.08
8	14.69	11.04	9.60	8.81	8.30	7.95	7.69	7.50	7.34	7.21	7.01	6.81	6.61	6.50	6.40	6.29	6.18	6.06	5.95
9	13.61	10.11	8.72	7.96	7.47	7.13	6.88	6.69	6.54	6.42	6.23	6.03	5.83	5.73	5.62	5.52	5.41	5.30	5.19
10	12.83	9.43	8.08	7.34	6.87	6.54	6.30	6.12	5.97	5.85	5.66	5.47	5.27	5.17	5.07	4.97	4.86	4.75	4.64
11	12.23	8.91	7.60	6.88	6.42	6.10	5.86	5.68	5.54	5.42	5.24	5.05	4.86	4.76	4.65	4.55	4.44	4.34	4.23
12	11.75	8.51	7.23	6.52	6.07	5.76	5.52	5.35	5.20	5.09	4.91	4.72	4.53	4.43	4.33	4.23	4.12	4.01	3.90
13	11.37	8.19	6.93	6.23	5.79	5.48	5.25	5.08	4.94	4.82	4.64	4.46	4.27	4.17	4.07	3.97	3.87	3.76	3.65
14	11.06	7.92	6.68	6.00	5.56	5.26	5.03	4.86	4.72	4.60	4.43	4.25	4.06	3.96	3.86	3.76	3.66	3.55	3.44
15	10.80	7.70	6.48	5.80	5.37	5.07	4.85	4.67	4.54	4.42	4.25	4.07	3.88	3.79	3.69	3.58	3.48	3.37	3.26
16	10.58	7.51	6.30	5.64	5.21	4.91	4.69	4.52	4.38	4.27	4.10	3.92	3.73	3.64	3.54	3.44	3.33	3.22	3.11
17	10.38	7.35	6.16	5.50	5.07	4.78	4.56	4.39	4.25	4.14	3.97	3.79	3.61	3.51	3.41	3.31	3.21	3.10	2.98
18	10.22	7.21	6.03	5.37	4.96	4.66	4.44	4.28	4.14	4.03	3.86	3.68	3.50	3.40	3.30	3.20	3.10	2.99	2.87
19	10.07	7.09	5.92	5.27	4.85	4.56	4.34	4.18	4.04	3.93	3.76	3.59	3.40	3.31	3.21	3.11	3.00	2.89	2.78
20	9.94	6.99	5.82	5.17	4.76	4.47	4.26	4.09	3.96	3.85	3.68	3.50	3.32	3.22	3.12	3.02	2.92	2.81	2.69
21	9.83	6.89	5.73	5.09	4.68	4.39	4.18	4.01	3.88	3.77	3.60	3.43	3.24	3.15	3.05	2.95	2.84	2.73	2.61
22	9.73	6.81	5.65	5.02	4.61	4.32	4.11	3.94	3.81	3.70	3.54	3.36	3.18	3.08	2.98	2.88	2.77	2.66	2.55
23	9.63	6.73	5.58	4.95	4.54	4.26	4.05	3.88	3.75	3.64	3.47	3.30	3.12	3.02	2.92	2.82	2.71	2.60	2.48
24	9.55	6.66	5.52	4.89	4.49	4.20	3.99	3.83	3.69	3.59	3.42	3.25	3.06	2.97	2.87	2.77	2.66	2.55	2.43
25	9.48	6.60	5.46	4.84	4.43	4.15	3.94	3.78	3.64	3.54	3.37	3.20	3.01	2.92	2.82	2.72	2.61	2.50	2.38
26	9.41	6.54	5.41	4.79	4.38	4.10	3.89	3.73	3.60	3.49	3.33	3.15	2.97	2.87	2.77	2.67	2.56	2.45	2.33
27	9.34	6.49	5.36	4.74	4.34	4.06	3.85	3.69	3.56	3.45	3.28	3.11	2.93	2.83	2.73	2.63	2.52	2.41	2.29
28	9.28	6.44	5.32	4.70	4.30	4.02	3.81	3.65	3.52	3.41	3.25	3.07	2.89	2.79	2.69	2.59	2.48	2.37	2.25
29	9.23	6.40	5.28	4.66	4.26	3.98	3.77	3.61	3.48	3.38	3.21	3.04	2.86	2.76	2.66	2.56	2.45	2.33	2.21

续表

($\alpha = 0.005$)

n_2 \ n_1	1	2	3	4	5	6	7	8	9	10	12	15	20	24	30	40	60	120	∞
30	9.18	6.35	5.24	4.62	4.23	3.95	3.74	3.58	3.45	3.34	3.18	3.01	2.82	2.73	2.63	2.52	2.42	2.30	2.18
40	8.83	6.07	4.98	4.37	3.99	3.71	3.51	3.35	3.22	3.12	2.95	2.78	2.60	2.50	2.40	2.30	2.18	2.06	1.93
60	8.49	5.79	4.73	4.14	3.76	3.49	3.29	3.13	3.01	2.90	2.74	2.57	2.39	2.29	2.19	2.08	1.96	1.83	1.69
120	8.18	5.54	4.50	3.92	3.55	3.28	3.09	2.93	2.81	2.71	2.54	2.37	2.19	2.09	1.98	1.87	1.75	1.61	1.43
∞	7.88	5.30	4.28	3.72	3.35	3.09	2.90	2.74	2.62	2.52	2.36	2.19	2.00	1.90	1.79	1.67	1.53	1.36	1.00

($\alpha = 0.001$)

n_2 \ n_1	1	2	3	4	5	6	7	8	9	10	12	15	20	24	30	40	60	120	∞
1	4053	5000	5404	5625	5764	5859	5929	5981	6023	6066	6107	6158	6209	6235	6261	6287	6313	6340	6366
2	998.5	999.0	999.2	999.2	999.3	999.3	999.4	999.4	999.4	999.4	999.4	999.4	999.4	999.5	999.5	999.5	999.5	999.5	999.5
3	167.0	148.5	141.1	137.1	134.6	132.8	131.6	130.6	129.9	129.2	128.3	127.4	126.4	125.9	125.4	125.0	124.5	124.0	123.5
4	74.14	61.25	56.18	53.44	51.71	50.53	49.66	49.00	48.47	48.05	47.41	46.76	46.10	45.77	45.43	45.09	44.75	44.40	44.05
5	47.18	37.12	33.20	31.09	29.75	28.84	28.16	27.64	27.24	26.92	26.42	25.91	25.39	25.14	24.87	24.60	24.33	24.06	23.79
6	35.51	27.00	23.70	21.92	20.81	20.03	19.46	19.03	18.69	18.41	17.99	17.56	17.12	16.89	16.67	16.44	16.21	15.99	15.75
7	29.25	21.69	18.77	17.19	16.21	15.52	15.02	14.63	14.33	14.08	13.71	13.32	12.93	12.73	12.53	12.33	12.12	11.91	11.70
8	25.42	18.49	15.83	14.39	13.49	12.86	12.40	12.04	11.77	11.54	11.19	10.84	10.48	10.30	10.11	9.92	9.73	9.53	9.33
9	22.86	16.39	13.90	12.56	11.71	11.13	10.70	10.37	10.11	9.89	9.57	9.24	8.90	8.72	8.55	8.37	8.19	8.00	7.81
10	21.04	14.91	12.55	11.28	10.48	9.92	9.52	9.20	8.96	8.75	8.45	8.13	7.80	7.64	7.47	7.30	7.12	6.94	6.76
11	19.69	13.81	11.56	10.35	9.58	9.05	8.66	8.35	8.12	7.92	7.63	7.32	7.01	6.85	6.68	6.52	6.35	6.17	6.00
12	18.64	12.97	10.80	9.63	8.89	8.38	8.00	7.71	7.48	7.29	7.00	6.71	6.40	6.25	6.09	5.93	5.76	5.59	5.42
13	17.81	12.31	10.21	9.07	8.35	7.86	7.49	7.21	6.98	6.80	6.52	6.23	5.93	5.78	5.63	5.47	5.30	5.14	4.97
14	17.14	11.78	9.73	8.62	7.92	7.43	7.08	6.80	6.58	6.40	6.13	5.85	5.56	5.41	5.25	5.10	4.94	4.77	4.60
15	16.59	11.34	9.34	8.25	7.57	7.09	6.74	6.47	6.26	6.08	5.81	5.54	5.25	5.10	4.95	4.80	4.64	4.47	4.31
16	16.12	10.97	9.00	7.94	7.27	6.81	6.46	6.19	5.98	5.81	5.55	5.27	4.99	4.85	4.70	4.54	4.39	4.23	4.06

续表

($\alpha=0.001$)

n_1 \ n_2	1	2	3	4	5	6	7	8	9	10	12	15	20	24	30	40	60	120	∞
17	15.72	10.66	8.73	7.68	7.02	6.56	6.22	5.96	5.75	5.58	5.32	5.05	4.78	4.63	4.48	4.33	4.18	4.02	3.85
18	15.38	10.39	8.49	7.46	6.81	6.35	6.02	5.76	5.56	5.39	5.13	4.87	4.59	4.45	4.30	4.15	4.00	3.84	3.67
19	15.08	10.16	8.28	7.26	6.62	6.18	5.85	5.59	5.39	5.22	4.97	4.70	4.43	4.29	4.14	3.99	3.84	3.68	3.51
20	14.82	9.95	8.10	7.10	6.46	6.02	5.69	5.44	5.24	5.08	4.82	4.56	4.29	4.15	4.00	3.86	3.70	3.54	3.38
21	14.59	9.77	7.94	6.95	6.32	5.88	5.56	5.31	5.11	4.95	4.70	4.44	4.17	4.03	3.88	3.74	3.58	3.42	3.26
22	14.38	9.61	7.80	6.81	6.19	5.76	5.44	5.19	4.99	4.83	4.58	4.33	4.06	3.92	3.78	3.63	3.48	3.32	3.15
23	14.19	9.47	7.67	6.69	6.08	5.65	5.33	5.09	4.89	4.73	4.48	4.23	3.96	3.82	3.68	3.53	3.38	3.22	3.05
24	14.03	9.34	7.55	6.59	5.98	5.55	5.23	4.99	4.80	4.64	4.39	4.14	3.87	3.74	3.59	3.45	3.29	3.14	2.97
25	13.88	9.22	7.45	6.49	5.88	5.46	5.15	4.91	4.71	4.56	4.31	4.06	3.79	3.66	3.52	3.37	3.22	3.06	2.89
26	13.74	9.12	7.36	6.41	5.80	5.38	5.07	4.83	4.64	4.48	4.24	3.99	3.72	3.59	3.44	3.30	3.15	2.99	2.82
27	13.61	9.02	7.27	6.33	5.73	5.31	5.00	4.76	4.57	4.41	4.17	3.92	3.66	3.52	3.38	3.23	3.08	2.92	2.75
28	13.50	8.93	7.19	6.25	5.66	5.24	4.93	4.69	4.50	4.35	4.11	3.86	3.60	3.46	3.32	3.18	3.02	2.86	2.69
29	13.39	8.85	7.12	6.19	5.59	5.18	4.87	4.64	4.45	4.29	4.05	3.80	3.54	3.41	3.27	3.12	2.97	2.81	2.64
30	13.29	8.77	7.05	6.12	5.53	5.12	4.82	4.58	4.39	4.24	4.00	3.75	3.49	3.36	3.22	3.07	2.92	2.76	2.59
40	12.61	8.25	6.60	5.70	5.13	4.73	4.44	4.21	4.02	3.87	3.64	3.40	3.15	3.01	2.87	2.73	2.57	2.41	2.23
60	11.97	7.76	6.17	5.31	4.76	4.37	4.09	3.87	3.69	3.54	3.31	3.08	2.83	2.69	2.55	2.41	2.25	2.08	1.89
120	11.38	7.32	5.79	4.95	4.42	4.04	3.77	3.55	3.38	3.24	3.02	2.78	2.53	2.40	2.26	2.11	1.95	1.76	1.54
∞	10.83	6.91	5.42	4.62	4.10	3.74	3.47	3.27	3.10	2.96	2.74	2.51	2.27	2.13	1.99	1.84	1.66	1.45	1.00

附录B

Python基础

B.1 Python 简介

1. Python 的发展历史

Python 是由荷兰国家数学和计算机科学研究院的 Guido van Rossum 在 20 世纪 90 年代初开发的. 现在 Python 由一个核心开发团队维护, Guido van Rossum 指导其工作进展. 所有这些工作为自由、开源的 Python 的快速发展奠定了坚实的基础.

Python 是一门简单易学且功能强大的编程语言. 它拥有高效的高级数据结构, 能够用简单而又高效的方式进行面向对象编程. Python 优雅的语法和动态类型, 再加上它的解释性, 使其在大多数平台的许多领域成为编写脚本或开发应用程序的理想语言.

Python 有两个版本, 一个是 Python 2.x, 另一个是 Python 3.x. 官方于 2020 年 1 月 1 日宣布停止 Python 2.x 的更新, Python 2.7 被确定为最后一个 Python 2.x 版本, 它除了支持 Python 2.x 语法外, 还支持部分 Python 3.1 语法.

现在最流行的是 Python 3.x, 本书基于 Python 3.11 进行介绍.

2. Python 的特点

Python 是由诸多其他语言发展而来的, 它的源代码遵循 GNU 通用公共许可证(GNU General Public License, GPL)协议. Python 是一种高层次的结合了解释性、编译性、互动性和面向对象的脚本语言.

(1) Python 是一种具有很强的可读性的语言. 相较其他语言来说, Python 不会经常使用英文关键字和其他语言的一些标点符号, 所以它的语法结构更有特色.

(2) Python 是一种解释性语言. 这意味着开发过程中没有编译这个环节, 更易于学习和使用.

(3) Python 具有相对较少的关键字, 结构简单, 语法有明确的定义, 所以读者学习起来简单, 非常容易上手.

(4) Python 是一种交互式语言. 这意味着使用者可以在提示符">>>"后直接执行代码, 这在 Python IDE 和 Python Spider 等集成编辑器中是适用的, 而在 Python Jupyter Notebook 中不显示提示符">>>", 是按上下语句的方式自上而下地逐步执行每个模块代码或语句代码.

（5）Python 是一种面向对象语言. 这意味着 Python 支持面向对象的编写风格或代码封装.

（6）Python 的优势之一是具有丰富的跨平台（UNIX、Windows 和 Macintosh）的标准库并且第三方库非常丰富，安装便捷，兼容性也很好.

B.2 Python 的安装

Anaconda 是利用 Python 进行数据科学研究的高效包（库）管理器，事实上 Anaconda 包管理器除了管理 Python 包以外，还管理其他的一些数据科学研究常用软件，如基于 R 语言的 RStudio 等. 初学者可以认为 Anaconda 就是一个开源的 Python 发行版本，它包含了 180 多个进行科学计算的依赖包，初学者可以将"包"理解为进行数据科学研究的有效"工具". 利用 Anaconda 可以轻松解决使用 Python 的不同版本遇到的很多问题，降低学习的难度，使安装变得简单且易掌握.

Anaconda 还可以利用终端模式方便地安装第三方库（包），如非常有用的 NumPy，SciPy，Pandas 以及图形库 Matplotlib 等.

另外，Jupyter Notebook 集成了在线版本 IPython 的编辑工具，PyCharm 是专业级的 Python 编辑工具，可以方便地查询 Python 程序的源代码.

因此，本书建议在学习使用 Python 解决数理统计问题时可以先安装 Anaconda，再借助于 Anaconda 方便地安装 Jupyter Notebook，PyCharm.

1. Anaconda 的安装

Anaconda 可以直接在网址：https://www.anaconda.com/download#downloads 进行下载. 该页面上有关于 Anaconda 的详尽说明，读者可以仔细研读. 在该页面底部有 3 种操作系统的免费安装文件（如图 B.1 所示）.

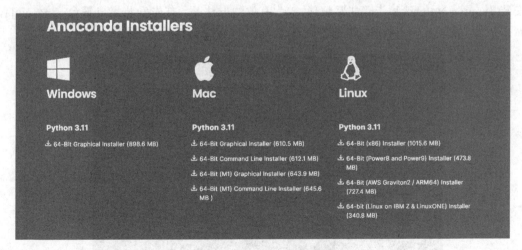

图 B.1 Anaconda Installers

选择合适的安装文件进行安装，以后及时更新即可. 本书选择 Python 3.11，以

Windows 操作系统为例,其他操作系统的方法,读者可以自行查阅相关资料. Anaconda 安装成功后,打开进入安装导航页面,在这个页面你可以选择自己需要的软件进行加载或者安装,如图 B.2 所示.

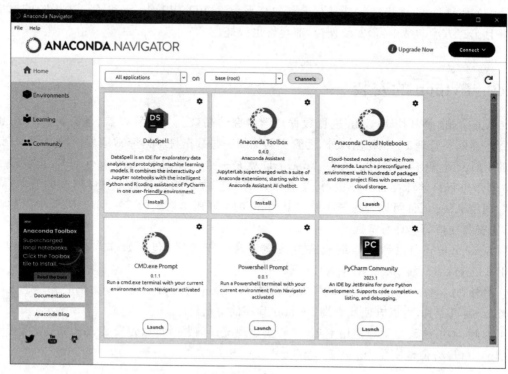

图 B.2　安装导航

2. Jupyter Notebook 的调用

我们在学习 Python 时,使用 Jupyter Notebook 非常简单,方便、快捷、容易操作.直接安装 Jupyter Notebook 步骤非常烦琐,较为有效的方法是:首先安装集成平台 Anaconda,然后加载 Jupyter Notcbook.首先打开 Anaconda 的命令行窗口,如图 B.3 所示.

图 B.3　打开 Anaconda 的命令行窗口

输入"jupyter notebook"(图 B.4),按 Enter 键,稍等片刻,就会打开 Jupyter Notebook 的主页,如图 B.5 所示。

图 B.4　在 Anaconda 命令行窗口调用 Jupyter Notebook

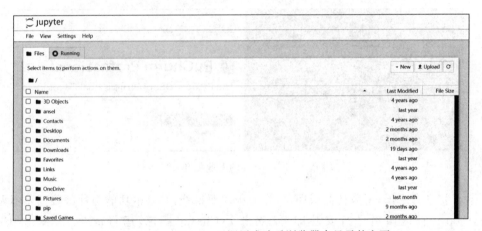

图 B.5　Jupyter Notebook 调用成功后浏览器中显示的主页

新建一个 Notebook 文件,如图 B.6 所示。

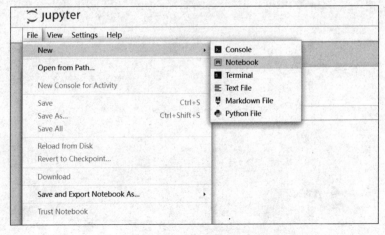

图 B.6　新建 Notebook 文件

如图 B.7 所示，输入 a＝10，b＝20，c＝a＋b，并输出 c，显示 30，说明已经成功调用 Jupyter Notebook.

图 B.7　检查运行情况

3. PyCharm 的安装

如果想利用 Python 做一些大型复杂的项目，使用 PyCharm 是非常方便的.之所以选择 PyCharm 进行编程，是因为 PyCharm 安装比较方便，但需要对它进行细致的设置.PyCharm 属于第三方软件，可在网址：https://www.jetbrains.com/pycharm/download/ 进行下载.如图 B.8 所示，PyCharm 分为专业版（Professional）和社区版（Community）.

图 B.8　PyCharm 的专业版和社区版

对于初学者来说，下载社区版即可.专业版需要付费，其基本功能与社区版相差不大.下载 PyCharm 社区版后进行安装即可.双击 PyCharm 图标，运行成功后，弹出"Create Project"对话框，如图 B.9 所示.

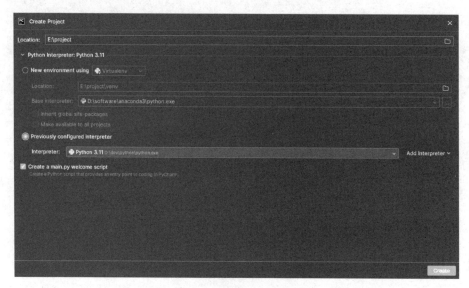

图 B.9　"Create Project"对话框

注意,"Base interpreter"项一定要选择解释器,如 Python 3.11,否则,在项目下创建的文件将无法使用 Python。

"Location"项默认为软件安装所在的盘,如"E:\project",也可以进行修改。一般情况下,项目所在文件夹应该和 Anaconda 运行程序在同一目录下,否则需要重新设置。单击"Create"按钮创建项目,可以给项目新命名,也可以使用默认设置,如图 B.10 所示。

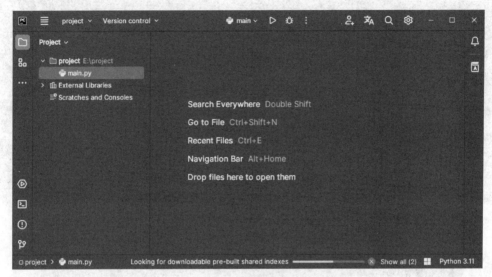

图 B.10　默认设置

注意,项目解释器的设置如图 B.11 所示。

在项目解释器"Python Interpreter:"后的下拉列表中选择"Python 3.11",单击"OK"按钮、初步设置即可完成。其他选项可以根据自己的需要进行设置。

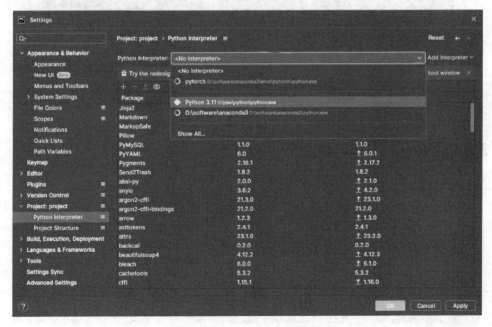

图 B.11　项目解释器的设置

依次选择"File"→"New"→"Python File"选项,输入"print('Hello,world')",如图B.12所示,按右键选择"Run 'test'"运行,结果如图B.13所示。

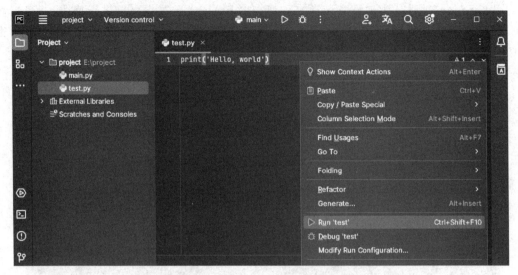

图B.12 输入"print('Hello,world')"

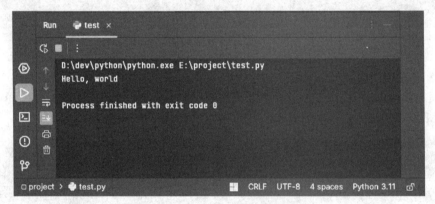

图B.13 运行结果

B.3 Python的计算功能

1. 认识数据

在Python中,常见的数据类型有整型(int)、浮点型(float)、字符串(chr)等。像2,3,15等就是整型int,像3.0,4.1,20.8等带有小数部分的就是浮点型。

2. 提示符

Python有3个提示符,它们分别是大于号提示符">>>"、多行程序英文半角句号提示符"..."和解释(不执行)语句提示符"#"。

3个数学中大于号">"放在一起就是Python的大于号提示符">>>",在Python的基本软件 IDE 中,只有这个提示符出现后才可以开始编程.本书主要使用 Python 在线编程软件 Jupyter Notebook,所以不需要">>>".

如果需要多行表达,那么就可以使用英文半角句号提示符"…",但要注意"…"与语句表达式之间要有空格,否则程序执行时会报错.

"#"是解释语句提示符,"#"后面的语句只起到解释说明作用,Python 解释器并不执行该语句,但在字符串里面的"#"符号仅仅是一个字符.

3. 常用运算符

在 Python 中,常用的运算符包括加"+"、减"-"、乘"*"、除"/"、乘方"**"、整除"//"、余数"%"、分组"()"等.

接下来我们解释某些运算符的用法及注意事项.

(1) 加法+输入与输出形式如下.

```
In[1]: 6+9  # Jupyter Notebook 中的输入语句,下同
Out[1]: 15  # Jupyter Notebook 中的输出语句,如果输入语句最后是 print(),
            # 该输出就不会有 Out 标识,下同
```

使用加法进行运算时应注意:整型+浮点型返回结果为浮点型.例如:

```
In[2]: 15+6.5
Out[2]: 21.5
```

(2) 在进行与除法相关的运算时,应注意以下几点.

① 首先要分清楚除法、整除、余数的运算符,它们分别为/、//和%.

② 在除法运算中,如果有一个浮点型数据,则返回结果就是浮点型;当浮点型数据与整型数据混合计算时,返回结果会自动转为浮点型.例如:

```
In[3]: 15-6.5+8/3
Out[3]: 11.166666666666666
```

③ 如果两个操作数相除,无论都是整型、浮点型或是整型和浮点型兼有,都返回一个浮点型.例如:

```
In[4]: 6/3
Out[4]: 2.0
```

④ 运算符//可以进行取整运算.例如:

```
In[5]: 24//7
Out[5]: 3
```

无论操作数是什么类型,Python 的运算符//都是将分子、分母用地板函数取为整数再进行除法运算,结果取整.例如:

```
In[6]: 24.0//7.0
Out[6]: 3
```

⑤ 运算符%用于计算余数.例如:

```
In[7]:37%6
Out[7]:2
```

(3) 乘方即幂乘法,例如,7 * 7 可以用乘方形式 7 ** 2 表示,运算形式如下:

```
In[8]:7 ** 2
Out[8]:49
```

(4) 分组运算符()有优先运算功能,例如:

```
In[9]:(8+2) ** 2-6
Out[9]:14
```

(5) 另外,在 Python 运算中还可以借助于"="先给变量赋值,再进行变量运算.例如:

```
In[10]:x=7
     a=9
     a*x
Out[10]:63
```

如果我们不给变量赋值,直接使用变量进行运算,程序就会报错,出现有变量没有定义的提示.例如:

```
In[11]: 10 + a
```

错误提示如下:

```
NameError              Traceback (most recent call last)
Cell In[11], line 1----> 1 10 + a
NameError: name 'a' is not defined
```

只有先给变量 a 赋值,才可以使用该变量进行运算.

(6) 使用 round()函数可以确定取小数的位数.例如:

```
In[12]:round(13/3,2)
Out[12]:4.33
In[13]:round(3.14159,3)
Out[13]:3.142
```

除了整型和浮点型外,Python 还支持其他数字类型,如 Decimal 和 Fraction.

Python 还支持复数,而不依赖于标准库或者第三方库,复数使用后缀 j 或 J 表示虚数部分(例如,9+3j).这部分内容本书不作介绍,感兴趣的读者可以自行学习.

B.4 字符串

Python 提供了几种不同的方式表示字符串.字符串可以用单引号('...')或双引号("...")进行标识,标识符内的是字符.

```
In[14]:'Hello,Python' # 使用单引号字符串,不使用单引号就会报错
Out[14]:'Hello,Python'
```

字符串可以用\来保留引号的形式,即\为引号的转义符,进行转义需要注意以下几点.
① 单引号内的'需要转义符.
② 双引号内的'不需要转义符.
③ 单引号内的双引号不需要转义符.

```
In[15]:'doegn\'t'                    # 单引号内的'要转义符
Out[15]:"doesn't"
In[16]:"doesn't"                     # 双引号内的'不要转义符
Out[16]:"doesn't"
In[17]:'"yes",He said                # 单引号内的双引号不要转义符
Out[17]:'"yes",He said.'
```

单、双引号的意义是相同的.
使用 print()可以生成可读性更好的输出,借助于\n 进行换行.例如:

```
In[18]:print('"yes",he said. \n I did.')
       "yes",he said.
       I did.
```

注意　Jupyter Notebook 使用 print()打印输出,不再有 Out 提示,下同.
和数据变量赋值方式一样,字符串变量也可以借助于"="进行赋值.例如:

```
In[19]:s='I love Python.'
       Print(s) # 打印字符串变量的值
       I love Python.
```

在包含一些特殊符号(如转义符\)的字符串中,如果想得到原始字符串,就可以使用 r'…'获得引号内的字符串,否则就会转义.例如:

```
In[20]:print(r'Python is \number one.')
       Python is \number one.
```

若不加 r,就会转义:

```
In[21]:print('Python is \number one.')
       Python is
       umber one.
```

如果表示多行字符串文本时不使用符号"\n"进行分行,可以借助于三引号方式 """…"""或者'''…'''来实现多分行字符串文本操作.例如:

```
In[22]:print('''I like Python very much!You like Python very much!He likes Python verymuch!''')
       #3个单引号或3个双引号打印多行
       I like Python very much!
       You like Python very much!
       He likes Python very much!
```

可以用"＋"运算符连接字符串,可以用运算符"＊"表示重复.例如:

```
In[23]:print(5 * 'five'+'one') # five 重复 5 次
       'fivefivefivefivefiveone'
```

相邻的字符串无须加号即可自动连接在一起,并且在字符串操作中可以使用().例如:

```
In[24]:text = ('I love Python' 'very much')
       print(text)
       'I love Python very much'
```

但是如果使用形如 In[25]的形式,不但不会自动连接,程序还会报错.

```
In[25]:(5 * 'five')'one'
       Cell In[25], line 1 (5 * 'five')'one'
       ^SyntaxError: invalid syntax
```

接下来重点介绍如何获取字符串中的单个字符或连续多个字符.可以按字符串中字母列的顺序获取其中单个或连续多个字符串(切片)借助于简单字符串'abcd'了解一下正向索引,字符串'abcd'的正向索引表示如下:

|a|　|b|　|c|　|d|
　0　　1　　2　　3

可以利用正向索引获取字符串字符及字符串切片.例如,利用正向索引获取字符串'PYTHONabc'的字符及切片.

```
In[26]:S = 'PYTHONabc'
       S[0]  # 获取字符串 S 中第一个字符
Out[26]:'P'
In[27]:S[2:5]  # 获取第 3 到第 5 的字符
Out[27]:'THO'
In[28]:S[:]  # 获取全部
Out[28]:'PYTHONabc'
```

注意　当:左右都有数值时,切片含左边索引值,不含右边索引值,即含两个字符之间的所有字符及左边数字确定的字符;如果想获取所有字符,可以使用[:]不加数字,实际上这是浅复制,即副本.

当然,字符串获取后可以使用连接符"＋"行操作.例如:

```
In[29]:S = 'PYTHONabc'
       S[:3]+S[3:8]
Out[29]:'PYTHONab'
```

字符串字符及切片除进行正向索引获取外,还可以进行反向索引获取.我们仍以字符串'abcd'为例,反向索引的形式如下:

|a|　|b|　|c|　|d|
　-4　-3　-2　-1

```
In[30]:S = 'abcd'
       S[1]
Out[30]:'b'
In[31]:S = 'abcd'
       S[-3]
Out[31]:'b'
```

S[1],S[-3]都是取得字符串'abcd'中的字符'b',其他不再举例.最后,我们将同一个字

符串 'abcd' 的正向索引和反向索引放在一起对比一下：

|a| |b| |c| |d|
 0   1   2   3
−4 −3 −2 −1

注意 （1）索引超出范围就会报错. 例如：

```
In[32]:S = 'abcd'
       S[6]
IndexError                    Traceback (most recent call last)
Cell In[32], line 2        1 S = 'abcd'----> 2 S[6]
IndexError: string index out of range
```

（2）若 Python 字符串是不可变类型，赋值就会报错. 例如：

```
In[33]:S = 'abcd'
       S[1] = 'B'
TypeError                     Traceback (most recent call last)
Cell In[33], line 2        1 S = 'abcd'----> 2 S[1] = 'B'
TypeError: 'str' object does not support item assignment
```

可以使用 Python 的内置函数 len() 得到字符串的长度. 仍以 S= 'abcd' 为例, len(A) 就可以获取字符串的长度，输入及输出形式如下：

```
In[34]:len(S)
Out[34]:4
```

另外，还可以借助于 Unicode 编码进行打印. Unicode 编码是为了解决传统的字符编码方案的局限而产生的，它为每种语言中的每个字符设定了统一并且唯一的二进制编码，以满足跨语言、跨平台进行文本转换、处理的要求. 例如，字符 'x'、'A'、'a' 的 Unicode 的编码分别为 'u0078' 'u0041' 'u0061'. 进行打印时，形式如下：

```
In[35]:print(u"x is \u0078")
       x is x
In[36]:print(u"A is \u0041")
       A is A
In[37]:print(u"a is \u0061")
       a is a
```

B.5 列表

列表用 list() 或中括号 [ ] 表示，[ ] 内的元素无论是否为同一类型的元素，元素之间都要用逗号分隔开. 列表和字符串一样也有索引，列表的索引也是从 0 开始的. 例如：

列表：[1,2,3,4,5]
对应索引：01234

列表可以像字符串一样进行索引或切片，索引或切片包含左边的索引数值，不包括右边的索引数值. 例如：

```
In[38]:L = [1,2,3,4]
       L
Out[38]:[1,2,3,4]
In[39]:L = [1,2,'a','ok']
       L[1:3]
Out[39]:[2,'a']
In[40]:L[:]
Out[40]:[1,2,'a','ok']
```

可以通过加法运算合并列表. 例如：

```
In[41]:A = [1,2,3]
       B = ['a','b','c']
       A+B
Out[41]:[1,2,3,'a','b','c']
```

可以使用 append() 在列表的末尾添加新的元素. 例如：

```
In[42]:B.append('d')
       B
Out[42]:['a','b','c','d']
```

列表是可变类型，可以重新赋值. 例如：

```
In[43]:B.['a','b','c']
       B[2] = 'f'
       B
Out[43]:['a','b','f']
```

列表可以嵌套列表. 例如：

```
In[44]:matrix = [[1,2,3],[4,5,6],[7,8,9]]
       matrix
Out[44]:[[1,2,3],[4,5,6],[7,8,9]]
In[45]:L[1][2]
Out[45]:6
```

和字符串一样，列表可以进行正向、反向索引或切片，获取列表中的单个或切片子列表，这里不再举例.

B.6 Python 控制语句

Python 除了具有计算功能外，还可以完成非常复杂的任务. 那么，如何通过 Python 来完成这些复杂的任务？Python 和其他编程语言一样有 3 种流程控制语句：第一种是 Python 最基本的控制语句，即顺序语句；第二种是 Python 的条件分支控制语句，即 if 语句及其变形；第三种是循环语句，即 for 循环语句、while 循环语句. 控制语句的简单操作顺序如图 B.14 所示.

1. 顺序语句

顺序语句比较简单，也容易理解，按照从前到后、从上向下的顺序执行语句，这就是

B.6 Python控制语句

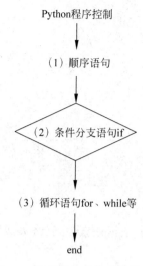

图 B.14 控制语句的简单操作顺序

Python 控制语句的最基本的方法. 例如:

```
In[46]:a = 1
       b = 2
       c = a+b
       c
Out[46]:3
```

2. if 语句

我们先介绍一下什么是"关键字". 关键字也叫作保留字, 是 Python 语言中一些已经被赋予特定意义的单词. 这就要求开发者在开发程序时, 不能用这些保留字作为标识符给变量、函数、类、模板以及其他对象命名. Python 共有 35 个"关键字". 我们可以通过以下方式获得:

```
In[47]:import keyword       # 导入关键字模块
       keyword.kwlist       # 查看所有关键字
Out[47]:['False', 'None', 'True', 'and', 'as', 'assert', 'async', 'await', 'break', 'class',
        'continue', 'def', 'del', 'elif', 'else', 'except', 'finally', 'for', 'from', 'global', 'if',
        'import', 'in', 'is', 'lambda', 'nonlocal', 'not', 'or', 'pass', 'raise', 'return', 'try',
        'while', 'with', 'yield']
```

if 的条件结束标志是":",":"后面就是满足条件后要执行的语句, 这些语句仍然是按顺序执行的. ":"后面可以换行开始, 但要按照 Python 语句的习惯缩进 4 个空格. 缩进是 Python 编程的显著特点, 否则执行程序时会报缩进错误.

条件语句的开始以关键字 if 引导, 根据实际需要可以有零到多个 elif 部分, else(else 也是关键字)是可选的.

关键字 elif 是"else if"的缩写, 可以有效避免过深的缩进. if.. elif.. elif.... 用于替代其他语言中的 switch...case 语句. 例如:

```
In[48]:x = int(input("please enter your score:"))
       if x < 60:
```

```
            print("E")
    elif x < 70:
            print("D")
    elif x < 80:
            print("C")
    elif x < 90:
            print("B")
    else:
            print("A")
please enter your score:77
D
```

3. for 语句

Python 的 for 语句进行循环时依据任意序列(链表或字符串)中的子项,按它们在序列中的顺序来进行迭代. 例如:

```
In[49]:x = 'Python'
    for i in x:
        Print(i)
P
y
t
h
o
n
In[50]:nums = [1,2,3,4,5]
    for i in nums:
        Print(i,end=" ")          # 连续打印不换行
    1 2 3 4 5
In[51]:nums = [1,2,3,4,5]
    for i in nums:
        Print('a',end=" ")        # 连续打印 a 不换行
    a a a a a
In[52]:languages = ['Python', 'Java', 'PHP']
    for l in languages:
        Print(l,len(l))           # 同时打印列表元素及字符个数
Python 6
Java 4
PHP 3
```

4. while 语句

while 语句是重要的循环语句之一,当 while 的条件为真(true)时,执行 while 循环,因此 while 是具有条件控制的循环. 在 Python 中,当条件是数字时,任何非零数字都被认为是 true;0 被认为是 false. 当判断条件是字符串、列表或任意序列时,所有长度不为零的都被认为是 true,空序列是 false.

标准的比较操作符有大于(>)、小于(<)、等于(==)、小于等于(<=)、大于等于(>=)和不等于(!=).

和 if 条件一样,while 条件后面也要加":"."."后面就是循环内容,我们一般把循环体部分放在下一行. 注意,整个循环体都是缩进的形式. Python 没有提供集成的行编辑功能,

所以我们要为每一个缩进行输入 Tab 或空格. 再次提醒: Python 的缩进是 4 个空格, 也可以用 Tab 缩进(为了避免某些情况下发生错误, 建议不用).

Jupyter Notebook 以及大多数文本编辑器在";"后回车会自动缩进 4 个空格, 即提供自动缩进.

在交互式录入复合语句时, 必须在最后输入一个空行来标识结束, 解释器会依据空行判断这是最后一行. 需要注意的是, 同一个语句块中的每一行必须缩进同样数量的空格.

下面我们以编写斐波那契子序列程序为例说明如何使用 while 进行循环.

```
In[53]: a,b = 0,1          # 多项赋值, a 赋值 0, b 赋值 1
        while b < 100:
            print(b, end = " ")
            a,b = b, a+b
1 1 2 3 5 8 13 21 34 55 89
```

5. range()函数

在执行 Python 语句时, range()函数可以非常方便地生成链表, 即它生成一个有序等差级数链表序列, 但并不是列表. 一个列表的每一个元素我们都能"看得到", 但是我们无法"看到"链表的每一个元素. 使用 for 循环可以打印出一个链表. 例如, range(10)可以生成一个从 0 开始的长度为 10、等差为 1 的链表, 但不包含 10.

```
In[54]: for i in range(10):
            print(i, end=" ")
Out[54]: 0 1 2 3 4 5 6 7 8 9
```

可以借助于 list()将由 range()函数产生的链表转成列表. 例如:

```
In[55]: list(range(10))
Out[55]: [0, 1, 2, 3, 4, 5, 6, 7, 8, 9]
```

如果仅仅输入 range(10), 运行后得到的是 range(0,10), 而不是如 Out[55]所示的完整列表. 链表的默认等差是 1, 当然, 我们也可以给出具体的起点和等差. 例如:

```
In[56]: list(range(1,10,2))
Out[56]: [1, 3, 5, 7, 9]
In[57]: list(range(10,1,-2))
Out[57]: [1, 3, 5, 7, 9]
```

我们可以使用函数 len()获得列表的长度, 并借助于生成链表的函数 range()进行列表索引和对应列表元素同时获取. 例如:

```
In[58]: pets = ['cat', 'dog', 'snake']
        for i in range(len(pets)):
            print(i, pets[i])
0 cat
1 dog
2 snake
```

enumerate()函数可以同时打印产生列表的索引和元素. 例如:

```
In[59]:pets = ['cat','dog','snake']
       for i,p in enumerate(pets):
           print(i,p)
0 cat
1 dog
2 snake
```

6. break 语句和 continue 语句

(1) break 语句

break 语句可以跳出最近一级的 for 循环,并不终止程序.例如:

```
In[60]:for i in range(2,10):
       for j in range(2,i):
           if i%j == 0:
               print(i,"=",j," * ",i/j)
               break  # 跳出最内层循环,但不终止程序
       print("end")
4 = 2 * 2.0
6 = 2 * 3.0
8 = 2 * 4.0
9 = 3 * 3.0
end
```

对于 In[60]这个例子,可以使用 break 语句与 else 语句找出给定范围内的所有素数,程序如下:

```
In[61]:for i in range(2,10):
       for j in range(2,i):
           if i%j == 0:
               print(i,"=",j," * ",i/j)
               break  # 跳出最内层循环,但不终止程序
           else:
               print(i,"is a prime number")
       print("end")
2 is a prime number
3 is a prime number
4 = 2 * 2.0
5 is a prime number
6 = 2 * 3.0
7 is a prime number
8 = 2 * 4.0
9 = 3 * 3.0
end
```

break 语句可以跳出最近的一级 while 循环.例如:

```
In[62]:i = 8
       while i<9:
           i -= 1
           print(i)
           if i == 5:
```

```
                break
        print("end")
7
6
5
end
```

(2) continue 语句

continue 语句表示继续执行下一次迭代. 通过下面的例子可以看到 continue 与 break 的不同.

```
In[63]:i = 1
       while i < 9:
           i += 1
           if i == 5:
               continue
           print(i)
       print("end")
2
3
4
6
7
8
9
end
```

最后, 我们了解一下在循环语句中如何使用占位语句 pass, 这种形式表示只是占位, 其他什么也不做. 例如:

```
In[64]:for i in range(5):
           pass
```

执行该程序后没有任何输出内容. pass 用于那些语法上必须要有语句, 但程序什么也不做的情形.

B.7 Python 函数

1. Python 函数的定义

Python 函数一般由函数名和函数体构成, 函数名由关键字 def 引出, 在空格后给出函数的名称, 函数名称后带有圆括号, 圆括号内包含参数. 下面以斐波那契子序列为例, 介绍借助于函数来实现任意项斐波那契子序列的打印. 函数名称部分定义如下:

```
In[65]: def fib(n)              ♯打印 n 之前的斐波那契子序列
           X,Y=0,1
           while x < n
               print (x,end=")   ♯end="用来消除换行, 实现横向输出结果
               X,Y=Y,X+Y
```

我们编写程序时,第一步是定义函数,写出函数名及函数体:

```
In[66]:def greet(name):              # 这是一个用来向指定对象打招呼的函数
       print("Hello,",name,"!")  # name(str) 一个参数,表示要打招呼的对象
```

第二步是调用 fib(n)函数.例如:

```
In[67]:fib(10)
      0 1 1 2 3 5 8
```

注意 (1) 函数体内一般要包含 print 或 return 等返回项,以得到函数运行后的结果.没有 return 语句的函数会返回一个值 None,这个值一般会被忽略.如果想看到这个结果,可以用 print 函数查看.

(2) 对于函数体的第一行,要注意缩进,还可以增加注释,用来说明函数要完成的任务.这是一个良好的习惯,方便自己或别人以后正确使用该程序.当然对于简单的函数来说,也可以省略这些注释.

(3) 函数调用是编写函数的重要目的.在调用函数时,函数会为局部变量生成一个新的符号表,即所有函数中的变量赋值都是将值存储在局部符号表.变量查找按照一定的顺序进行:首先是在局部符号表中查找,其次是包含函数的局部符号表,再次是全局符号表,最后是内置名字表.全局变量可以在函数中被引用,也可以在函数中借助 global 语句命名进行赋值,否则会报错.这部分内容读者可以参考有关作用域的内容,本书不再赘述.

(4) 函数引用的实际参数在函数调用时会被引入局部符号表,因此,实际参数总是作为一个对象引用,即传值调用,而不是该对象的值.一个函数被另一个函数调用时,一个新的局部符号表在调用过程中被创建.一个函数定义会在当前符号表内引入函数名.

前面的例子 fib(10)中的 10 就是函数调用的实际参数,函数 fib(n)中的 n 就是形式参数.

(5) Python 通过重命名机制也可以调用已有的函数.例如:

```
f = fib  # 给 fib 重新命名为 f
f(10)  # f(10)与 fib(10)运行效果一样
0 1 1 2 3 5 8
```

具体输入及输出形式如下:

```
  In[68]:fib
Out[68]:<function __main__ .fib(n)>
  In[69]:f = fib
         fib(10)
Out[69]:0 1 1 2 3 5 8
```

(6) 我们在学习列表时学过列表的一个重要方法 append(),append()可以在列表的最后增加一个元素,我们可以借助于 append()得到 n 之前的斐波那契子序列并放在列表中,使用 return 返回该函数值,而不是简单地打印链表.

```
In[70]:def fib(n):
       result = [ ]
       a,b = 0,1
```

```
        while a < n:
            a, b = b, a+b
            result.append(a)
        return result
In[71]:fib(100)
Out[71]:[1, 1, 2, 3, 5, 8, 13, 21, 34, 55, 89, 144]
```

(7) 前面使用了列表的 append()方法,一般的方法是指什么呢？方法是一个"属于"某个对象的函数,它被命名为 obj.methodename,这里的 obj 是某个对象,methodename 是某个在该对象类型定义中的方法的命名. 不同类型的对象定义不同的方法. 不同类型的对象可能有同样名字的方法,但不会混淆. 例如,(6)中示例的列表方法即 result.append()仅允许一个一个地添加元素,添加多个会报错.

```
In[72]:result = []
    result.append(0,1)
TypeError                Traceback (most recent call last)
Cell In[72], line 2
    1 result = []
----> 2 result.append(0,1)

TypeError: list.append() takes exactly one argument (2 given)
```

对象的方法与属性非常相似,但对象的属性可以是一个具体值且不带小括号,这里不再详述.

2. Python 函数的参数

在斐波那契子序列函数 fib(n)中,我们称 n 是 Python 函数的参数. 事实上,Python 函数可以带有一个或多个这样的参数. 常用的形式有 3 种：默认值参数、关键字参数和可变参数列表.

(1) Python 函数的默认值参数

Python 函数的默认值参数常常在参数较少的时候使用,最常用的一种形式是为一个或多个参数指定默认值. 如果调用 Python 函数没有重新给出参数,Python 函数就按默认值进行运算,这样就可以使用比定义时允许的参数更少的参数调用的函数. 例如:

```
In[73]:def P_value(name,alpha = 0.1,n = 5,m = 10):  # 3 种常用上分位数
    from scipy.stats import norm,t,f
    if name == 'norm':
        return norm.isf(alpha)
    elif name == 't':
        return t.isf(alpha,n)
    elif name == 'f':
        return f.isf(alpha,n,m)
In[74]:P_value('norm')              # 概率为 0.1 的标准正态上分位数
Out[74]:1.2815515655446004
In[75]:P_value('norm',alpha = 0.05)  # 用 alpha 新值代替默认的 0.1
Out[75]:1.6448536269514729
In[76]:P_value('t',n = 10)           # 自由度为 10 的概率为 alpha=0.1 的 t 分布上分位数
Out[76]:1.3721836411102861
In[77]:P_value('t',alpha = 0.05,n = 15)
```

```
 # 自由度为15的概率为 alpha=0.05 的 t 分布上分位数
Out[77]:1.7530503556925552
 In[78]:P_value('f',n = 10,m = 20)
         # 自由度为(10,20)的概率为0.1的F分布上分位数
Out[78]:1.9367382987079778
```

从运行结果可以看出,name 是必需的参数,默认值参数可以重新赋值,如果没有重新赋值,就会按默认值给出计算结果,这样复杂的查找分布上分位数就可以使用简单的函数非常容易地进行调用.

注 默认值只被赋值一次,在被定义的函数作用域被解析.例如:

```
In[79]:a = 10
       def function(avg = a):
       print(avg)
       a = 5
       function()
Out[79]:10
```

从程序运行结果可以看出,输出结果仍是第一次的赋值.

实践中我们会遇到这样的问题:当默认值是可变对象(如列表、字典或者大多数类)的实例时会有所不同. 这时 Python 函数在后续调用过程中会累积(前面)传给它的参数. 例如:

```
In[80]:def func(a, l = []):
           l.append(a)
           return l
       print(func('a'))
       print(func('b'))
       print(func('c'))
       ['a']
       ['a','b']
       ['a','b','c']
```

这和想要的结果(例如,输入字符'c',得出[c'])有差异.我们稍做变化就可以解决这些问题,例如,在函数名称中参数 l 不是可变的列表形式,而是默认为 None,经过判断知"l==None"后,设置"l=[]"再添加元素,就可以得到不包含前面元素的结果.

```
In[81]:def func(a, l = None):
           if l == None:
               l = []
           l.append(a)
       return l
       print(func('a'))
       print(func('b'))
       print(func('c'))
       ['a']
       ['b']
       ['c']
```

(2) Python 函数的关键字参数

在 Python 函数中,关键字参数也非常重要,什么是关键字参数? 如果 P_value(name,

alpha $=0.1, n=5, m=10$)函数中的参数 alpha、n、m 的表达形式都是 keywords $=$ value 那么 alpha、n、m 就是 Python 函数的关键字参数. 我们通过下面的例子进一步理解 Python 函数的关键字参数.

```
In[82]:def parrot(voltage, state = 'a stiff', action = 'voom', type = ' Norwegian Blue '):
        print('--This parrot wouldn\'t, action,')
        print('if you put', voltage, 'volts through it.')
        print('--Lovely plumage, the', type)
        print('--It's', state, '!')
```

其中, voltage 是必选参数, state、action、type 是可选参数, 如果不提供, 则默认已经给出的值. 以下几种调用是合理的(注意理解注释语).

```
In[83]:parrot(100)  #1个位置参数
       parrot(voltage=1000)  #1个必选参数以关键字参数形式给出
       parrot(voltage=100000, action='BOOOM')    #2个关键字参数
       parrot(action='BOOOM', voltage=100000)    #2个关键字参数改变位置
       parrot('a billion', 'bereft of life', 'jump')    #3个位置参数
       parrot('a thousand', state = 'pushing up the daisies')
       #1个位置参数,1个关键字参数
       --This parrot wouldn't, action,
       if you put 100 volts through it.
       --Lovely plumage, the Norwegian Blue
       --It's a stiff !
       --This parrot wouldn't, action,
       if you put 1000 volts through it.
       --Lovely plumage, the Norwegian Blue
       --It's a stiff !
       --This parrot wouldn't, action,
       if you put 100000 volts through it.
       --Lovely plumage, the Norwegian Blue
       --It's a stiff !
       --This parrot wouldn't, action,
       if you put 100000 volts through it.
       --Lovely plumage, the Norwegian Blue
       --It's a stiff !
       --This parrot wouldn't, action,
       if you put a billion volts through it.
       --Lovely plumage, the Norwegian Blue
       --It's bereft of life !
       --This parrot wouldn't, action,
       if you put a thousand volts through it.
       --Lovely plumage, the Norwegian Blue
       --It's pushing up the daisies !
```

注 缺少必选参数、关键字参数后面有非关键字参数、给一个参数重复赋值、出现了定义中没有的关键字参数都会产生无效调用. 例如:

```
In[84]:parrot(voltage=10, 'time')
       Cell In[84], line 1       parrot(voltage=10, 'time')
       ^SyntaxError: positional argument follows keyword argument
In[85]:parrot()
       TypeError                 Traceback (most recent call last)
```

```
        Cell In[85], line 1----> 1 parrot()
        TypeError: parrot() missing 1 required positional argument: 'voltage'
In[86]:parrot(110,voltage=220)
        TypeError                    Traceback (most recent call last)
        Cell In[86], line 1----> 1 parrot(110,voltage=220)
        TypeError: parrot() got multiple values for argument 'voltage'
In[87]:parrot(actor='Mike Bob')
        TypeError                    Traceback (most recent call last)
        Cell In[87], line 1----> 1 parrot(actor='Mike Bob')
        TypeError: parrot() got an unexpected keyword argument 'actor'
```

特别强调：在函数调用中，关键字的参数必须跟在位置参数的后面。

(3) Python 函数的可变参数列表

Python 函数还可以调用可变个数的参数，这些参数被封装在一个元组中，这个元组还可以以序列或列表的形式出现，一般记作 *args，放在零到多个普通参数之后。例如：

```
def write multiple items(file,separator,*args):
    file.write(separator.join(args))
```

提示　如果传递的参数已经是一个列表，但要调用的函数却接受一个分开的参数值，可以借助于"*"拆分 Python 函数的可变参数列表。例如，Python 内置函数 range() 至少需要两个参数 start、stop，我们可以借助于"*"拆分如下：

```
In[88]:args = [5,10]
       list(range(*args))
Out[88]:[5,6,7,8,9]
```

还可以进一步给出步长参数 step 的值。例如：

```
In[89]:args = [5,10,2]
       list(range(*args))
Out[89]:[5,7,9]
```

3. 匿名函数 lambda

我们可以利用关键字 lambda 创建短小的匿名函数 lambda。例如：

```
In[90]:f = lambda x,y: x+y
       f(5,10)
Out[90]:15
In[91]:f = lambda x,y: x-y
       f(5,10)
Out[91]:-5
In[92]:f = lambda x,y: x*y
       f(5,10)
Out[92]:50
In[93]:f = lambda x,y: x/y
       f(5,10)
Out[93]:0.5
```

这个函数返回的是加、减、乘、除运算结果，当然 lambda 形式可以用在多种函数对象中。由于语法的限制，它们只能有一个单独的表达式。

对于嵌套函数定义，lambda 形式需要从外部作用域引用变量，使用 lambda 表达式返回一个函数. 例如：

```
In[94]:def multiple(n): #将变量扩大 n 倍
        return lambda x: n * x
        f = multiple(5)
In[95]:f(0)
Out[95]:0
In[96]:f(2)
Out[96]:10
In[97]:f(5)
Out[97]:25
```

lambda 还可以将一个小函数作为传递参数. 例如：

```
In[98]:color = [(0,'red'),(1,'blue'),(2,'white')]
       color.sort(key=lambda x:x[1])
       color
In[98]:[(1, 'blue'), (0, 'red'), (2, 'white')]
```

4. 编写程序的注意事项

怎样才能使程序更加具有可读性？答案是养成良好的编写代码的习惯和风格. 这要求我们在使用 Python 编写程序时注意以下几点.

① 使用 4 个空格缩进，而不是用 Tab 键，因为 Tab 键容易引起混乱，最好不用.
② 每行代码不要过多，一般不超过 79 个字符.
③ 使用空行分隔函数和类，使用空行分隔函数中的大块代码是一个比较好的习惯.
④ 注释要尽可能单独占一行.
⑤ 正确使用文档字符串.
⑥ 把空格放在逗号后面或操作符（如＝、＋、－）两边，括号里面不加空格.
⑦ 学会使用驼峰命名法命名类，函数名和方法名用小写和下划线，类中函数用 self 作为第一个参数. 函数名和类名要统一.
⑧ 默认情况下，使用 UTF-8 或普通的 ASCII 码，不使用非国际化的编码，以及非 ASCII 字符的标识符.

B.8 数据结构浅析

1. 列表的 11 种常用方法

在 Jupyter Notebook 中给出一个简单列表，如 L=[1,2,3]，使用 dir(L)可以查询到列表的 11 种常用方法，即'append'、'clear'、'copy'、'count '、'extend '、'index'、'insert'、'pop'、'remove'、'reverse'、'sort'. 其使用形式分别为 L.append()、L.clear()、L.copy、L.count()、L.extend()、L.index()、L.insert()、L.pop()、L.remove()、L.reverse()、L.sort().

例如：

```
In[99]:L = ['a','b','c']
       print(dir(a),end='')
```

```
['__add__', '__class__', '__class_getitem__', '__contains__', '__delattr__', '__delitem__', '__dir__',
'__doc__', '__eq__', '__format__', '__ge__', '__getattribute__', '__getitem__', '__gt__', '__hash__', '__iadd
__', '__imul__', '__init__', '__init_subclass__', '__iter__', '__le__', '__len__', '__lt__', '__mul__', '__ne__',
'__new__', '__reduce__', '__reduce_ex__', '__repr__', '__reversed__', '__rmul__', '__setattr__', '__setitem
__', '__sizeof__', '__str__', '__subclasshook__', 'append', 'clear', 'copy', 'count', 'extend', 'index',
'insert', 'pop', 'remove', 'reverse', 'sort']
```

2. 列表常用方法解析

列表的11种常用方法具体含义如下.

① L.append(z)：把一个元素添加到列表的结尾,即 L[len(L):]=[z].

② L.copy()：得到 L 列表的一个副本,即得到一个与 L 包含元素相同的列表,L 本身没有变.

③ L.count(x)：返回 x 在列表中的个数.

④ L.extend(L1)：把 L1 列表的所有元素添加到 L,即 L[len(L):]=L1.

⑤ L.index(z)：x 在 L 中的索引编号,如果没有这个元素,就会返回一个错误.

⑥ L.insert(i,x)：在指定位置插入一个元素.第一个参数是准备插到其前面的那个元素的索引.例如,a.insert(0,z)会插到整个列表 a 之前,而 a.insert(len(a),z)相当于 a.append(z).

⑦ L.pop()：如果没有指定索引,就会把 L 的最后一个元素弹出来.例如,L=[1,2,3], L.pop()=3,L 减少了3这个元素,此时 L=[1,2].如果指定索引,即 L.pop(i),就会弹出 L 中该索引的元素,列表删除该元素,并将该元素返回来.例如,L=[1,2,3],L.pop(1)=2.如果没有该索引,就会抛出一个错误.

⑧ L.remove(z)：删除列表中值为 z 的第一个元素.如果没有这样的元素,就会返回一个错误.

⑨ L.reverse()：逆序排列 L 中的所有元素.例如,L=[1,2,3],L.reverse()=[3,2,1] 即 L 就变为[3,2,1].

⑩ L.sort(cmp=None,key=None,reverse=False)：有3个关键字选择,默认是正序排列,如果是字符或字典也可以选择 key 等.

⑪ L.clear()：清空 L 列表包含的所有元素,得到一个空列表,即 L=[].注意：在 Python 中,对于所有可变的数据类型,这是统一的设计原则,像 insert、remove 或 sort 这些修改列表的方法没有打印返回值,它们返回 None,一般不打印.

编程举例如下：

```
In[100]:L = [1,3,5,11,34,55,190]
        L.append(99)
        L
Out[100]:[1,3,5,11,34,55,190,99]
In[101]:L1 = L.copy()
        L1
Out[101]:[1,3,5,11,34,55,190,99]
In[102]:print(L.count(11),L.count(190))
        1, 1
In[103]:L2 = [7,9,8]
```

```
          L.extend(L2)
          L
Out[103]:[1,3,5,11,34,55,190,99,7,9,8]
 In[104]:print(L.index(99))
          7
 In[105]:L.insert(3,88)
          L
Out[105]:[1,3,5,88,11,34,55,190,99,7,9,8]
 In[106]:print(L.pop(),L.pop(3))
          8 88
 In[107]:L.remove(11)
          L
Out[107]:[1,3,5,88,34,55,190,99,7,9,8]
 In[108]:L.reverse()
          L
Out[108]:[9,7,99,190,55,34,5,3,1]
 In[109]:L.sort()
          L
Out[109]:[1,3,5,7,9,34,55,99,190]
 In[110]:L.sort(reverse=True)
          L
Out[110]:[190,99,55,34,9,7,5,3,1]
 In[111]:L.clear()
          L
Out[111]:[]
```

3. 列表堆栈、队列的使用方法

堆栈数据结构遵循先进后出的原则,即最先进入的元素最后一个被释放. 用 append() 方法可以把一个元素添加到堆栈顶,用不指定索引的 pop() 方法可以把一个元素从堆栈顶释放出来,append() 方法和 Pop() 方法结合实现了列表的堆栈,即列表也可以作为堆栈使用. 例如:

```
 In[112]:stack = ['a','b','c']
         stack.append('d')
         stack
Out[112]:['a','b','c','d']
 In[113]:stack.pop()
Out[113]:'d'
```

队列也是一种特定的数据结构,队列和堆栈的不同之处是队列遵循先进先出的原则. 为了提高效率,在实现列表的队列结构时可以调用 collections.deque,它是为队列在首尾两端快速插入和删除而设计的. 例如:

```
 In[114]:from collections import deque        # 调用 deque 模块
         queue = deque(['a','b','c'])
         queue.append('e')
         queue
Out[114]:['a','b','c','e']
 In[115]:queue.popleft()                      # 弹出并返回序列最左边的元素
Out[115]:'a'
```

注 queue.popleft() 与 L.pop() 的用法区别,queue.popleft() 弹出并返回序列最左边

的元素,L.pop()弹出并返回最右边的元素.

4. 内置函数 filter()、map()以及 reduce()在列表中的应用

(1) filter()

filter()函数有两个参数,第一参数是一个函数,第二参数是一个列表或更一般的序列,返回一个序列,具体使用形式如下:

```
filter(function, sequence)
```

返回一个序列(sequence),包括给定序列中所有调用 function(item)后返回值为 true 的元素(如果可能的话,就会返回相同的类型).

如果该序列是一个 str、unicode 或者 tuple,则返回值必定是同一类型;否则,它总是列表例如,以下程序可以判断哪些是偶数,可以得到一个偶数序列:

```
In[116]:def is_odd(n):         # 判断是否是奇数
           return n%2 != 0     # n除以2的余数不为零时为奇数
         print(list(filter(is_odd,range(1,10))))
Out[116]:[1,3,5,7,9]
```

(2) map()

Python 内置函数 map()与 filter()函数的使用方法相似,具体分析如下.

map(function,sequence)为每一个元素依次调用 function(item),并将返回值组成一个列表返回.例如,用以下程序计算平方:

```
In[117]:def squares(n):
           return n**2
         list(map(squares,range(1,10)))
Out[117]:[1,4,9,16,25,36,49,64,81]
```

map 也可以处理传入的多个序列,函数必须要有对应数量的参数,如果序列的长度不同以长度短的为准,执行时会依次用各序列上对应的元素来调用函数.例如:

```
In[118]:def multiplication(x,y):
           return x*y
         seq1 = [1,3,5]
         seq2 = [2,4,6]
         list(map(multiplication,seq1,seq2))
Out[118]:[2,12,30]
In[119]:def multiplication(x,y):
           return x*y
         seq1 = [1,3,5,7]
         seq2 = [2,4,6]    # 长度不相同时以短的为准
         list(map(multiplication,seq1,seq2))
Out[119]:[2,12,30]
```

(3) reduce()

和 filter 及 map 函数的返回序列不同,reduce(function,sequence)返回一个单值,它是这样构造的:先以序列的前两个元素调用函数 function,再以返回值和第三个参数调用,依此类推,执行下去.

① 在 Python 中 tuple、list、dictionary、string 以及其他可迭代对象作为参数 sequence 的值. reduce 有 3 个参数：function、sequence 和 initial，其中前两个参数是必需的，第三个参数是可选项. 例如，计算数字 1 到 100 之和.

```
In[120]:def add(x,y):
            return x+y
        from functools import reduce    # 调用 reduce 模块
        reduce(add,range(1,51))         # 计算 1 到 50 的和
Out[120]:1275
```

② 如果序列中只有一个元素，就返回它；如果序列是空的，就抛出一个异常.

5. 列表推导式

列表推导式是通过序列创建列表的简明有效的方法，可以将满足某些条件的元素组成子序列，也可以将序列的元素通过函数或表达式返回值组成列表. 例如，可以用如下 3 种方式创建一个立方列表，其中第一种方式就是列表推导式.

```
In[121]:def cubes(n):
            return n**3
        [cubes(i) for i in range(1,10)]
Out[121]:[1,8,27,64,125,216,343,512,729]
 In[122]:list(map(lambda x: x**3 ,range(1,10)))
Out[122]:[1,8,27,64,125,216,343,512,729]
 In[123]:cubes = []
         for i in range(1,10):
             cubes.append(i**3)
         cubes
Out[123]:[1,8,27,64,125,216,343,512,729]
```

注 列表推导式由包含一个表达式的括号组成，表达式后面跟随一个 for 子句，之后可以有零或多个 for 子句或 i 子句. 结果是一个列表，由表达式依据其后面的 for 子句和 i 子句上下文计算而来的结果构成.

例如，产生不同元素的组合：

```
In[124]:print([(a,b) for a in [1,2,3,4] for b in [2,3,4,5] if a!=b],end='')
Out[124]:[(1,2),(1,3),(1,4),(1,5),(2,3),(2,4),(2,5),(3,2),(3,4),(3,5),(4,2),(4,3),(4,5)]
```

列表推导式还可以完成更复杂的表达式，这里不再举例.

注 使用 del 关键字可以按索引删除列表的元素、列表切片以及整个列表，甚至是变量.

例如：

```
In[125]:L = [1,3,5,11,13]
        L
Out[125]:[1,3,5,11,13]
 In[126]:del L[2]         # 删除索引为 2 的元素
         L
```

```
Out[126]:[1,3,11,13]
  In[127]:del L[0:1]           # 删除切片,左闭右开
         L
Out[127]:[3,11,13]
  In[128]:del L[:]             # 删除所有元素
         L
Out[128]:[]
  In[129]:del L                # 删除了L这个列表,已经不存在,因此会报错
         L
         NameError             Traceback (most recent call last)
         Cell In[129], line 1----> 1 del L     2 L
         NameError: name 'L' is not defined
```

6. 元组

我们知道,字符串、列表是标准的序列类型,这些序列类型可以进行索引、切片. 元组也是一种重要的标准序列类型,它由逗号分隔的值组成,最外两侧可以加圆括号,也可以不加. 例如:

```
  In[130]:T = 1,2,'a','b'
         T
Out[130]:(1,2,'a','b')
  In[131]:T[1]
Out[131]:2
  In[132]:L = [1,2,3]  # 删除切片,左闭右开
         t = T,L
         t
Out[132]:((1,2,'a','b'),[1,2,3])
  In[133]:t[0]
Out[133]:(1,2,'a','b')
  In[134]:t[1]
Out[134]:([1,2,3])
  In[135]:t[2]
         IndexError Traceback (most recent call last)
         Cell In[135], line 1----> 1 t[2]
         IndexError: tuple index out of range
```

元组是不可变类型,但可以包含可变类型元素,如上面例子中的 t[1]=[1,2,3]就是可变类型.

注 即使元组只含一个元素,也要使用逗号. 例如:

```
  In[136]:T = 'p',
         T
Out[136]:('p',)
  In[137]:len(T)
Out[137]:1
```

元组封装与序列拆分可以生成可变参数.

```
  In[138]:T = 1,2
         T
Out[138]:(1,2)
  In[139]:T1,T2 = T
```

```
            T1
Out[139]:1
    In[140]:T2
Out[140]:2
    In[141]:T1,T2
Out[141]:(1,2)
```

可以利用元组进行方便地封装与拆分,正确的拆分方式是左边的变量个数等于右边序列的长度.

7. 集合 set()

Python 中还有一类简单的数据结构是集合,它由无序但不重复的元素组成,这些元素放在{}内,元素之间用逗号分隔.集合的主要作用有测试关系及去掉重复元素.

我们用 set()创建集合,不能用{}创建集合,{}用来创建字典类数据 dict.

集合还可以进行求并、交、差和对称差集等数学运算.例如:

```
    In[142]:L = ['a','b','c','a','e','b','g']
            S = set(L)
            S
Out[142]:{'a','b','c','e','g'}
    In[143]:'a' in S        # 判断某个元素是否在集合中
Out[143]:True
    In[144]:'d' in S
Out[144]:False
    In[145]:A = set('abcabcefg')
            A
Out[145]:{'a','b','c','e','f','g'}
    In[146]:B = set('anbeiwhsbnja')
            B
Out[146]:{'a','b','e','h','i','j','n','s','w'}
    In[147]:A-B             # 差集
Out[147]:{'c','f','g'}
    In[148]:A|B             # 并集
Out[148]:{'a','b','c','e','f','g','h','i','j','n','s','w'}
    In[149]:A&B             # 交集
Out[149]:{'a','b','e'}
    In[150]:A^B             # 对称集
Out[150]:{'c','f','g','h','i','j','n','s','w'}
```

集合和列表一样也可以使用列表推导式的形式.例如:

```
    In[151]:C = {i for i in 'asdfsvbd' if i not in 'abc'}
            C
Out[151]:{'d','f','s','v'}
```

使用集合可以快速去掉重复元素,但因为集合是无序元素,所以不能进行索引获取.

8. 字典 dict()

字典是非常有用的内建数据类型,但是它与序列以连续整数作为索引不同,字典通常以字符串或数字等不可变类型关键字作为索引.如果直接或间接地包含了可变类型,就不能作为字典的关键字.例如,列表就不能作为关键字,因为列表是可变类型,可以索引、切片、增加等.

(1) 字典的创建

字典可以由{}或 dict()进行创建.

(2) 字典的构成

可以认为字典是由无序的键：值对或 key：value 构成的集合,在同一个字典内键必须不同,每一对键：值之间由逗号分隔,放在{}内.

(3) 字典的使用方法及应用

可以使用 dict.keys()获得所有的由关键字组成的无序列表,还可以使用 in 检查某个关键字是否在该字典中.下面,我们通过例子来学习字典元素的添加和删除.

```
In[152]:dic = {'Mike':1,'Peter':2,'John':3}
        dic['Nancy']=4              # 添加键值对
        dic
Out[152]:{'Mike':1,'Peter':2,'John':3,'Nancy':4}
In[153]:del dic['Peter']
        dic
Out[153]:{'Mike':1,'John':3,'Nancy':4}
In[154]:'Mike' in dic               # 检查某元素是否在字典中
Out[154]:True
In[155]:dic.keys()                  # 获取字典中所有键
Out[155]:dict_keys(['Mike','John','Nancy'])
In[156]:sorted(dic.keys())          # 获取字典中所有键并排序
Out[156]:['John','Mike','Nancy']
```

3 种常用的创建字典的方式有：利用成对集合创建字典、利用列表推导式创建字典和利用赋值形式创建字典.

```
In[157]:dict([('Mike',1),( 'Peter',2),('John',3),('Nancy',4))
        # 利用成对集合创建字典
Out[157]:{'Mike':1,'Peter':2,'John':3,'Nancy':4}
In[158]:{a:a**2 for a in(1,2,3)}   # 利用列表推导式创建字典
Out[158]:{1:1,2:4,3:9}
In[159]:dict(Mike = 1,Peter =2,John = 3)
        # dict 利用赋值形式创建字典'Mike':1,'Peter':2,'John':3}
Out[159]:{'Mike':1,'Peter':2,'John':3}
```

注 字典中字符串、数字、元组等不可变类型可以作为键,可变类型不能作为键.字典也可以按键进行索引获得该键对应的值,这里不再举例.

9. 与 for 循环相关的重要函数及其应用

在 Python 中,有几个特别重要的、在 for 循环中应用广泛的函数,这些函数有 enumerate()、zip()、reversed()、sorted()、items(),下面我们分别学习这些函数的应用方法.

(1) 在序列中循环时使用 enumerate()函数,既可以得到索引位置,又可以得到对应值,即 enumerate()函数可以同时得到序列或迭代对象的位置及对应值,这就是 enumerate()函数的重要作用.

```
In[160]:for i,v in enumerate(['apple','ant','act']):
        print(i,v)
```

```
0 apple
1 ant
2 act
```

(2) zip()函数可以整体打包,同时有两个或更多的序列进行循环.

```
In[161]: three_colors = ['red','green','blue']
         encodes = ['#FF0000','#00FF00','#0000FF']
         for color, encode in zip(three_colors, encodes):
             print('{0} color\'s encode is {1}'.format(color,encode))
         red color's encode is      #FF0000
         green color's encode is    #00FF00
         blue color's encode is     #0000FF
```

(3) reversed()函数在逆向循环时使用非常方便.例如:

```
In[162]: for i in reversed(range(2,7)):
             print(i, end = ' ')
         6 5 4 3 2
```

(4) sorted()函数可以在不改变原序列的情况下按新排序后的序列进行循环.例如:

```
In[163]: cites = ['beijing', 'shanghai', 'dalian']
         for name in sorted(cites):
             print(name)
         beijing
         shanghai
         dalian
```

(5) items()方法遍历字典时可以同时得到键和对应的值.例如:

```
In[164]: col_encodes = ['red':'#FF0000', 'green':'#00FF00', 'blue':'#0000FF']
         for c, e in col_encodes.items:
             print(k, v)
         red       #FF0000
         green     #00FF00
         blue      #0000FF
```

说明　由于在序列上循环不会隐式地创建副本,所以先制作副本,就可以在循环内部修改正在遍历的序列,如复制指定元素.例如:

```
In[165]: weight = [64,55,47,69]
         for w in weights[:]:          # 创建了 weights 的副本并在循环中使用
             if w < 50:
                 weights.insert(0,w)   # 把 w 插入到 weights 的第一个位置
         weights
Out[165]: [47,55,64,55,47,69]
```

10. 数值操作符、比较操作符以及逻辑操作符

在 Python 中,按使用优先级从高到低的顺序依次是数值操作符、比较操作符、逻辑操作符,这些操作符在条件控制语句如 if、while 中发挥了重要作用.

数值操作符优先级最高,也最容易操作.我们使用操作符 is 和 is not 比较两个对象是否

相同,用 in 和 not in 判断某个值、字符、对象是否在一个区间之内、字符串内、对象集内及序列内。

比较操作符是可以传递的,形如 a<b==c,可以用来判断 a 是否小于 b 同时再判断 b 是否等于 c 这种复杂关系。

逻辑操作符的优先级别低于前两者,既可以单独使用 and、or,也可以将二者结合起来使用,还可以进一步用 not 取反义。在逻辑操作符中,not 具有最高的优先级别。

小括号可以和操作符结合,也可以用于比较判断的表达式中。

逻辑式 A and not B or C 中 not 优先于 and,or 的优先级别最低,这个式子等价于(A and(not B))or C。

注 （1）and 和 or 的参数从左向右解析,一旦有结果就停止(因此 and 和 or 又称为短路操作符).例如,如果 A、C 为真且 B 为假,那么 A and B and C 不解析 C 就已经可以得出为假的结果了。

（2）and 返回值通常是遵循都非空返回最后一个非空变量值或返回第一个空含义相同的值,or 返回值通常是第一个非空变量值或都为空的第一个含义为空的变量值。例如:

```
In[166]:a1,a2,a3 = '',[],'cat'
        non_null = a1,a2,a3
        non_null
Out[166]:'cat'
```

本例中前两项"'',[]"被认为空,因此返回值是 a3。

（3）可以把比较或逻辑表达式的返回值赋给某一个变量,这样就能方便后续打印或使用。例如,前面例题中把结果'cat'赋值给变量 non_null,可以方便地打印出 non_null 的值。

（4）Python 程序在表达式内部不能赋值,一定要区分逻辑运算符 == 和赋值运算符 =,避免误用。

（5）序列对象也可以进行比较,只要是相同类型的其他对象都可以进行比较。比较原则是：依据字典序（字母序）进行。首先比较前两个元素,如果不同就可以按字典序排出结果；如果前两个元素相同,接着再比较其后的两个元素,直到所有的序列都完成为止。如果两个元素本身就是相同类型的序列,就递归字典序比较,所有子项都相同才认为序列相等。如果一个列是另一序列的初始子序列,较短的序列较小。字符串的字典序按照单字符的 ASCII 码顺序进行比较。

例如：以下结果都为真(true)。

元组比较：(1,2,3)<(1,2,4)。

列表比较：[1,2,3]<[1,2,4]。

字符串比较：'ABC'<'C'<'Pascal'<'Python'。

长度不同的同类型比较：(1,2,3,4)<(1,2,4)；(1,2)<(1,2,−1)。

等于判断：(1,2,3) == (1.0,2.0,3.0)。

复杂型比较：(1,2,('aa','ab'))<(1,2,('abc','a'),4)。

（6）不同类型的对象在 Python 2 中作比较也是合法的,但是结果不一定合理,类型仅仅按名称排序,并不强调其合理性。一般认为列表小于字符串,字符串小于元组。但这些在 Python 3 中不再合法,都会报错。例如：

```
In[167]:(0,1)<[0,1]
TypeError                    Traceback (most recent call last)
Cell In[7], line 1
----> 1 (0,1)<[0,1]
TypeError: '<' not supported between instances of 'tuple' and 'list'
```

(7) Python 3 支持简单的不同类型的数值比较,如认为整型 5 和浮点型 5.0 是相同的,其他类推. 例如:

```
In[168]:5 == 5.0
Out[168]:True
In[169]:0 == 0.0
Out[169]:True
```

习题解答

第 2 章习题解答

习题 2.1

1. (1) 该项研究的总体是该地区的全体电视观众;

(2) 该项研究的样本是该地区被电话访查的电视观众.

2. 总体为该厂生产的每盒产品中的不合格品数;样本是任意抽取的 n 盒中每盒产品的不合格品数;

样本中每盒产品中的不合格品数为 $x_1, x_2, \cdots, x_n$,因 $x_i \sim b(m,p), i=1,2,\cdots,n$,所以样本 $(x_1, x_2, \cdots, x_n)$ 的分布为 $\prod_{i=1}^{n} C_m^{x_i} p^{x_i}(1-p)^{m-x_i} = (\prod_{i=1}^{n} C_m^{x_i}) p^t (1-p)^{nm-t}$,其中 $t = x_1 + x_2 + \cdots + x_n$.

3. 总体是该厂生产的电容器的寿命全体,或者可以说总体是指数分布,其分布为 $\mathrm{Exp}(\lambda)$;

样本是该厂中抽出的 n 个电容器的寿命;记第 i 个电容器的寿命为 x_i,则 $x_i \sim \mathrm{Exp}(\lambda), i=1,2,\cdots,n$,样本 $(x_1, x_2, \cdots, x_n)$ 的分布为 $\prod_{i=1}^{n} \lambda \mathrm{e}^{-\lambda x_i} = \lambda^n \mathrm{e}^{-\lambda t}$,其中 $t = x_1 + x_2 + \cdots + x_n$.

习题 2.2

1. 其经验分布函数 $F_n(x) = \begin{cases} 0, & x < 138, \\ 0.1, & 138 \leqslant x < 149, \\ 0.3, & 149 \leqslant x < 153, \\ 0.5, & 153 \leqslant x < 156, \\ 0.8, & 156 \leqslant x < 160, \\ 0.9, & 160 \leqslant x < 169, \\ 1, & x \geqslant 169. \end{cases}$

其图形如图 F2.1 所示.

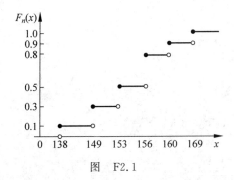

图 F2.1

2. (1) 其频数频率分布表如下：

组序	分组区间	组中值	频数	频率	累计频率/%
1	(7350,8750]	8050	6	0.20	20
2	(8750,10 150]	9450	8	0.27	47
3	(10 150,11 550]	10 850	9	0.30	77
4	(11 550,12 950]	12 250	4	0.13	90
5	(12 950,14 350]	13 650	2	0.07	97
6	(14 350,15 750]	15 050	1	0.03	100
合计			30	1	

(2) 其直方图如图 F2.2 所示.

3. (1) 由于频率和为 1, 故空缺的频率为 $1-0.1-0.24-0.18-0.14=0.34$.

(2) $250 \times 0.68 = 170$ 人.

4. 取百位数与十位数组成茎, 个位数为叶, 这组数据的茎叶图如图 F2.3 所示.

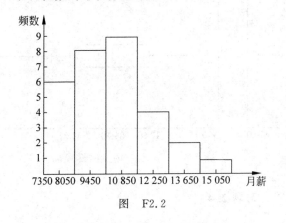

图 F2.2   图 F2.3

习题 2.3

1. (1)(2)(4) 是统计量, (3) 不是统计量.

2. 样本均值 $\bar{x} = \dfrac{x_1+x_2+\cdots+x_n}{n} = \dfrac{4+5+\cdots+4}{10} = 3$,

样本方差 $s^2 = \dfrac{1}{n-1}\sum_{i=1}^{n}(x_i-\bar{x})^2 = \dfrac{1}{9}[(4-3)^2+(5-3)^2+\cdots+(4-3)^2] = 3.778$.

样本标准差 $s=\sqrt{s^2}=1.94$.

3. $\bar{y}=3\bar{x}-4$ 与 $s_y^2=9s_x^2$.

4. 证明：$S^2=(X_1-\bar{X})^2+(X_2-\bar{X})^2=\left(X_1-\dfrac{X_1+X_2}{2}\right)^2+\left(X_2-\dfrac{X_1+X_2}{2}\right)^2$

$=\dfrac{(X_1-X_2)^2}{4}+\dfrac{(X_2-X_1)^2}{4}$

$=\dfrac{(X_1-X_2)^2}{2}$.

5. $E(\bar{X})=0, D(\bar{X})=\dfrac{1}{3n}$.

6. $n\geqslant 14$.

7. $N\left(\theta,\dfrac{\theta^2}{40}\right)$.

8. $N\left(\dfrac{5}{2},\dfrac{5}{84}\right)$.

9. $N\left(p,\dfrac{p(1-p)}{60}\right)$.

10. (1) $P\{X_{(16)}>10\}=0.9370$; (2) $P\{X_{(1)}>5\}=0.3308$.

11. 箱线图如图 F2.4 所示.

12. 箱线图如图 F2.5 所示.

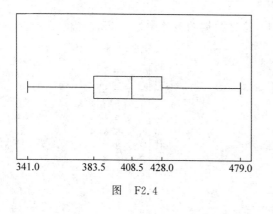

图 F2.4

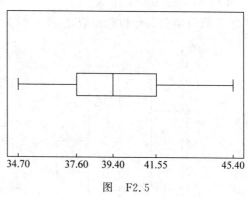

图 F2.5

习题 2.4

1. C 正确.

2. $c=\dfrac{1}{3}$.

3. U 服从 t 分布，自由度为 9.

4. Y 服从 F 分布，自由度为 $(10,5)$.

5. $T\sim t(n-1)$.

6. (1) 23.209, 8.547; (2) 2.7638, 1.3406; (3) 5.26, 0.446.

7. 0.1336.

8. 0.8293.

9. $n=16$.

10. 0.01.

11. 证 因为 X 服从 $F(n,n)$，所以 $Y=\dfrac{1}{X}$ 也服从 $F(n,n)$，故

$$P\{X\leqslant 1\}=P\left\{\dfrac{1}{X}\geqslant 1\right\}=P\{Y\geqslant 1\}=1-P\{Y<1\}=1-P\{Y\leqslant 1\}.$$

X 服从 $F(n,n)$，$Y=\dfrac{1}{X}$ 也服从 $F(n,n)$，$P\{X\leqslant 1\}=P\{Y\leqslant 1\}$，

所以 $2P\{X\leqslant 1\}=1$，即 $P\{X\leqslant 1\}=P\{X\geqslant 1\}=0.5$.

12. 0.6744

习题 2.5

1. 证 由泊松分布性质可知 $T\sim P(n\lambda)$，在给定 $T=t$ 后，对任意的 $x_1,x_2,\cdots,x_n\left(\sum\limits_{i=1}^{n}x_i=t\right)$

$$P\{X_1=x_1,X_2=x_2,\cdots,X_n=x_n\mid T=t\}$$

$$=\dfrac{P\left\{X_1=x_1,X_2=x_2,\cdots,X_{n-1}=x_{n-1},X_n=t-\sum\limits_{i=1}^{n-1}x_i\right\}}{P\{T=t\}}$$

$$=\dfrac{\prod\limits_{i=1}^{n-1}P\{X_i=x_i\}P\left\{X_n=t-\sum\limits_{i=1}^{n-1}x_i\right\}}{\dfrac{(n\lambda)^t}{t!}e^{-n\lambda}}$$

$$=\dfrac{\prod\limits_{i=1}^{n-1}\dfrac{\lambda^{x_i}}{x_i!}e^{-\lambda}\cdot\dfrac{\lambda^{x_n}}{x_n!}e^{-\lambda}}{\dfrac{(n\lambda)^t}{t!}e^{-n\lambda}}=\dfrac{t!}{n^t\prod\limits_{i=1}^{n}x_i!}.$$

该条件分布与 λ 无关，因而 $T=\sum\limits_{i=1}^{n}x_i$ 是充分统计量.

2. 解 样本的联合密度函数为

$$p(x_1,x_2,\cdots,x_n;\theta)=\theta^n(x_1,x_2,\cdots,x_n)^{\theta-1}=\theta^n\left(\prod\limits_{i=1}^{n}x_i\right)^{\theta-1}.$$

令 $T=\prod\limits_{i=1}^{n}x_i$，取 $g(t;\theta)=t^{\theta-1}\theta^n$，$h(x_1,x_2,\cdots,x_{1-n})=1$，由因子分解定理，$T=\prod\limits_{i=1}^{n}x_i$ 为 θ 的充分统计量. 另外 T 的一一变换得到的统计量，如 $x_1,x_2,\cdots,x_n$ 的几何平均 $(x_1x_2\cdots x_n)^{1/n}$ 或者其对数 $\dfrac{1}{n}\left(\sum\limits_{i=1}^{n}\ln x_i\right)$ 都是 θ 的充分统计量.

3. 解 总体密度函数为

$$p(x;\theta_1,\theta_2)=\begin{cases}\dfrac{1}{\theta_2-\theta_1}, & \theta_1<x<\theta_2,\\ 0, & \text{其他},\end{cases}$$

于是样本的联合密度函数为

$$p(x_1,x_2,\cdots,x_n;\theta_1,\theta_2)=\begin{cases}\left(\dfrac{1}{\theta_1-\theta_2}\right)^n, & \theta_1<x_{(1)}<x_{(n)}<\theta_2,\\ 0, & \text{其他},\end{cases}$$

即 $p(x_1,x_2,\cdots,x_n;\theta_1,\theta_2)=\left(\dfrac{1}{\theta_1-\theta_2}\right)^n I_{\theta_1<x_{(1)}<x_{(n)}<\theta_2}$. 令 $t_1=x_{(1)}, t_2=x_{(n)}$,并取

$g(t;\theta_1,\theta_2)=\left(\dfrac{1}{\theta_2-\theta_1}\right)^n I_{\theta_1<x_{(1)}<x_{(n)}<\theta_2}, h(x)=1.$ 由因子分解定理,

$T=(t_1,t_2)=(x_{(1)},x_{(n)})$ 为参数 (θ_1,θ_2) 的充分统计量.

第 3 章习题解答

习题 3.1

1. 矩估计量为 $\hat{p}=\dfrac{A_1}{m}=\dfrac{\overline{X}}{m}$;最大似然估计量为 $\hat{p}=\dfrac{\overline{X}}{m}$.

2. (1) 矩估计量为 $\hat{\theta}=\dfrac{2A_1-1}{1-A_1}=\dfrac{2\overline{X}-1}{1-\overline{X}}$,最大似然估计量为

$$\hat{\theta}=-\dfrac{n}{\ln X_1 X_2\cdots X_n}-1=-\left(1+\dfrac{n}{\sum\limits_{i=1}^n\ln X_i}\right).$$

(2) 矩估计量为 $\hat{\theta}=\left(\dfrac{A_1}{1-A_1}\right)^2=\left(\dfrac{\overline{X}}{1-\overline{X}}\right)^2$,最大似然估计量为

$$\hat{\theta}=\left(\dfrac{n}{-\ln X_1 X_2\cdots X_n}\right)^2=\dfrac{n^2}{\left(\sum\limits_{i=1}^n\ln X_i\right)^2}.$$

3. 矩估计量为 $\hat{\theta}=\dfrac{A_1}{A_1-c}=\dfrac{\overline{X}}{\overline{X}-c}$,最大似然估计量为 $\hat{\theta}=\dfrac{n}{\sum\limits_{i=1}^n\ln X_i-n\ln c}$.

4. 矩估计量为 $\hat{\theta}=\overline{X}-\dfrac{1}{2}$,最大似然估计量为 $\hat{\theta}=X_{(1)}$.

5. 用最大观测值 $x_{(n)}$ 来估计 θ,$\hat{\theta}_{\text{MLE}}=x_{(n)}$.

习题 3.2

1. 略.

2. 因为 $D(\hat{\mu}_2)<D(\hat{\mu}_1)<D(\hat{\mu}_3)$,所以 $\hat{\mu}_3$ 的有效性最差.

3. λ 的最大似然估计量为 $\hat{\lambda}=\overline{X}$.

4. 略.

习题 3.3

1. $I(\theta) = -E\left(\dfrac{\partial^2 \ln p(x;\theta)}{\partial \theta^2}\right) = \dfrac{1}{\theta^2}$.

2. $I(\theta) = -E\left(\dfrac{\partial^2 \ln p(x;\theta)}{\partial \theta^2}\right) = \dfrac{1}{\theta^2}$.

习题 3.4

1. $P\{\lambda = 1.8 \mid X = 3\} = 1 - 0.3899 = 0.6101$.

2. θ 的后验分布为 $U(11.1, 11.7)$.

3. (1) θ 的后验分布为 $\mathrm{Be}\left(n+1, \sum\limits_{i=1}^{n} x_i + 1\right)$.

(2) $\hat{\theta}_B = \dfrac{5}{5+15} = 0.25$.

4. (1) 后验分布为 $\pi(\theta \mid x_1, x_2, \cdots, x_n) = \dfrac{\theta^{-2n}}{\int_{x_{(n)}}^{1} \theta^{-2n}\,\mathrm{d}\theta} = \dfrac{2n-1}{\theta^{2n}(x_{(n)}^{-2n+1}-1)}$.

(2) 后验分布为 $\pi(\theta \mid x_1, x_2, \cdots, x_n) = \dfrac{\theta^{-2n+2}}{\int_{x_{(n)}}^{1} \theta^{-2n+2}\,\mathrm{d}\theta} = \dfrac{2n-3}{\theta^{2n-2}(x_{(n)}^{-2n+3}-1)}$.

习题 3.5

1. 该厂铁水平均含碳量的置信水平为 0.95 的置信区间为

$$\left(4.484 - \dfrac{0.108}{\sqrt{9}} \times 1.96, 4.484 + \dfrac{0.108}{\sqrt{9}} \times 1.96\right) = (4.4134, 4.5546).$$

2. 平均直径置信水平为 0.95 的置信区间为

$$\left(14.98 - \dfrac{\sqrt{0.05}}{\sqrt{5}} \times 1.96, 14.98 + \dfrac{\sqrt{0.05}}{\sqrt{5}} \times 1.96\right) = (14.784, 15.176).$$

3. 这批电子管平均寿命的置信水平为 0.95 的置信区间为

$$\left(1950 - \dfrac{300}{\sqrt{15}} \times 2.1448, 1950 + \dfrac{300}{\sqrt{15}} \times 2.1448\right) = (1784, 2116).$$

4. 所求置信区间为

$$\left(154 - \dfrac{8.01873}{\sqrt{6}} \times 2.5706, 154 + \dfrac{8.01873}{\sqrt{6}} \times 2.5706\right) = (145.58, 162.42).$$

5. σ 的置信水平为 0.95 的置信区间 $\left(\sqrt{\dfrac{8 \times 11^2}{17.535}}, \sqrt{\dfrac{8 \times 11^2}{2.180}}\right) = (7.43, 21.07)$.

6. (1) $u_{0.025} = 1.96$, 所以 μ 的置信水平为 0.95 的置信区间为

$$\left(503.75 - \dfrac{1}{\sqrt{16}} \times 1.96, 503.75 + \dfrac{1}{\sqrt{16}} \times 1.96\right) = (503.26, 504.24).$$

(2) $t_{0.025}(15) = 2.1315$, 所以 μ 的置信水平为 0.95 的置信区间为

$$\left(503.75 - \dfrac{6.20215}{\sqrt{16}} \times 2.1315, 503.75 + \dfrac{6.20215}{\sqrt{16}} \times 2.1315\right) = (500.4, 507.1).$$

(3) $\chi^2_{0.025}(15) = 27.488$, $\chi^2_{0.975}(15) = 6.262$, 所以 σ 的置信水平为 0.95 的置信区间为

$$\left(\sqrt{\frac{15\times 6.202\,152}{27.488}},\sqrt{\frac{15\times 6.202\,152}{6.262}}\right)=(4.58,9.60).$$

7. 灯泡寿命平均值的置信水平为 0.95 的单侧置信下限为
$$\mu=1160-\frac{99.75}{\sqrt{5}}\times 2.1318=1065.$$

8. $\mu_1-\mu_2$ 的置信水平为 99% 的置信区间为
$$\left(1286-1272-2.575\times\sqrt{\frac{218^2}{25}+\frac{227^2}{30}},1286-1272+2.575\times\sqrt{\frac{218^2}{25}+\frac{227^2}{30}}\right)$$
$$=(-140,168.8985).$$

9. $\mu_1-\mu_2$ 的置信水平为 0.95 的置信区间为
$$\left(500-496-2.048\times 1.1688\sqrt{\frac{1}{10}+\frac{1}{20}},500-496+2.0484\times 1.1688\sqrt{\frac{1}{10}+\frac{1}{20}}\right)$$
$$=(3.0727,4.9273).$$

10. σ_1^2/σ_2^2 的置信水平为 0.90 的置信区间为
$$\left(\frac{0.003\,271^2}{0.002\,302^2}\times\frac{1}{6.39},\frac{0.003\,271^2}{0.002\,302^2}\times 6.39\right)=(0.3160,12.9018).$$

$\mu_1-\mu_2$ 的置信水平为 0.95 的置信区间为
$$\left(2.0648-2.0594-2.306\times 0.0028\sqrt{\frac{1}{5}+\frac{1}{5}},2.0648-2.0594+2.306\times 0.0028\sqrt{\frac{1}{5}+\frac{1}{5}}\right)$$
$$=(0.0013,0.0095).$$

第 4 章习题解答

习题 4.1

1. 小概率事件. 2. 弃真、取伪. 3. B. 4. B.
5. (1) 犯第一类错误的概率为 0.0037,而犯第二类错误的概率为 0.0367.
(2) n 最小应取 34. (3) 略.

习题 4.2

1. 统计量 U 的观测值 u 落入接受域,于是接受 H_0,即认为现在生产的铁水含碳量仍为 4.55.

2. 统计量 U 的观测值 u 落入拒绝域,于是拒绝 H_0,即不能认为这批零件的平均尺寸仍为 15mm.

3. 统计量 T 的观测值落入接受域,于是接受 H_0,即可认为这考试的平均分仍为 70 分.

4. 统计量 T 的观测值落入拒绝域,于是拒绝 H_0,即可认为四乙基铅中毒者和正常人的脉搏有显著差异.

5. 统计量 T 的观测值落入接受域,于是接受 H_0,即不能认为元件的寿命大于 225h.

6. 统计量 χ^2 的观测值落入接受域,则接受 H_0,即认为这天保险丝融化时间分散度与通常无显著差异.

7. 统计量 χ^2 的观测值落入拒绝域,则拒绝 H_0,即所有住户消费数据的系统方差 $\sigma^2=0.3$ 不可信.

习题 4.3

1. 统计量的观测值落入接受域,则接受 H_0,即认为 A,B 两法的平均产量无显著差异.
2. 统计量 T 的观测值落入接受域,则接受 H_0,即认为甲、乙两煤矿的含灰率无显著差异.
3. F 落在拒绝域中,故拒绝 H_0,即认为处理前后的含脂率的标准差有显著的变化.
4. 拒绝 H_0,即认为建议的新操作方法较原方法为优.

习题 4.4

1. 可以认为平均寿命不低于 1100h.
2. 拒绝原假设,认为革新后元件的平均寿命有明显提高.
3. 未落入拒绝域中,所以接受原假设,不能否定该人的看法.

$$p \text{ 值为 } p = P\{X \leqslant 3\} = \sum_{x=0}^{3} C_{15}^{x} 0.3^{x} 0.7^{15-x} = 0.2969.$$

这个 p 值不算小,故接受原假设 H_0 是恰当的.

4. 接受 H_0,没有理由认为高速公路上的汽车比限制速度 104.6km/h 显著地快.
5. 拒绝 H_0,认为这两种小麦的株高有显著差异.
6. 接受 H_0,认为这批产品二级品率没有超过 10%,可以出厂.

习题 4.5

1. 未落入拒绝域,故不拒绝原假设.在显著性水平为 0.05 下可以认为这枚骰子是均匀的.
2. 不拒绝原假设,在显著性水平为 0.05 下可以认为一页错字个数是服从泊松分布的.
3. 不拒绝原假设,在显著性水平为 0.05 下可以认为灯泡寿命服从指数分布 Exp(0.005).

第 5 章习题解答

习题 5.1

1. $S_T = 142, S_A = 87.3, S_E = 54.7.$
2.

方差来源	平方和	自由度	均方和	F 值	临界值
因素 A	4.2	2	2.1	7.5	
误差	2.5	9	0.28		
总和	6.7	11			

显著.

3. $F = 3.58$ 大于临界值 3.06,认为不同工艺对布的缩水率有较明显的影响.
4. $F = 15.18$ 大于临界值 $F_{0.05}(4,10) = 3.48$,温度对得率有显著影响.
5. 因子 A 即咖啡因水平是显著的,即三种不同剂量对人的作用有明显差异.

习题 5.2

1. 可以认为 4 种产品之间有显著的差异,而 5 个鉴定人之间无显著差异.
2. 时间对强度的影响不显著,而温度的影响显著,且交互影响的作用显著.

参 考 文 献

[1] 孙海燕,周梦,等.数理统计[M].北京:北京航空航天大学出版社,2021.
[2] 茆诗松,程依明,濮晓龙.概率论与数理统计教程[M].3版.北京:高等教育出版社,2020.
[3] 盛骤,谢式千,潘承毅.概率论与数理统计[M].5版.北京:高等教育出版社,2020.
[4] 刘建亚,吴臻.概率论与数理统计[M].3版.北京:高等教育出版社,2020.
[5] 崔玉杰,赵桂梅,李文鸿.基于Python的数理统计学[M].北京:北京邮电大学出版社,2022.
[6] 张天德,叶宏.概率论与数理统计:慕课版[M].北京:人民邮电出版社,2020.
[7] 白晓东.基于Python的时间序列分析[M].北京:清华大学出版社,2023.
[8] 陈希孺.概率论与数理统计[M].合肥:中国科学技术大学出版社,2009.
[9] 齐民友.概率论与数理统计[M].2版.北京:高等教育出版社,2011.
[10] 田霞,徐瑞民.基于Python的概率论与数理统计实验[M].北京:电子工业出版社,2023.
[11] 王兆军,邹长亮.数理统计教程[M].北京:高等教育出版社,2014.
[12] 宗序平.概率论与数理统计[M].4版.北京:机械工业出版社,2019.
[13] 范玉妹,汪飞星,王萍,等.概率论与数理统计[M].3版.北京:机械工业出版社,2017.
[14] 刘剑平,朱坤平,陆元鸿.应用数理统计[M].3版.上海:华东理工大学出版社,2019.
[15] 方开泰,许建伦.统计分布[M].北京:高等教育出版社,2016.
[16] 姜启源,谢金星,叶俊.数学模型[M].5版.北京:高等教育出版社,2018.
[17] 谢中华.MATLAB统计分析与应用:40个案例分析[M].2版.北京:北京航空航天大学出版社,2015.
[18] 徐子珊.概率统计与Python解法[M].北京:清华大学出版社,2023.